KB121599

리생원책보 주방문

리생원책보 주방문

김양섭 · 김주평 · 노정미 · 박수철 · 변귀정
유영희 · 이윤희 · 정안숙 · 정재홍 · 하상훈 편역

光文閣
www.kwangmoonkag.co.kr

리생원책보 주방문

초판 1쇄 인쇄 2018년 1월 3일
초판 1쇄 발행 2018년 1월 9일

편역자 김양섭 · 김주평 · 노정미 · 박수철 · 변귀정
유영희 · 이윤희 · 정안숙 · 정재홍 · 하상훈
펴낸이 박정태
편집이사 이명수 감수교정 정하경
편집부 김동서 · 위가연 · 이정주
마케팅 조화묵 · 박명준 · 최지성 온라인마케팅 박용대
경영지원 최윤숙

펴낸곳 광문각
출판등록 1991. 5. 31 제12-484호
주소 파주시 파주출판문화도시 광인사길 161 광문각 B/D
전화 031-955-8787 팩스 031-955-3730
E-mail kwangmk7@hanmail.net
홈페이지 www.kwangmoonkag.co.kr

ISBN 978-89-7093-870-7 93590
가격 28,000원

『리생원책보 주방문』을 펴내며

그동안 틈틈이 고문헌의 주방문을 찾아다니며 자료를 모으고 술을 빚는 일은 나의 작은 소일거리이자 나름 취미였다. 그러던 2013년 어느 겨울날, 그동안 못 보던 낯선 고문헌 하나를 만나게 되었다. 그 낯선 고문헌은 『리생원책보 주방문』 바로 그것이었다. 순간 호기심은 곧 설렘으로 다가왔다.

주방문을 하나하나 살펴보면서 『뿌리 깊은 나무』 1977년 10월호에 실린 정양완 역 「양주방」과 매우 유사하다는 사실을 알게 되었다. 정양완 역 「양주방」에는 원문 없이 현대어로 번역한 내용만 있기 때문에 술 빚는 방법에 있어 모호한 면이 적지 않았다. 이에 두 주방문을 놓고 꼼꼼히 비교 검토해 보니 술 빚는 방법이 하나씩 명확해졌다.

이때부터 술 공부를 함께 하던 선생님들과 주방문에 나오는 우리 술을 하나씩 재현 작업하면서 확인과 토론으로 2년 남짓한 시간을 보내게 되었다. 필연은 우연이라는 옷을 입고 나타난다고 했던가. 『리생원책보 주방문』을 만나게 된 것은 너무도 소중한 인연이다. 이는 곧, 세상에 알려야 한다는 가슴 벅찬 책임감으로 다가왔다. 그동안 우리의 땀과 노력의 결실이 오랜 시간 출판 작업을 거쳐 이제 세상에 나오게 되었다.

부족한 책이지만 많은 이들이 우리 술을 사랑할 수 있게 되는 책이 되길 희망한다. 그리고 많은 이들이 우리 술을 통해 진솔한 삶의 여유와 향기를 느끼며, 소통하면서 만나길 소망한다. 또한, 우리 술이 전통을 넘어 세계로 나아가길 바라는 마음 간절하다.

출판을 허락해 주신 광문각출판사 박정태 회장님과 좋은 책이 되도록 작업에 참여해 편집부 위가연 과장님께 감사의 인사를 드리고, 함께 술을 빚고 원고를 작성한 선생님들, 부록을 정리해 주신 정혜윤 교수님, 구기자 농사를 지으시며 구기자를 뿌리째 제공해 주신 힐링농원 양시근 대표님, 마지막 교정 작업에 참여해 주신 위금련 선생님께도 감사를 드린다. 소장품 출판을 허락해 주신 서울대 규정각 한국학연구소에도 감사의 마음을 전한다. 끝으로 늘 곁에서 응원해 주신 부모님과 아내에게도 감사의 말을 전한다.

2017년 가을에

하상훈

들어가며 -『리생원책보 주방문』

『리생원책보 주방문』은 서울대 규장각한국학연구소에 소장되어 있는 책이다. 주방문이란 술 빚는 법을 기록한 글을 말하며, 주방문이란 이름을 가진 책은 꽤 있다. 『리생원책보 주방문』에는 82가지의 주방문이 기록되어 있다. 현재까지 알려진 한글 주방문 중 가장 많은 가짓수의 주방문을 수록하고 있는 문헌이다. 현재 『리생원책보 주방문』만을 다룬 연구서나 저작물이 아직 없다. 그런 까닭에 고문헌을 정리해서 책으로 낼 만한 가치가 충분히 있다고 여겨진다. 서지 정보는 다음과 같다.

서명 : 酒方文

저자 : 五柳軒(朝鮮) 著

청구기호 : 奎古 275

자료소개 : 國文, 大淸嘉慶十五年歲次庚午(1810)時憲書, 大淸嘉慶十六年歲次辛未(1811)時憲書의 背面에 筆寫, 筆寫記: 셰재갑오월「재」양월일「지」망일축필난셔「하」다, 藏書記 : 이「생」원 「댁」 「책」 보, 藏書記 : 인산김교리 「댁」 「책」

『리생원책보 주방문』은 청나라 가경15년(1810)과 가경16년(1811) 달력의 뒷면에 기록된 문서이다. 종이가 귀했던 시절에 종이를 재활용하는 일은 흔한 일이었고, 우리나라 책 제본의 특성상 뒷면의 백지를 재활용한 책들이 제법 있다. 달력 뒷면에 필사된 이 책은 자연스럽게 1812년 이후에 어떤 주방문을 필사한 것이라 유추할 수 있다.

표지 포함 총 96장으로 구성되어 있으며, 5장부터 65장까지는 술 빚는 주방문이 기록되어 있다. 67장부터 88장까지는 점괘에 관한 글이 실려 있고 글쓴이의 호로 추정되는 '오류헌'이 적혀 있다. 그리고 이 책을 소장했던 장서기가 2개 남아 있다. 첫 번째 주방문인 두견주 주방문 밑에 누구인지는 알 수 없지만 '리생원책보 주방문'이라고 적어 놓았기에 『리생원책보 주방문』이라고 책 제목을 붙여본다.

『리생원책보 주방문』에 실린 점괘 중간중간에 기록 일자가 적혀 있다. 85장에 "점괘 합샴십이귀 갑오 삼월 망일 벗기다 밋들 것 업스나 셰시 졍쵸의 ᄒᆞᆫ 번 쳐 볼 만 ᄒᆞ니라 오류헌은 츄필 난셔ᄒᆞ나니 보시ᄂᆞᆫ 지 웃지 마오"라는 문구가 있다. 이로 미루어 보아 1811년 이후 첫 갑오년인 1834년에 점괘를 써넣은 것으로 보인다. 따라서 주방문을 필사한 시기는 1812년에서 1834년 사이라고 추정할 수 있다.

1977년 『뿌리 깊은 나무』 10월호에 '마침내 밝혀진 일흔일곱 가지의 한국 술과 그 담그는 비밀(일명 '양주방' 정양완)' 이라는 기고의 글이 있다. 이 기고에는 유감스럽게도 원문은 누락되어 있고 현대어 역만 실려 있다. 개인 소장인 원문을 입수할 수 없어 『리생원책보 주방문』과 직접적인 대조는 못 했지만 주방문을 이해하는데 잡지의 글이 많은 도움이 되었다.

『뿌리 깊은 나무』의 「양주방」은 석임 빚는 방법을 포함하여 술 빚는 방법과 관련된 내용이 총 79가지 기록되어 있다. 『리생원책보 주방문』은 석임 빚는 방법을 포함하여 술 빚는 방법과 관련된 내용 총 82가지가 기록되어 있다. 잡지에 소개된 「양주방」과 비교해 보면 두 자료는 거의 일치한다. '두견주', '방문주 우일방', '소소국주' 주방문은 『리생원책보 주방문』에만 실려 있다. 「양주방」의 '이화주(배꽃술)' 주방문에 "한 이레에 뒤집어 놓고"라는 문구가 있는 반면 『리생원책보 주방문』에는 누락되어 있다. 아쉽게도 잡지의 '양주방' 원문은 개인 소장으로 공개되지 않고 있다. 이 때문에 두 고문헌의 상관관계는 알 수 없지만, 필사본이라고 하더라도 주방문 가짓수가 하나라도 더 많은 『리생원책보 주방문』이 전통주를 공부하는 분들에게 도움이 되는 자료라고 확신한다.

『리생원책보 주방문』은 앞에서도 밝혔듯이 현재까지 한글로 쓴 주방문 가운데 가장 많은 술 빚기 방법을 소개하고 있다. 이것만으로도 충분한 가치가 있기에 오늘날의 관점으로 재해석해서 술 빚기를 시도해 보고자 한다.

이미 많은 세월이 흘렀고 필사할 때 오기를 한 경우도 있을 수 있기 때문에 필사본의 내용을 정확하게 이해하여 풀어내기는 여간 어렵지 않다. 같은 이유로 필사본에 대한 다른 견해를 가지실 분들도 많으리라 생각된다. 우리 술을 함께 공부하는 세대로서 하나의 견해라 생각하고 너그럽게 보아 주길 바라며, 맞고 틀림을 떠나 함께 『리생원책보 주방문』에 대해 많은 연구가 진행되길 바라는 마음이다.

『리생원책보 주방문』는 총 3부로 나눠서 다룬다.

1부는 문헌의 주방문을 보다 잘 이해하기 위해 고문헌과 관련된 양조의 기초 지식을 기술한다.

2부에서는 부피 단위의 주방문을 무게 단위로 바꿔서 무게 단위로 술 빚기를 시도하고자 하는 분들의 편의를 도모하고자 하였고, 가정에서 한 번에 빚기에 적절한 양으로 제안하였다. 다양한 해석의 여지가 있는 주방문은 적어도 술이 될 수 있는 제법으로 다소 수정 및 변형하였다. 술맛은 개인적인 기호도의 차이가 있기에 물 양을 확정하지 않고 범위로 제시한 경우도 있다.

3부에서는 『리생원책보 주방문』을 가급적 원문에 충실하게 풀이해 보았다. 물 양이나 쌀 가공 방법에 대하여 명확하지 않은 주방문이 꽤 있다. 이러한 주방문은 해석이 다양해질 수 있다. 『리생원책보 주방문』에 제시한 방법이 모범 답안이라 할 수는 없으므로, 해석 가능한 다양한 방법 가운데 하나를 제시했다고 여겨 주시길 바란다.

과연 주방문을 따라 하면 술이 될까, 주방문에서 언급한 날이 되면 술이 될까 하는 의구심이 드는 주방문은 직접 술 빚기를 해 보았다. 예를 들면 '일일주'에서 1사발을 1되로 볼 경우, 절대 하루 만에 먹을 수 있는 상태가 되지 않았다. 다른 고문헌을 참고하여 1사발을 1말로 할 경우, 하루 만에 먹을 수 있는 상태의 술이 된다는 것을 확인할 수 있었다.

직접 원문을 볼 수 있게끔 『리생원책보 주방문』 마지막에 원문 전부를 수록하였다.

목 차

다음 표는 『리생원책보 주방문』에 수록된 주방문을 순서대로 나열한 것이다.

번호	주방명	구분	번호	주방명	구분
1/1	두견주	주방문	44/38	선초향(석탄주)	주방문
2/2-1	소국주 1	주방문	45/39-1	이화주-이화곡 1	누룩
3/2-2	소국주 2	주방문	46/39-1	이화주 1	주방문
4/3	삼해주	주방문	47/39-2	이화주-이화곡 2	누룩
5/4	해일주	주방문	48/39-2	이화주 2	주방문
6/5	청명주	주방문	49/40	신도주	주방문
7/6	청명향	주방문	50/41-1	방문주 1	주방문
8/7	포도주	주방문	51/42	향로주	주방문
9/8	백화주	주방문	52/43	하향주	주방문
10/9	당백화주	주방문	53/44	졈주	주방문
11/10-1	백하주 1	주방문	54/45	감향주	주방문
12/10-2	백하주 2	주방문	55/46	백수환동곡	누룩
13/11	절주	주방문	56/46	백수환동주	주방문
14/12	시급주	주방문	57/47	경향옥액주	주방문
15/13	일일주	주방문	58/48	송순주	주방문
16/14	오호주	주방문	59/49	쳔금주	주방문
17/15	삼일주	주방문	60/50	출츄(창출주)	주방문
18/16	육병주	주방문	61/51-1	창포주 1	주방문
19/17-1	오병주 1	주방문	62/51-2	창포주 2	주방문
20/17-2	오병주 2	주방문	63/51-3	창포주 3	주방문
21/18-1	부의주 1	주방문	64/52	일두사병주	주방문
22/18-2	부의주 2	주방문	65/53	석임법	석임법
23/18-3	부의주 3	주방문	66/24-2	녹파주 2	주방문
24/19-1	무술주 1	주방문	67/54	황감주	주방문
25/19-2	무술주 2	주방문	68/55	사시주	주방문
26/20	삼합주	주방문	69/56	소주 많이 나는 법	주방문
27/21	저엽주	주방문	70/57	동파주	주방문
28/22	합엽주	주방문	71/58	백화춘	주방문
29/23	자주	주방문	72/59	송엽주(송령주)	주방문
30/24-1	녹파주 1	주방문	73/60	송엽주	주방문
31/25	세심주	주방문	74/61	소자주(차조기술)	주방문
32/26	소백주	주방문	75/62	오가피주	주방문
33/27	백단주	주방문	76/63	혼돈주	주방문
34/28	벽향주	주방문	77/64-1	구기자주 1	주방문
35/29	죽엽주	주방문	78/65	옥로주	주방문
36/30	송엽주	주방문	79/66	만년향	주방문
37/31	도화주	주방문	80/67	호산춘	주방문
38/32	매화주	주방문	81/68	집성향	주방문
39/33	층층지주	주방문	82/64-2	구기자주 2	주방문
40/34	황금주	주방문	83/41-2	방문주 2	주방문
41/35	사절주	주방문	84/69	오미자주	주방문
42/36	오두주	주방문	85/70	석술	주방문
43/37	과하주	주방문	86/71	소소국주	주방문

술 빚기 82가지, 이화곡 2가지, 백수환동곡 1가지, 석임 1가지

1부

주방문 이해하기

1/
주방문 이해를 위한 양조 이론

1. 술의 제조 원리

술이 만들어지기 위해서는 당화와 알코올 발효 과정을 거친다. 당화란 곰팡이로부터 생성된 효소(미생물이 아님)에 의해 전분이 가수분해되어 포도당으로 변화하는 과정이다. 알코올 발효는 미생물인 효모에 의해 당이 알코올로 변화하는 과정이다. 당화 과정에는 누룩 속의 곰팡이가 분비한 효소 또는 맥아의 효소 등이 이용된다. 우리나라 전통 누룩은 당화제와 발효제, 두 가지 역할을 모두 하고 있다. 알코올 발효에는 효모가 반드시 필요하며, 산소 공급이 충분한 호기적 환경에서는 효모는 증식을 하며, 산소가 없는 혐기적 환경에서는 알코올 발효를 하게 된다. 따라서 효모 증식이 필요한 경우에는 자주 저어 산소를 공급해 주고, 알코올 발효를 하고자 할 경우에는 산소 공급을 차단해야 한다.

술을 만들기 위한 원료로는 당질과 전분질을 들 수 있다. 당질은 포도와 같은 과실류, 사탕수수, 당밀 등 포도당을 함유하고 있는 원료들의 주성분이고, 전분질은 쌀, 밀, 옥수수, 보리, 감자, 타피오카, 고구마 등의 주성분이다.

구분	화학반응식
당화 과정	$C_6H_{10}O_5$(전분)+H_2O(물) → $C_6H_{12}O_6$(당)
효모 증식	$C_6H_{12}O_6$(당)+$6O_2$(산소) → $6CO_2$(이산화탄소)+$6H_2O$(물)
알코올 발효 과정	$C_6H_{12}O_6$(당) → $2C_2H_5OH$(알코올)+$2CO_2$(이산화탄소)

화학식을 통해 알 수 있듯이 전분의 당화 과정에서는 소량의 물이 필요하며, 이산화탄소가 발생되지 않으므로 조용하다. 반면에 효모 증식이나 알코올 발효 시에는 이산화탄소가 발생하므로 술이 끓는다는 표현을 사용한다.

2. 알코올 발효

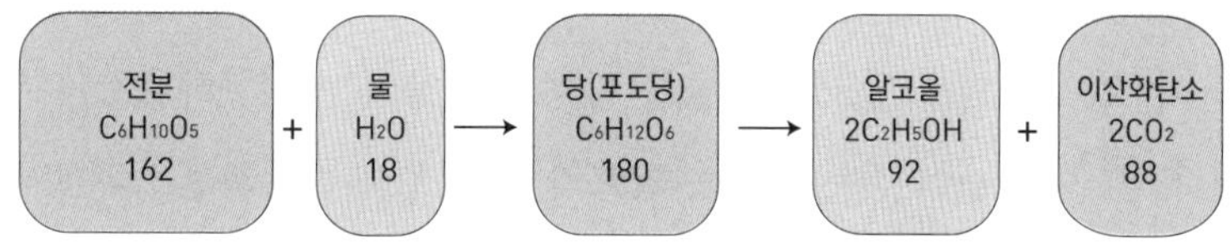

알코올 발효의 화학식(분자식)은 위와 같다. 당화 효소가 있을 경우 전분 162g이 18g의 물과 반응하여 포도당 180g을 생성한다. 포도당 180g은 효모에 의해 알코올 발효를 하게 되면, 알코올 92g과 이산화탄소 88g을 생성하며, 이때 에너지가 발생하여 술덧의 품온이 올라간다.

농진청의 국가표준식품성분표에 따르면, 멥쌀은 탄수화물 79.5%, 수분 13.4%, 단백질 6.4%, 지질 0.4%, 회분 0.4%이고, 찹쌀은 탄수화물 81.9%, 수분 9.6%, 단백질 7.4%, 지질 0.4%, 회분 0.7%로 구성되어 있다. 즉, 찹쌀 1㎏에 전분이 819g이 있다면 910g의 포도당으로 변환된다. 910g의 당은 알코올 465.1g으로 발효되며, 알코올의 비중은 0.789이므로 부피로는 589.5㎖가 된다.

효모 증식 및 효모 이외의 미생물들도 당을 에너지원으로 이용하기 때문에 쌀 1㎏에 있는 전분이 모두 당으로 분해되어도 100% 알코올로 전환되지는 못한다. 최적의 발효 조건에서 발효율은 95%이나, 통상적으로 85% 내외로 본다. 즉, 쌀 1㎏의 실제 알코올 발효되어 생성되는 알코올의 양은 589.5㎖의 85%인 501㎖ 내외로 볼 수 있다

물의 양이 충분하지 않을 경우, 알코올 발효율이 현격히 떨어져 알코올로 바뀌지 못한 포도당이 다량 남게 되어 단맛을 지닌 술이 된다. 따라서 단맛이 강한 술

을 빚고자 한다면 물양을 적게 사용하면 된다. 그리고 알코올 발효를 인위적으로 멈추게 하거나 술 거르는 시점을 앞당겨 술맛을 조절할 수도 있을 것이다.

3. 무게 감소와 발효 양상

알코올 발효 과정에서 무게 변화가 일어난다. 찹쌀 1kg에 전분 비율이 81.9%이므로 전분은 819g이 있다. 이 전분이 당화 효소에 의해 당으로 바뀌면 910g이 된다. 910g의 당이 효모의 의해 알코올 발효를 하면서 발생하는 이산화탄소의 무게는 444.9g이다. 즉, 쌀 1kg이 전부 알코올 발효가 될 경우에 이산화탄소의 발생으로 감소되는 무게는 444.9g인 셈이 된다. 결과적으로 술덧의 무게는 감소할 수밖에 없다. 따라서 더 이상 무게 변화가 없다면 알코올 발효가 거의 완료됐다는 의미이다. 이와 같은 현상을 이해하면 술덧 상태와 덧술 시기를 판단하는 데 도움이 될 것이다.

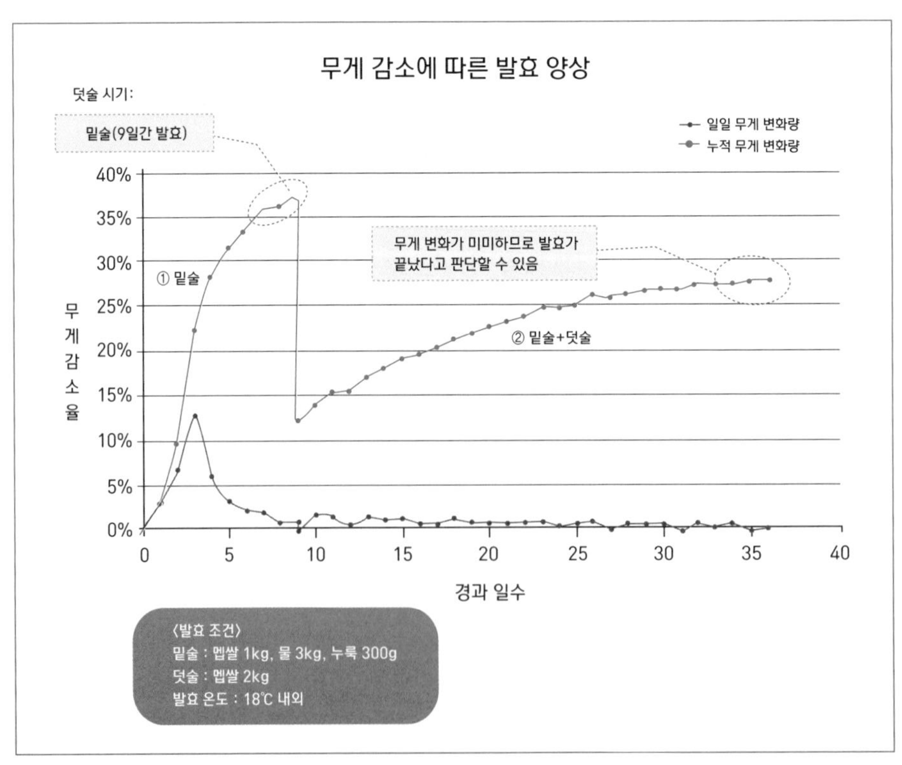

앞쪽 그림은 술 담금 후 매일 변화하는 무게를 측정한 그래프이다. 18℃ 내외에서 발효하였으며, 시간이 경과함에 따라 알코올 발효가 일어나고, 이때 발생한 이산화탄소는 가스 형태로 날아가게 되어 결국 무게가 감소하게 된다. 35일을 경과하면서 무게 변화가 미미하므로, 알코올 발효는 거의 완료되었다고 판단할 수 있다. 따라서 술을 거르는 시기를 향과 풍미의 차원을 떠나 알코올 발효 측면에서만 본다면 알코올 발효 완료 시점은 무게 변화가 거의 없는 시점으로 볼 수 있다.

경과 일수별로 무게가 감소하는 양을 측정하여 % 값들을 누적한 것이고, 밑술(①)과 밑술+덧술(②)을 구분하여 표시하였다.

무게 감소율은 다음과 같은 식으로 계산하였다.

$$\text{무게 감소율(\%)} = \frac{\text{감소된 무게}}{\text{곡물의 무게}} \times 100$$

밑술에서 효모 증식과 알코올 발효가 충분히 일어난 상태에서 덧술을 하는 것이 좋다.

알코올 발효가 미흡하면 알코올 도수가 낮고 젖산균의 활동은 강화된다. 이때 덧술을 하게 되면 추가된 술덧으로인해 알코올 도수는 더 떨어지게 되고 젖산균은 더 많은 젖산을 생산하므로 신맛이 강한 술이 될 확률이 높다.

발효 온도나 곡물의 가공 형태, 물의 양, 누룩의 양과 품질 등 발효 조건에 따라 무게의 감소율이 다르기 때문에 무게를 측정해서 자료화하면 술을 이해하는 데 도움이 될 것이다.

4. 알코올 도수의 예측

알코올 도수란 '섭씨 15도에서 용액 100*ml* 중에 포함되어 있는 알코올의 양'이다.

$$\text{알코올 도수}(\%,\ \textit{volume /volume}) = \frac{\text{용질 부피}}{\text{용액 부피(용매 부피+용질 부피)}} \times 100$$

$$= \frac{\text{알코올양}}{\text{물양(가수량+곡물 수분량)+알코올양}} \times 100$$

- 알코올양: 쌀의 양×멥쌀(0.572)×발효 효율, 쌀의 양×찹쌀(0.5895)×발효 효율
- 가수량: 술을 빚기 위해 투입한 물의 양
- 곡물 수분량: 곡물 자체 수분 함유량 + 곡물 가공 시 흡수되는 수분량
  - · 곡물 자체 수분 함유량: 멥쌀은 쌀양의 13.4%, 찹쌀은 9.6%
  - · 곡물가공(고두밥) 시 흡수되는 수분량: 멥쌀은 쌀양의 25%, 찹쌀은 40%

물은 비중이 1이므로 무게와 부피의 값은 동일하다. 전분이 당화될 때 소비된 물양과 효모가 증식하면서 생기는 물양은 서로 상쇄되고, 소량이기 때문에 계산에서 제외한다.

※ 예시 1

구분	멥쌀	찹쌀	물
단양주	5	10	15

위의 주방문을 알코올 발효 효율을 85%로 한 후 알코올 도수를 계산해 보면 약 25.4%가 된다. 그러나 실제로는 18% 내외의 알코올 도수가 나온다. 알코올 도수가 18% 이상이 되면 효모가 알코올 농도를 견딜 수 없어 사멸하기 시작하고 더 이상 알코올 발효를 할 수 없게 된다. 그러므로 당으로 남아 단맛을 지닌 술이 된다.

〈알코올 도수 계산〉

① 알코올양 계산표

구분	멥쌀	찹쌀	합계
쌀양 알코올 생성률 알코올 발효율	5kg 57.16% 85%	10kg 58.96% 85%	
알코올양	5×0.5716×0.85=2.43ℓ	10×0.5896×0.85=5.01ℓ	7.44ℓ

② 물양 계산표

구분	멥쌀	찹쌀	투입한 물	합계
쌀양 수분 함유율 수분 흡수율(고두밥)	5kg 13.4% 25%	10kg 9.6% 40%		
수분 함유양 흡수된 물양(고두밥) 투입한 물	5kg×13.4%=0.67ℓ 5kg×25%=1.25ℓ	10kg×9.6%=0.96ℓ 10kg×40%=4ℓ	15ℓ	
물양	1.92ℓ	4.96ℓ	15ℓ	21.88ℓ

$$\text{알코올 도수}(\%) = \frac{7.44}{21.88+7.44} \times 100 = 25.4\%$$

※ 예시 2

구분	멥쌀	찹쌀	물
단양주	5	-	15

위의 주방문을 알코올 발효 효율 85%로 계산하면, 알코올 도수는 약 12.6%이다. 실제 주방문대로 술을 빚어 알코올 도수를 측정해 보면 12.5% 내외가 나온다. 당화된 전분이 거의 모두 알코올로 발효되기 때문에 단맛이 없는 술이 된다.

※ 예시 3

구분	멥쌀	찹쌀	물
단양주	5		25

위의 주방문은 물양이 쌀양의 5배인 경우로 알코올 발효율을 85%로 산정해서 계산하면 알코올 도수는 약 8.3%이다. 실제로 술을 빚어 알코올 도수를 측정하면 8% 내외가 나오며, 단맛은 없는 술이 된다.

5. 물양과 알코올 도수 그래프

다음 그래프와 표는 멥쌀 1kg으로 술 빚기를 할 때 물양에 따른 알코올 도수 변화이다.

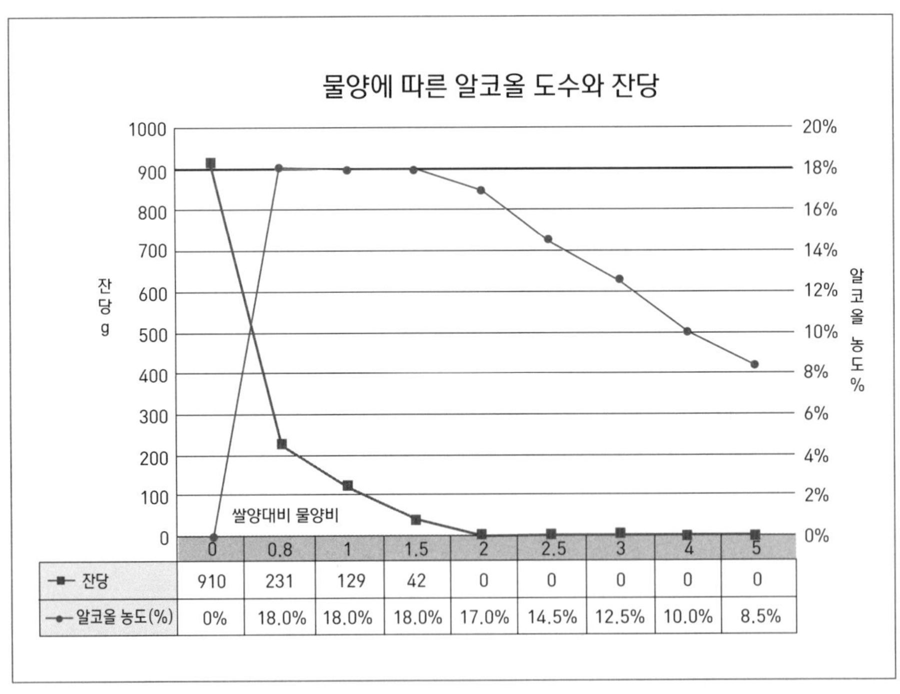

	0	0.8	1	1.5	2	2.5	3	4	5
잔당	910	231	129	42	0	0	0	0	0
알코올 농도(%)	0%	18.0%	18.0%	18.0%	17.0%	14.5%	12.5%	10.0%	8.5%

가수량	1.0~1.7배	2.0배	2.5배	3.0배	4.0배	5.0배
계산상 알코올 도수(%)	18~20% 내외	17.0% 내외	14.5% 내외	12.5% 내외	10.0% 내외	8.5% 내외
실제 알코올 도수(%)	18~20%	16~17%	14~15%	12~13%	9~11%	7~8%
참고 사항	- 멥쌀 1kg으로 계산한 것이며, 이해와 기억하기 좋게끔 수치를 다소 수정하였다. - 발효율은 85%로 가정하였다. - 각각의 알코올 도수는 알코올 발효가 종료된 상태의 도수이다. - X축은 쌀양대비 물양의 비율이다.					

※ 실제 알코올 도수 자료는 농촌진흥청, 《막걸리와 약주의 제조 기술》을 인용

가수량은 일반적으로 통용하고 있는 물양이 쌀양의 몇 배라는 표현이며, 알코올 도수의 계산에는 곡물 자체의 수분량과 가공(고두밥) 시 포함되는 물양도 고려되어 있다.

1) 쌀 1kg 대비 물양이 0.8~1배일 경우, 알코올 도수는 18% 내외이며, 잔당이 남아 단맛이 있는 술이 된다.
2) 쌀 1kg 대비 물양이 1~1.7배일 경우, 알코올 도수는 18% 내외이며, 물양이 많아짐에 따라 단맛이 점점 감소하는 술이 된다.
3) 쌀 1kg 대비 물양이 1.7~2.0배 이상일 경우, 쌀의 전분이 모두 알코올 발효가 되어 당연히 물양이 많아질수록 알코올 도수는 감소한다.

그래프를 이해하면 주방문을 공부하면서 불명확한 계량단위를 추정하는 데 큰 도움이 된다.

쌀과 물이 동일한 양일 때(쌀 1 : 물 1)를 기본으로 물양이 많고 적음에 따라 단맛의 강도가 달라지며, 물양이 쌀양의 1.7~2배가 넘어가게 되면 단맛이 거의 없는 술이 됨과 동시에 알코올 도수도 감소한다는 점을 기억해 두자.

6. 술 빚기에 사용되는 누룩의 양

쌀 10kg을 300SP의 역가를 지닌 누룩으로 술 빚기를 할 경우 필요한 누룩의 양을 계산해 보자. 쌀 1g을 당화시키는 데에는 27SP의 당화력이 필요하다. 그러므로 쌀 10kg을 당화시키려면 27만SP가 필요하게 되고, 누룩 양을 계산해 보면 다음과 같다.

$$270{,}000sp : x = 300sp : 1g$$

$$300sp \times x = 270{,}000sp \times 1g$$

$$x = \frac{270{,}000sp \times 1g}{300sp} = 900g$$

즉, 쌀 10kg으로 술을 빚으려면 300SP의 누룩이 900g 필요하다.

구분	계산식
원료 대비 누룩 사용량	사용량(%) = 2700 ÷ 당화력

다음은 『리생원책보 주방문』에 사용된 누룩의 양을 정리한 표이다. 이화주, 백수환동주, 담금주와 누룩양이 누락된 주방문을 제외하면 쌀양 대비 누룩의 비율과 주방문의 수는 다음과 같다.

쌀양 대비 누룩의 비율	주방문 수	주방문 비율
1~5%	15	24.6%
5.1~10%	26	42.6%
10.1~15%	7	11.5%
15.1~20%	8	13.1%
20.1~30%	3	4.9%
30.1~40%	2	3.3%
계	61가지	100.0%

누룩 10% 이하가 사용된 주방문 수가 약 67%가량 된다. 선조들은 누룩을 무게가 아닌 부피로 계량을 했기 때문에 생각해 볼 문제가 있다. 쌀양 대비 10%의 누룩을 부피로 사용했다면 무게로는 5.2~5.8% 정도(누룩가루 1ℓ는 약 520~580g 내외)를 사용한 셈이 된다. 누룩을 이용해 술을 빚을 때 계산상으로는 300SP의 누룩이 9%는 투입되어야 한다. 그런데 5.2~5.8% 이하의 누룩을 투입했음에도 술을 빚을 수 있었다는 것에 대하여 다음과 같은 전제 조건 중 한 가지는 만족해야만 한다.

1. 선조들이 사용한 누룩의 당화력은 지금의 시판 누룩보다 좋았다.
2. 300SP의 당화력을 갖춘 누룩을 무게 대비 9% 이하로 넣더라도 당화 효소는 지속적으로 작용하여 술 빚기에 문제가 되지 않는다.

어느 전제이든 현대적 관점에서 살펴볼 필요가 있다. 당화력을 계산하여 술 빚기를 하는 것은 당연한 일이고 이는 안정된 술 빚기를 위해서는 반드시 필요하다. 하지만 두견주와 삼해주를 직접 빚어 본 결과, 사용되는 누룩의 양이 적어도 문제가 없었다. 보다 다양한 술 빚기를 위해서는 투입되는 누룩의 양을 발효 기간이나 발효 온도까지 고려하여 정할 필요가 있다. 같은 당화력을 지닌 누룩이라도 저온 장기 발효의 술은 누룩의 양을 적게, 고온 단기 발효의 술은 누룩의 양을 많이 투입하는 경향이 있다. 누룩의 양 및 발효 기간, 발효 온도의 상관관계를 터득하는 것은 안정된 술 빚기뿐만 아니라 술의 특색을 살리는 방법 중 하나가 될 수 있을 것이다.

2/
고문헌 주방문의 이해

1. 고문헌 주방문 재현의 한계

1) 술 빚기 환경의 차이

오늘날과 고문헌 당시의 술 빚기 환경을 동일하게 볼 수 없다. 구체적으로 몇 가지 예만 들더라도, 기후, 대기오염, 양조 도구, 냉난방 시설, 미생물 종류가 같다고 볼 수 없다. 술 빚는 조건부터 다른 상황에서 고문헌의 주방문을 그대로 재현한다는 것은 매우 어려운 일이다. 이처럼 고문헌 주방문의 재현에 한계가 있으므로 고문헌의 주방문을 바탕으로 하되 오늘날의 환경에 맞는 술 빚기 방법과 기술을 개발할 필요가 있다.

2) 곡물의 품질

현대에는 선조들이 재배했던 곡물의 품종과 다른 개량된 품종을 사용하고 있다. 곡물의 품종에 따른 차이는 물론, 도정 기술의 발달로 인한 도정 상태 또한 무시할 수 없을 것이다. 밀가루의 경우에도 도정의 정도에 따라 양조에 미치는 영향이 있을 것이다. 오늘날 장기 보존을 위한 여러 가지 후처리 방식 또한 양조에 미치는 영향이 적지 않을 것이다.

3) 누룩의 품질 차이

선조들은 누룩을 대청에 매달아 자연환경을 그대로 이용하거나 온돌방을 이용하여 띄웠을 것이다. 그러나 현대의 누룩은 자연환경을 이용하기도 하지만 가온(加溫), 냉방, 환기, 미생물 접종 등을 하고 있기에 선조들의 누룩과 같은 품질이라고 장담할 수 없다.

4) 불명확한 도량형

고문헌의 주방문 가운데는 중국 고문헌에서 유래한 것도 적지 않을 것이다. 주방문 당시의 도량형을 사용해야 하나 고문헌 자체의 연도를 특정하지 못하는 경우가 대부분이고, 주방문 하나하나 정확한 도량형을 찾기란 더더욱 쉽지 않다. 그나마 다행히도 두(斗) · 승(升) · 합(合)은 말 · 되 · 홉으로 10배수의 관계를 가지므로 용기의 크기에 상관없이 비율대로만 계량하면 된다.

문제는 잔, 사발, 주발, 식기, 대야, 동이, 병, 복자와 같은 생활 용기를 사용하여 계량한 경우와 근, 양 등 무게 단위를 사용한 경우이다. 생활 용기는 크기가 제각각이고, 무게 단위 역시 시대마다 다르고, 학자들마다 견해가 다르다. 이런 까닭에 용기의 크기를 추론하거나 무게 단위를 정확하게 얼마라고 정하기 어려운 한계에 부딪칠 수밖에 없다.

물양이 전혀 언급되지 않은 주방문도 더러 있다. 이럴 경우에는 다른 고문헌과 비교해서 물양을 추정하거나 술의 용도에 맞춰서 추정할 수밖에 없다. 술맛이란 차원에서 보면 쌀양과 물양이 1:1 동량인 경우가 술맛의 기본 출발점이라고 생각해도 무방하다. 이를 기준점으로 물양이 적은 술은 단맛이 강하고, 물양이 많은 술은 단맛이 적고, 물양이 아주 많은 경우에는 소주를 내리기 위한 술로 여겨진다.

위와 같은 여러 가지 이유로 고문헌을 정확하게 재현한다는 것은 현실적으로 매우 어려운 일이다. 그렇지만 우리 술의 전통을 계승하기 위해서는 장기적으로 다양한 모색이 이루어져야 한다. 우선 고문헌의 주방문을 더욱 연구하여 우리 현대인들의 입맛에 맞는 주방문으로 발전시켜 나가야 할 것이다.

2. 죽 가공과 물양

다음과 같은 고문헌을 근거로 죽 가공 시 사용되는 물양을 가늠해 보자.

문헌 주방문명	내용		쌀양 대비 물양 배수
음식디미방 칠일주	원문	ᄇᆡᆨ미 ᄒᆞᆫ 말 ᄇᆡᆨ셰ᄒᆞ여 작말ᄒᆞ여 탕슈 ᄒᆞᆫ 말의 쥭 수어	1.0배
	풀이	백미 1말을 백세 작말하여 탕수 1말에 죽 쑤어	
음식디미방 두강주	원문	ᄇᆡᆨ미 서 말 ᄇᆡᆨ셰 작말ᄒᆞ여 믈 서 말 닷 되로 쥭 수어	1.17배
	풀이	멥쌀 3말 백세 작말하여 물 3말 5되로 죽 쑤어	
승부리안 주방문 옥지춘	원문	ᄇᆡᆨ미 일 두 ᄇᆡᆨ셰 쟉말ᄒᆞ야 믈 말 가옷ᄉᆡ 쥭 쑤어	1.5배
	풀이	백미 1말 백세 작말하여 물 1말 5되에 죽 쑤어	
음식보 두강주	원문	ᄇᆡᆨ미 ᄒᆞᆫ 말 ᄇᆡᆨ셰 작말ᄒᆞ야 ᄉᆞᆯ힌 믈 서 말로 쥭 쑤어	3.0배
	풀이	멥쌀 1말 백세 작말하여 끓인 물 3말로 죽 쑤어	
리생원책보 주방문 사절주	원문	ᄇᆡᆨ미 ᄒᆞᆫ 말 ᄇᆡᆨ셰 작말ᄒᆞ야 믈 너 말노 쥭 쑤어	4.0배
	풀이	멥쌀 1말 백세 작말하여 물 4말로 죽 쑤어	
술방문 석탄주	원문	ᄇᆡᆨ미 두 되 즉말ᄒᆞ . 여 탕슈 ᄒᆞᆫ 말 붓고 쥭 쑤어	5.0배
	풀이	멥쌀 2되를 작말하여 탕수 1말 붓고 죽 쑤어	
치생요람 천금주	원문	水二斗米一升稀粥入	20.0배
	풀이	물 2말과 쌀 1되로 묽은 죽을 쑤어 넣는다	

위 문헌에서 볼 수 있듯이 죽으로 가공할 때 물양은 쌀양 대비 1배에서부터 20배까지 다양하다. 따라서 죽 가공인데 물양이 언급되지 않은 경우에는 임의로 할 수밖에 없다. 다만 묽은 죽이라고 표현한 경우에는 물양을 쌀양의 3~5배 정도로,

된 죽이라는 표현이 있으면 쌀양 대비 물양을 1~2배로 할 것을 권한다.

3. 쌀 가공 방법에 따라 추가되는 물양

물양은 술맛에 큰 영향을 미치므로, 복잡하기는 하지만 정밀한 술 빚기를 위해서는 정확한 물양을 계산해야만 한다. 즉, 곡물 자체에 포함되어 있는 물양, 곡물을 불릴 때 곡물이 흡수하는 물양, 가공 시 첨가되는 물양을 모두 고려해야 한다. 다음과 같이 가공 방법에 따른 숨어 있는 물양을 살펴보도록 하자.

■ **주의할 점 - 곡물과 물양의 관계**

○ 곡물 자체에 포함되어 있는 물양 → 곡물마다 수분 함유량이 다름

○ 곡물을 불릴 때 곡물이 흡수하는 물양 → 곡물마다 흡수하는 물양이 다름

○ 가공 시 사용되는 물양 → 가공 방식에 따라 곡물에 추가로 흡수되는 물양이 다름

곡물의 품종, 건조 상태에 따라 제시되는 값이 다소의 편차가 있을 수 있겠지만, 다음 표를 참고하여 술 빚기에 적용해 보길 바란다.

1) 지에밥(고두밥)을 지어 냉수로 씻는 과정에서 흡수되는 물양

종류	쌀 무게	침지/탈수 후 (3시간/30분)	고두밥 식힌 후	냉수에 씻은 후	냉수로 씻은 후 추가로 흡수된 물의 양
멥쌀	10kg	12.5kg 내외	12.5kg 내외	15.7kg 내외	15.7-12.5=3.2kg(32%) 내외
찹쌀	10kg	14kg 내외	14kg 내외	17.3kg 내외	17.3-14=3.3kg(33%) 내외

2) 구멍떡 또는 도래떡 가공 시 흡수되는 물양

종류	쌀 무게	침지/탈수 후 (3시간/30분)	쌀가루 반죽하여 구멍떡 가공 후	구멍떡 후 추가로 흡수된 물의 양
멥쌀	10kg	12.5kg 내외	18.5kg 내외	18.5-12.5=6kg(60%) 내외
찹쌀 + 멥쌀	10kg	13.25kg 내외	17.4kg 내외	17.4-13.25=4.15kg(41.5%)내외

3) 백설기 가공 시 흡수되는 물양

종류	쌀 무게	침지/탈수 후 (3시간/30분)	백설기로 찐 후	백설기 가공 후 추가로 흡수된 물의 양
멥쌀	10kg	12.5kg 내외	16.0kg 내외	16.0-12.5=3.5kg(35%) 내외

위의 표에서 제시한 수치는 어디까지나 참고 자료일 뿐이다. 곡물의 품종, 수분 함유량, 바로 쪄서 김이 한참 날 때와 충분히 식었을 때의 차이, 가공 시 살수(撒水) 여부 등 다양한 변수가 존재하기 때문에 보다 정확한 술 빚기를 위해서는 스스로 데이터를 기록하고 분석하는 습관을 들여야 한다.

4. 도량형

고문헌의 도량형을 이해하기 위해 다음과 같은 문헌을 참고하여 살펴보았다.

- 전순의 지음, 한복려 엮음, 『다시 보고 배우는 산가요록』(도서출판) 궁중음식연구원
- 이종봉 저, 『한국 중세 도량형제 연구』 도서출판 혜안
- 국립민속박물관 펴냄, 『한국의 도량형』 국립민속박물관
- 단국대학교 석주선 기념박물관, 『천하균평 도량형』 단국대학교출판부

구분	내용

산가요록

이합위일잔 이잔위일작 이승위일선 삼선위일병 오선위일동해

二合爲一盞 二盞爲一爵 二升爲一鐥 三鐥爲一甁 五鐥爲一東海

(2홉이 1잔, 2잔이 1작, 2되가 1복자, 3복자가 1병, 5복자가 1동해)

산가요록 정리

단위명	용량
1잔	2홉
1작	2잔
1복자	2되
1병	3복자, 즉 6되
1동해(동이)	5복자, 즉 10되

부피

合(합) = 홉, 升(승) = 되, 斗(두) = 말, 石(석)

고려 전기 1되 398.38mℓ, 조선 전기 1되 597.57mℓ로 보는 연구도 있음

용적	고려 정종 ~ 조선 세종 28년			조선 세종 28년 이후		
	용적비	용적(mℓ)		용적비	용적(mℓ)	
合(합)	0.1	약	34	0.1	약	57
升(승)	1.0	약	340	1.0	약	572
斗(두)	10.0	약	3,400	10.0	약	5,726
石(석), 斛(곡)	15.0	약	51,000	15.0(平石)	약	85,901
				20.0(全石)	약	114,535

무게

分(분), 錢(전), 兩(양), 斤(근), 貫(관), 世宗代(세종대) 衡制(형제)의 중량

단위	중량(g) 영조척을 27.6㎝로 할 경우	중량(g) 영조척을 31.22㎝로 할 경우
1分(분)	0.266	0.4012
1錢(전)	2.660	4.0121
1兩(양)	26.600	40.1218
1斤(근)	425.600	641.9460
1貫(관)		4012.2000

이종봉 저, 『한국중세도량형제연구』, 혜안

금이나 은의 무게를 따질 때 사용하는 '돈중'이란 '전중(錢重)'을 가리키는 것으로, 실제 무게는 시대에 따라 조금씩 다르다. 조선 초 세종대에는 2.66g 정도였던 것이 숙종과 영조 연간에는 약 2.99g으로 늘어났고, 고종대는 3.45g, 그리고 광무 5년 이후에는 일본의 영향을 받아 3.75g으로 바뀌어 오늘에 이르고 있다.

※ 무게의 변천

세종대	숙종~영조	고종	광무9년
26.6g/兩	약 29.9g/兩	34.5g/兩	37.5g/兩
약 425g/근	약 478g/근	552g/근	600g/근

※ 엽전의 평균 무게로 계산할 때 1전(錢)당 무게

세종대	숙종대	영조대	순조대	헌종대	고종대	광무5년
4.096g/錢	2.978~ 3.031g/錢	2.972~ 4.232g/錢	3.410~ 3.467g/錢	3.96g/錢	3.410~ 3.467g/錢	3.684~ 3.792g/錢

10리(釐) = 1분(分), 10분(分) = 1전(錢), 10전(錢)=1량(兩), 16량(兩)=1근(斤)

무게에 이어서 부피를 계량하는 단위를 살펴보면, 되(升)는 두 손으로 움켜잡은 양, 즉 한 움큼의 양으로 '오른다'의 의미를 나타낸다. 『계림유사』에는 되를 '刀(되)'로 표기하고 있다. 되는 10홉의 양으로 형태는 주로 장방형이다. 세종 28년에 규정된 되는 신영조척으로 길이가 4촌 9분, 넓이가 2촌, 깊이가 2촌, 용적이 19촌 6분으로 약 0.6ℓ에 해당한다. 정조대 '전율통보'의 되는 영조척으로 길이가 5촌 9푼, 넓이가 2촌 2분, 높이가 1촌 8분으로 약 0.6ℓ에 해당한다.

1902년(광무 6)에는 0.6ℓ로, 1905년(광무 9)에는 1.8ℓ로 통일되었다.

조선 시대 당시 되와 말을 둘러싼 혼란상은 아주 심하여, 실학자로 유명한 정약용(丁若鏞 1762~1836)의 상소문 '응지논농정소(應旨論農政疏)' 가운데에는 이런 표현도 있다.

> 지금 만 가지 말과 천 가지 섬이 마치 사람의 얼굴과 같아서, 얼핏 보면 서로 비슷해 보이지만 실제 사용하면 서로 틀리다. 서울과 지방이 서로 고르지 않고, 이웃 고을이 서로 같지 않은 것은 말할 것도 없이, 한 고을에서도 관청의 말[官斗], 시장 말[市斗], 동네 말[里斗]이 따로 있다. 또 관청의 말이라지만, 관청과 사창(司倉)이 서로 다른 말을 쓰며, 시장 말로 말하더라도 이 시장과 저 시장이 서로 다르고, 마을의 말로 친다 해도 동촌과 서촌이 서로 다르다.

이렇듯 국가에서 지정한 되, 지방 관청에서 사용하는 되, 시장에서 사용되는 되, 가정에서 사용하는 되의 크기가 천차만별이었다. 이와 같이 1되가 정확히 얼마라고 말하기는 힘들다. 고문헌 주방문을 풀이할 때 굳이 1되의 양이 어느 정도인지 정하려면 쌀과 물 모두 1되는 600㎖ 내외로 보는 것이 타당성이 있어 보인다. 그러나 『리생원책보 주방문』 2부에서는 가독성 및 편의를 위해 1되의 용량을 1,000㎖로 가정하여 기술하였다. 1되를 1,000㎖로 가정하면 별도의 계산 없이 주방문을 쉽게 이해할 수 있고, 술 빚는 양을 늘리고 줄일 경우 계산이 쉽기 때문이다. 선조들이 사용한 1되가 1,000㎖라는 의미가 아님을 밝혀 둔다.

『리생원책보 주방문』에서는 쌀과 물을 계량하는 되를 같은 되로 보았다. 이유는 1. 주방문 이해를 위한 양조 이론에서 살펴 보았듯이 쌀양과 물양을 같은 양으로 했을 때가 술맛을 내는 기준이 되기 때문이다.

도량형이라는 함정에 빠져 술 빚기를 고민하거나 몇 g 단위까지 정확해야 한다는 강박관념을 가질 필요는 없다. 도량형이 '얼마'라는 논란보다는 가양주 또는 전통주 빚기라는 실천적인 행위가 더 필요할 것이다. 쌀양과 물양을 동일하게 하는 것을 술 빚기의 기준으로 삼되, 다양한 비율과 제조 방법을 활용함으로써 '손맛'이 살아 있는 명주가 탄생하길 기대해 본다.

5. 부피와 무게

1) 옛날에는 저울이 귀하고 사용하기도 불편하기 때문에 가정에서는 주로 부피로 계량하였을 것이다. 되를 이용하여 계량할 경우 되를 깎아서 계량할 것(평두)인지 흘러넘칠 정도로 가득 담을 것(고봉)인지를 고려해야 했다. 이에 따라 계량하는 양이 달라졌을 것이다.

곡물별로 평두와 고봉으로 계량할 경우, 다음과 같은 무게를 가진다.

구분		1ℓ 되로 측정한 무게(㎏)
멥쌀	평두 ~ 고봉	0.88~1.03
찹쌀	평두 ~ 고봉	0.88~1.06
녹두(거피)	평두 ~ 고봉	0.88~1.03
누룩가루	평두 ~ 고봉	0.52~0.58
이화곡가루	평두 ~ 고봉	0.53~0.70
밀가루	평두 ~ 고봉	0.53~0.70

2) 물의 경우에는 고봉으로 담을 수 없기에 계량 오차가 없다고 가정한다.

3) 곡물별 1ℓ에 해당되는 무게를 제안해 보면 다음과 같다.

(1) 멥쌀, 찹쌀, 녹두: 1ℓ에 해당되는 무게가 0.88~1.06kg(평두~고봉)이므로 1ℓ에 해당되는 무게를 1kg으로 하면 술 빚기가 편하다.

(2) 누룩가루: 분쇄도에 따라 차이가 있긴 하지만 1ℓ에 해당되는 누룩가루는 520~580g이나, 현대 양조에서 당화력을 고려하여 안정적인 술 빚기를 위해 어림값인 550g~1,000g으로 계량할 것을 제안한다.

(3) 이화곡가루: 이화곡의 경우, 1ℓ에 해당되는 무게가 530~700g이나 어림값 600g으로 계량할 것을 제안한다.

(4) 밀가루: 밀가루의 경우, 1ℓ에 해당되는 무게가 530~700g이나 어림값 600g으로 계량할 것을 제안한다.

각 재료별 1ℓ에 해당되는 적용 무게 제안			
멥쌀, 찹쌀, 녹두	누룩가루	이화곡가루	밀가루
1kg	550g~1kg	600g	600g

4) 꽃 및 부재료

꽃은 부피와 무게 차이가 많이 난다. 꽃이 들어간 주방문과 부재료가 들어간 주방문의 경우에는 단위 변환에 어려움이 있을 수 있으므로 부피 단위를 그대로 적용하는 것이 편할 수도 있다.

고봉(高捧)

평두(平斗)

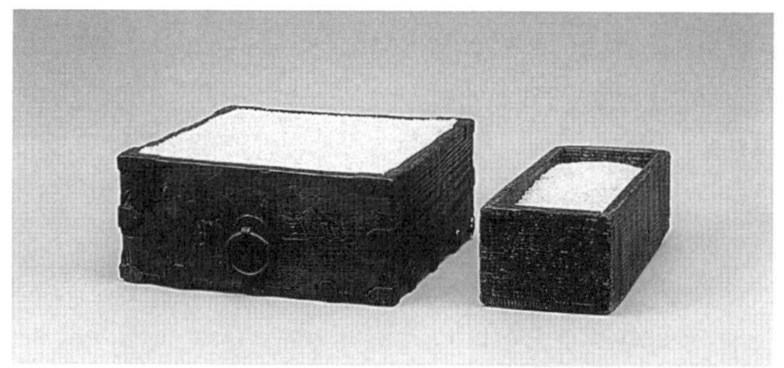

고봉과 평두의 비교값: 오른쪽은 고봉에서 덜어낸 양으로 3되 가량이다.

6. 『리생원책보 주방문』으로 본 도량형

1) 먼저 『리생원책보 주방문』과 『산가요록』 기록을 바탕으로 도량형에 대한 해석을 해 보자.

<table>
<tr><th>단위명</th><th>풀이</th><th>되 단위로
변환</th></tr>
<tr><td>1대야</td><td>57. 소쥬만히나ᄂᆞᆫ법'에 '고으면 스무 대야 나느니라'
- 주방문 재료 분량으로 술을 빚으면 알코올 도수 13% 내외의 탁주(원주)가 3.5말 내외가 나온다.
- 알코올 농도 12~13%인 탁주 3.5말에는 알코올은 0.42~0.46말이 포함되어 있으며, 각각의 알코올 농도에 따른 소주의 양을 계산하면 1대야의 양을 예상할 수 있다.
<table>
<tr><th>구분</th><th>소주의 양(20대야)</th><th>1대야</th></tr>
<tr><td>25% 소주</td><td>1.68~1.84말</td><td>0.84~0.9되</td></tr>
<tr><td>30% 소주</td><td>1.4~1.53말</td><td>0.7~0.8되</td></tr>
<tr><td>35% 소주</td><td>1.2~1.31말</td><td>0.6~0.7되</td></tr>
<tr><td>45% 소주</td><td>1.05~1.15말</td><td>0.53~0.6되</td></tr>
</table></td><td>0.5~0.9되</td></tr>
<tr><td>1사발</td><td>'28. 벽향주'에 '빅미 점미 각 닷 되식 작말ᄒᆞ야 물 다ᄉᆞᆺ 사발노 쥭 쑤어'
- 1사발을 1되로 볼 경우 멥쌀 찹쌀 1말을 5되의 물로는 죽을 쑬 수가 없다.
- 1사발을 3되로 볼 경우 물양이 1.5말로 죽을 쑬 수 있으며, 술 빚기에 사용된 총 쌀이 3말, 총 물이 3.3말이 되어 벽향주의 특색을 살릴 수 있다. '28. 벽향주'에서는 1사발을 3되로 풀이했다.
- 『리생원책보 주방문』 외에 '1사발=1말'로 보는 것이 타당한 주방문이 있다.</td><td>1되~3되
1사발=1말</td></tr>
<tr><td>1복자</td><td>『산가요록』에서 1복자를 2되로 서술하고 있다.
- '34. 황금주'와 '음식디미방 황금주'를 비교해 보면, 재료로 쌀양, 물양, 누룩양 모두 '음식디미방 황금주'의 2배로 되어 있어 1복자를 1되로 여길 수도 있다(3부 34. 황금주 참조).
'56. ᄉᆞ시주'에 '물 세 병은 열두 복ᄌᆞ니라'
- 3병은 12복자이고, 1병을 4~6되로 볼 경우 3병은 12되나 18되가 되므로, 1복자는 1되나 1.5되가 된다.</td><td>1~2되</td></tr>
</table>

1병	'3. 삼해주'에 '물을 적은 병 드리로 되야 브어 좋흐니 흔 병의 사온 승 드나니라' - 1병이 4되로 기록되어 있다. - 『산가요록』에는 1병을 6되로 기록하고 있다. - 『리생원책보 주방문』 외에 '3병=1말'로 보는 것이 타당한 주방문이 있다.	4되~6되 3병=1말
1동이 1동해	'36. 오두주'에 '조흔 술 다삿 동희 나누니라' - 주방문대로 술을 빚게 되면 원주(탁주)가 약 9.8말 내외가 나온다. 즉, 9.8말(98되)이 5동이이므로, 1동이는 19.6되가 된다. '69. 집성향'에 '청쥬 세 병 탁쥬 흔 동희 나듸' - 1병을 6되로 술을 빚어 본 결과 원주가 33ℓ가 나왔다. 청주가 3병인 18되(18ℓ)가 나오니 탁주는 15되가 되는 셈이고, 1동이는 15되가 된다. 요약하면, 『산가요록』에서는 1동해(동이)를 10되 '36. 오두주'에서 1동이는 19.6되 '69. 집성향'에서 1동이는 15되	10되 15되 19.6되

2) 위의 표는 『리생원책보 주방문』과 『산가요록』을 토대로 유추해 본 것일 뿐이며, 주방문에 따라 용기별 용량을 어떻게 산정할지에 대해 논란의 여지가 있을 것이다.

3) 여러 고문헌을 검토하여 다음 표와 같이 도량형을 정리해 본다. 이견이 있을 수 있으므로 참고 자료로 활용해 보길 바란다.

구분	1홉	4~5홉	8~9홉	1되	2되	3되	4되	5되	6되	7되	8되	9되	1말	1.5말	2말	3말
1병																
1홉																
1작																
1대야																
1복자																
1주발																
1식기																
1사발																
1되																
1유분/푼주																
1말																
3사발																
3병																
1동이																

〈참고〉

주발=사발=바리=발(鉢)=완(椀)=완(碗)

동이=동해=분(盆)=놋동이

대야는 지금의 개념의 대야가 아니라 술과 관련이 있는 도구(술병과 같은 역할)로 생각된다.

7. 술 빚는 시기가 명확한 주방문과 석임을 사용한 주방문

봄 · 겨울에 빚는 술		여름에 빚는 술		석임을 사용한 술	
주방명	쌀 대비 누룩양 (부피비)	주방명	쌀 대비 누룩양 (부피비)	주방명	쌀 대비 누룩양 (부피비)
01 두견주	3.75%	11 절주	9.09%	09 당백화주	5.00%
02 소국주1	7.00%	18 부의주1	12.40%	10 백하주1	6.67%
02 소국주2	5.00%	18 부의주2	10.00%	17 오병주2	8.33%
03 삼해주	3.28%	21 저엽주	6.36%	26 소백주	3.33%
04 해일주	1.82%	22 합엽주	40.00%	32 매화주	20.00%
05 청명주	2.73%	45 감향주	20.00%	52 일두사병주	9.09%
25 세심주	3.33%	63 오가피주	10.00%	64 혼돈주	10.00%
31 도화주	7.69%	64 혼돈주	10.00%		
41 방문주	4.62%				
42 향로주	4.67%				

봄 · 가을 · 겨울에 빚는 술의 경우에는 총 쌀양 대비 누룩양의 비율이 1.82~7.69%이며, 여름에 빚는 술은 6.36~40.00%로, 기온이 낮을 때보다 누룩의 양이 더 많은 경향이 있다.

밀가루를 사용한 주방문은 다음과 같으며, 술 빚기에 사용된 누룩양은 1.82~40.00% 범위다. 석임 사용 여부나 빚는 시기 등 특정 술 빚기와 연관성을 찾기 힘들었다.

밀가루를 사용한 주방문			
01 두견주	10 백하주2	24 녹파주	49 천금주
02 소국주1	12 시급주	26 소백주	52 일두사병주
02 소국주2	14 오호주	27 백단주	54 녹파주
03 삼해주	16 육병주	28 벽향주	56 사시주
04 해일주	17 오병주1	40 신도주	66 옥로주
05 청명주	17 오병주2	41 방문주	69 집성향
10 백하주1	18 부의주1	42 향로주	71 방문주

8. 술 양을 예측하는 방법

우리술의 경우, 곡물 속에 있는 수분과 술 빚기에 사용된 물의 총량을 계산하면 지게미를 거르고 난 후 탁주의 양을 어느 정도 예상할 수 있다. 단, 이화주처럼 물을 넣지 않는 술이나 물의 양이 적은 술의 경우에는 쌀의 고형분이 많이 남기 때문에 오차가 크며, 물의 양이 많을수록 계산값에 가깝다.

현미나 다른 곡류의 경우 수분 함유량이 다르기 때문에 수분 함유량을 고려하여 계산을 달리 해야 한다.

구분	재료의 수분량	가공 시 흡수된 수분량
멥쌀	13.4% 내외	25% 내외
찹쌀	9.6% 내외	40% 내외

※ 재료의 수분량: 원재료가 함유하고 있는 수분의 양

※ 흡수된 수분량: 쌀을 불려 탈수한 후 가루를 내거나 밥을 쪄 식힌 후의 흡수된 수분량

※ 참고 자료: 농촌진흥청 농촌자원개발연구소, 『식품성분표 제7차 개정』 (2006).

이를 근거로 거르게 되는 술의 양에 대한 계산식을 살펴보면, 다음과 같다.

술의 양 = 재료의 수분량 + 가공 시 흡수된 수분량 + 술 빚기에 사용된 물양

예로, 멥쌀과 찹쌀을 함께 사용하고 고두밥(지에밥)으로 술을 빚을 경우 술의 양은 다음과 같이 예상해 볼 수 있다.

술의 양 = 멥쌀양×(재료의 수분량 + 가공 시 흡수된 수분량)
+ 찹쌀양×(재료의 수분량 + 가공 시 흡수된 수분량)
+ 술 빚기에 사용된 물양
= 멥쌀양×(0.134+0.25)+찹쌀양×(0.096+0.4)+술 빚기에 사용된 물양
= 멥쌀양×0.384+찹쌀양×0.496+술 빚기에 사용된 물양

전분이 당으로 변할 때 이용되는 물양, 효모 등 미생물이 생산하는 물양, 비중 차이로 인한 오차, 누룩 속에 포함되어 있는 수분 등은 고려 대상에서 제외하였다.

예시 1) 찹쌀 10㎏, 물 15ℓ로 빚은 술의 양 예측

구분	중량(㎏)	비고
재료의 수분량	0.96	9.6%
흡수된 수분량	4.00	40%(고두밥 가공)
물의 양	15.00	술 빚기에 사용된 물의 양
계	19.96	예상되는 술의 양

※ 예상되는 술은 19.96kg으로 총 재료 25kg 대비 약 91%의 수율

예시 2) 멥쌀 10㎏, 찹쌀 10㎏, 물 20ℓ로 빚은 술의 양 예측

구분		중량(㎏)	비고
재료의 수분량	멥쌀	1.34	13.4%
	찹쌀	0.96	9.6%
흡수된 수분량	멥쌀	2.50	25%(고두밥 가공)
	찹쌀	4.00	40%(고두밥 가공)
물의 양		20.00	술 빚기에 사용된 물의 양
계		28.8	예상 되는 술의 양

※ 예상되는 술은 28.80kg으로 총 재료 40kg 대비 약 72%의 수율

9. 앞으로의 과제

1) 숙성

선조들의 주방문에는 숙성이라는 개념이 왜 등장하지 않을까?

선조들의 주방문에서 술을 걸러 사용하는 시점이 대분이 삼칠일(21일)이나 사칠일(28일)이다. 술 빚기를 해보면 25도 전후에서 발효할 경우 20~30일 전후면 대부분 알코올 발효가 끝난다. 이후 실온(25℃ 내외)에 둘 경우 50~60일이 지나면서 간혹 술이 시어지는 경우를 종종 경험하게 된다. 알코올 도수가 18~20도이고 술맛도 괜찮은데 어느 날 갑자기 술맛이 심하게 시어지는 것이다.

현대는 발효 후 냉장고에 보관을 하면 몇 년 동안도 보관이 가능하며, 보관과 동시에 숙성을 할 수도 있다. 몇 년 숙성한 술은 바로 걸러서 마시는 술과는 분명 판이하게 다르다. 또 쌀양 대비 물양이 1:1인 술과 쌀양 대비 물양이 많은 술을 빚어 숙성하면 맛이 다를 수밖에 없다. 이와 같이 술 빚기에 사용된 물양에 따라서도 숙성을 하게 되면 다양한 풍미를 가진 술이 된다.

2) 술맛을 결정짓는 요소

술맛을 구성하는 요인들은 너무 많아 일일이 열거하기가 힘들지만, 술맛을 좌우하는 요인들을 살펴보자.

(1) 물의 양

술 빚기에서 물의 양은 술맛을 좌우하는 기본적인 요소이다. 물의 양이 많으면 술이 싱거워지나 맛은 깔끔해진다. 물의 양이 적으면 걸쭉하며 단맛이 강한 술이 된다. 이처럼 곡물 대비 물양을 얼마로 하느냐에 따라 술맛에는 큰 차이가 있으므로 무엇보다도 중요하다. 숙성 시에도 술 빚기에 사용되는 물의 양은 반드시 고려해야 할 요소이다.

(2) 곡물의 종류 및 누룩의 종류

곡물의 종류에 따라 술맛 차이는 물론 술 빚는 방법 또한 달라질 것이다. 멥쌀과 찹쌀 술맛이 다르고, 또한 멥쌀 찹쌀 비율에 따라서도 다르다. 그러므로 주재료인 곡물의 종류에 대한 선정이 무엇보다도 중요하다.

누룩 또한 곡물로 띄우기 때문에 곡물의 종류와 부재료 사용 여부, 띄우는 방법에 따라 술맛에 미치는 영향은 적지 않다.

(3) 부재료의 사용

곡물의 종류 못지않게 술맛에 영향을 미치는 중요한 요소이다. 부재료의 사용 여부와 처리 방법에 따라서도 술맛이 다르다. 누룩에 사용하는 부재료에 따라서도 술맛에 영향이 있다.

(4) 발효 온도

높은 온도에서 당화를 빠르게 할 것인지, 저온에서 천천히 할 것인지에 따라서도 술맛에 영향을 준다.

(5) 담금 방법

누룩의 처리 방법, 밑술 제조 방법, 담금 횟수 등 술 제조 방법에 따라 술맛의 차이가 있다.

(6) 숙성의 조건

숙성을 온도, 기간은 얼마로 할 것인지, 바로 마실 술인지, 숙성한 후 사용할 술인지를 결정하여 술을 빚어야 한다. 숙성 용기도 술맛에 영향을 준다.

(7) 곰팡이 및 효모

술맛에 영향을 미치지만 물의 양이나 곡물의 종류, 부재료 사용 여부, 발효 온도보다는 미치는 영향이 미미한 듯하다. 하지만 일정한 품질을 유지하기 위해서는 중요한 요소이다.

(8) 기타

살펴본 바와 같이 우리 술은 다양한 맛은 낼 수 있는 배경이 되어 있다. 물의 양, 곡물의 종류, 부재료의 사용 여부, 발효 온도, 숙성 여부 등에 따라 다양한 술이 나올 수 있다. 특색 있는 술이 개발되기에 충분한 조건을 지니고 있는 것이다.

10. 술 빚기 시 유의사항

1) 빚는 시기 및 발효 온도

주방문 중 겨울에 빚었던 술은 난방 시절이 취약했던 환경을 고려하여 술을 빚어야 한다. 두견주, 소국주, 삼해주와 같이 정월(음력 1월달)에 빚는 술은 누룩의 양이 적고, 밑술 발효 시간이 길다. 이런 경우 실온(25℃ 내외)에서 발효할 경우 술이 시어지기 쉽다. 따라서 추운 겨울에 빚는 술은 저온 발효를 해야 한다.

2) 곰팡이

두견주의 경우와 같이 밑술 발효 시 곰팡이가 피는 경우가 더러 있다. 대부분은 알코올 발효가 진행되면서 곰팡이 번식이 멈추므로 크게 걱정하지 않아도 된다. 그러나 알코올 발효가 일어나지 않는 경우에는 곰팡이가 더 번식하고 부패가 일어날 수도 있음으로 유의해야 한다.

3) 덧술 시기 판단

밑술을 사용하는 경우, 밑술을 잘 만들어야 실패 없이 술을 빚을 수 있다. 충분히 발효되지 않은 상태에서 덧술을 하게 되면 신맛이 많은 술이 될 수도 있다. 밑술의 상태는 오감(시각, 후각, 미각, 청각, 촉각)을 이용하여 판단할 수도 있지만 무게를 측정해 보면 보다 정확하게 판단할 수 있다. 밑술의 무게를 측정하여 무게 변화가 미미하다면 알코올 발효가 마무리 단계이므로 이때 덧술을 하면 된다. 이 요령만 터득해도 신술이 되는 것을 상당 부분 방지할 수 있다.

4) 신술에 대한 대책

술을 빚다 보면 신 술이 되는 것을 경험하게 된다. 여러 가지 원인이 있겠지만 주된 원인은 다음과 같다.

(1) 누룩의 품질: 누룩에 효모가 없거나 효모의 힘이 약해서 알코올 발효가 정상적으로 진행되지 않는 경우

<누룩 품질 확인 방법> 설탕 100g, 누룩 150g, 물 500g으로 알코올 발효가 진행되는지 확인해 본다. 설탕의 무게가 40% 내외(40g)가 줄어들면 효모의 상태가 양호한 것으로 판단해도 된다.

(2) 밑술 발효: 밑술의 알코올 도수가 7~10% 이상이 되어야 젖산균이 사멸하여 덧술을 해도 젖산균의 의한 젖산 생성이 되지 않는다. 밑술에서 젖산균 활동이 왕성할 때 덧술을 하게 되면 덧술의 당분이 젖산균에 의해 젖산이 되므로 신맛이 강한 술이 된다.

- 대책: 밑술의 알코올 도수가 7~10% 이상이 된 후 덧술을 한다.

(3) 화락균에 의한 오염: 술이 완성되어 술맛이 괜찮았는데 갑자기 신 술이 되

어 버리는 경우의 대부분은 화락균에 오염된 상태이다.

- 대책: 살균을 하면 쉽게 해결되나 살균을 하면 술맛에도 영향을 주므로 살균을 꺼리는 경향이 있다. 완성된 술을 냉장고에 보관하면 화락균 활동이 어려운 환경이 되기에 갑자기 신 술이 되는 것을 방지할 수 있다.

5) 숨은 물양

쌀을 가공하는 방법은 고두밥(지에밥), 죽, 범벅, 구멍떡, 백설기 등 다양하다. 가공 방법에 따라 추가되는 물양을 알아야만 술맛을 일정하게 유지하고, 술맛 또한 예상할 수 있다.

예컨데 밑술을 죽으로 가공할 경우, 죽 쑤는 시간에 따라 증발되는 물양은 술맛에 영향을 준다. 고두밥으로 가공할 경우도 고슬고슬한 된 고두밥과 고두밥 찌면서 살수(撒水)한 진 고두밥은 차이가 있다. 이처럼 숨어 있는 물양을 이해하면 시행착오를 줄일 수 있다.

6) 단양주가 빚기 어려운 이유

보통 단양주는 이양주나 삼양주에 비해 빚기가 어렵다고 한다. 신맛이 많거나 알코올 도수도 잘 나오지 않기 때문이다.

먼저 신맛이 많은 이유 중 가장 큰 이유는 누룩 자체에 존재하는 젖산균이다. 젖산균은 효모보다 빨리 증식이 되기에 술덧의 당분을 젖산균이 먼저 이용한다. 당분이 충분하다면 젖산균은 최대치로 젖산을 생성할 것이다. 단양주는 한 번에 전분이 모두 투입되기 때문에 젖산균이 이용할 수 있는 당분이 충분하다. 이 때문에 신맛을 통제하기 어렵다.

반면, 밑술을 이용하면 밑술에서 젖산균을 사멸시킬 수 있다. 밑술의 알코올 도수가 7~10% 이상이 되면 알코올 내성이 뛰어난 효모 이외의 미생물은 존재하기 어렵게 된다. 이 말은 덧술에 있는 당분의 모두를 알코올 생성 능력이 좋은 효모만이 이용한다는 것이다. 따라서 밑술을 잘 빚게 되면 신 술을 통제할 수 있게 되는 것이다.

알코올 도수가 낮게 나오는 이유는 젖산이 과다 생성되면 pH가 낮아져 당화효소의 활성도가 떨어지게 된다. 따라서 전분의 당화율도 떨어져 효모가 이용할 수 있는 당분이 적기에 알코올 생성 역시 적게 되는 때문이다. 또 다른 이유로는 술을 거르는 시점(7~10일 내외)이 빨라 알코올 발효가 충분히 일어날 시간이 부족했기 때문이다.

11.『리생원책보 주방문』 용어 해설

- 객수(客水): 다른 데서 들어온 겉물, 날물
- 고두밥: 아주 되게 지어져 고들고들한 밥, 지에밥
- 골나: 지에밥이나 밥에 물을 부어 불림
- 국말(麴末): 누룩가루
- 뉴지(柳枝): 버드나무 가지
- 다소(多少): 많고 적음
- 도화(桃花): 복숭아꽃
- 독: 항아리
- 동뉴지(東柳枝): 동쪽으로 뻗은 버드나무 가지
- 동당이: 내동댕이, 술 빚기에서는 주걱이나 나뭇가지로 힘차게 혼합하는 행위를 말함
- 동도지(東桃枝): 동쪽으로 뻗은 복숭아나무 가지
- 두(斗): 말
- 두견화(杜鵑花): 진달래꽃
- 무리(떡): 설기떡, 또는 백설기를 의미한다.
- 반생반숙(半生半熟): 반은 익고 반은 생으로 남아 있는 상태
- 밥낫치: 밥알이

- 백미(白米): 희게 쓿은 멥쌀
- 백비탕(白沸湯): 아무것도 넣지 않고 맹탕으로 끓인 물
- 백세(百洗): 쌀을 깨끗이 씻음
- 백세세말(百洗細末): 곡물을 깨끗이 씻어 곱게 가루를 냄
- 백세작말(百洗作末): 쌀을 깨끗이 씻어 보통 하룻밤 불린 후 물기를 빼고 가루를 낸 상태를 의미한다.
- 백세침수(百洗浸水): 곡물을 깨끗이 씻어 물에 불림
- 법제(法製): 약의 성질을 그 쓰는 경우에 따라 알맞게 바꾸기 위하여 정해진 방법대로 가공 처리하는 일. 누룩의 법제 방법은 밤알 크기로 누룩을 쪼개어 낮에는 햇볕을 쬐 주고 밤에는 이슬을 맞히는 것을 수일 동안 한다. 이러한 과정을 통해 누룩은 탈색, 탈취, 소독, 미생물 활성화를 꾀할 수 있다. 누룩 법제을 해야 술 빛이 맑고 누룩취가 적은 술을 빚을 수 있다. 도심에서는 이슬을 맞힐 수 없으므로 햇볕이 잘 드는 실내에서 법제를 한다.
- 불한불열(不寒不熱): 춥지도 덥지도 않음
- 삼칠일(三七日): 3주로 21일을 의미한다.
- 삼해주(三亥酒): 음력 1월 처음 돼지 날에 술 빚기를 시작하여, 두 번째 돼지 날에 2차 술 빚기를 하고, 세 번째 돼지 날에 마지막 술 빚기를 한 후 익으면 사용한다. 또는 음력 1월 처음 돼지 날에 술 빚기를 시작하여, 음력 2월 돼지 날에 2차 술 빚기를 하고, 음력 3월 돼지 날에 마지막 술 빚기를 한 후 익으면 사용하기도 한다. 돼지는 복을 상징하므로 새해에 복을 기원하며 빚은 술이다.
- 섬: 곡식 따위를 담기 위하여 짚으로 엮어 만든 그릇
- 섬누룩: 밀기울이 뭉쳐질 정도의 밀가루를 사용하여 디딘 누룩을 의미한다.
- 소국주 또는 소곡주: 고문헌 주방문에 小麴酒, 少麴酒, 小麯酒, 少麯酒, 小曲酒, 素麴酒, 素麯酒, 소국주, 소곡주 등으로 사용되어 있다. 누룩을 적게 사용한 술, 작은 크기의 누룩으로 빚은 술로 해석해 볼 수 있다.
- 승(升): 되

- 시루: 떡이나 쌀 따위를 찌는 데 쓰는 둥근 질그릇. 모양이 자배기 같고 바닥에 구멍이 여러 개 뚫려 있다.
- 식지(食紙): 기름종이
- 우방(又方): 또 다른 방법
- 우일방(又一方): 또 다른 방법
- 유지(油紙): 기름종이
- 일법(一法): 또 다른 방법
- 작말(作末): 곡물을 가루 내는 것을 의미한다.
- 점미(粘米): 찹쌀
- 정월 초(正月初): 음력 1월 초
- 정화수(井華水): 이른 새벽에 기른 우물물
- (한) 제(劑): 한약의 분량을 나타내는 단위, 한 제는 탕약 스무 첩, 또는 그만한 분량으로 지은 환약 따위를 이른다.
- 진말(眞末), 진가루: 밀가루
- 춘추(春秋): 봄과 가을
- 탕수(湯水): 끓는 물, 또는 끓여 식힌 물
- 합(合): 홉
- 항(缸): 항아리
- 해일(亥日): 돼지 날

2부

한번에 빚기 좋은 『리생원책보 주방문』

1/1

두견쥬(두견주)

술 빚는 시기 : 음력 1월~진달래꽃 필 때

‘두견주’는 음력 1월부터 진달래꽃이 피는 시기에 걸쳐 절기에 맞춰서 빚는 술이다. 원문에 진달래꽃의 양에 대한 언급은 없어서 여러 고문헌을 참고하였다. 『양주법』에는 1되, 『시의전서』와 『술 빚는 법』에는 2되, 『규합총서』, 『부인필지』, 『보감록』, 『조선무쌍신식요리제법』 등에는 1말로 되어 있다. 지에밥 놓고, 진달래꽃 놓고, 다시 지에밥을 놓아 켜켜이 까는 주방문이 많다. 실제로 술을 빚어 보면 1~2되의 양으로는 켜켜이 깔기에는 부족하고 10되, 즉 1말은 되어야 켜켜이 깔 수 있다. 1~2되의 진달래꽃은 지에밥과 버무리는 방식으로, 진달래꽃 10되로는 켜켜이 까는 방식으로 술을 빚어 본 결과 두 방식 모두 술이 제대로 되었다. 1되(1ℓ)의 양인 8g과 10되(10ℓ)의 양인 80g 사이에서 술 빚기를 하면 된다.

원문에 물의 양이 정확하게 제시되어 있지 않지만 “물은 밑술부터 쌀과 같은 양으로 한다”는 내용이 있다. 또한 『양주법』, 『규합총서』, 『술 빚는 법』, 『주찬』, 『부인필지』, 『보감록』, 『우음제방』 등의 고문헌에서도 밑술과 덧술을 할 때 쌀과 물을 같은 양으로 하고 있다. 이를 참고하여 밑술과 덧술 모두 쌀과 물을 같은 양으로 하였다.

밑술의 기간이 길고 누룩의 양은 작으므로 발효 온도를 저온으로 해야 실패를 줄일 수 있다. 밑술 표면에 곰팡이가 피나 정상적인 발효가 진행될 경우 염려하지 않아도 된다. 덧술시 술덧에 막이 형성되어 있을 수 있으나 걷어내고 술빚기를 하면 된다.

(단위 : kg)

구분	멥쌀	찹쌀	물	누룩가루	기타
밑술(범벅)	2		2	0.17~0.3	밀가루 0.18
덧술(지에밥)	3	3	6		진달래꽃 8~80g
계	8		8	0.17~0.3	

1일차(범벅하기)

1. 음력 1월에 멥쌀 2kg을 깨끗이 씻어 물에 불린 후 물기를 빼고 가루 낸다.
2. 물 2kg을 끓여 멥쌀가루에 부어 반생반숙으로 범벅을 갠다.
3. 하룻밤 차게 식힌다.

2일차(밑술 빚기)

1. 범벅에 누룩가루 0.17~0.3kg(170~300g)과 밀가루 0.18kg(180g)을 섞어 고루고루 치댄다.
2. 항아리에 넣고 서늘한 곳에 둔다.

진달래꽃 피면(덧술 빚기)

1. 진달래꽃이 피면 찹쌀 3kg, 멥쌀 3kg을 각각 깨끗이 씻어 물에 불린다.
2. 물 6kg을 끓여 식힌다.
3. 먼저 멥쌀을 쪄서 펴낸 뒤 끓여 식힌 물 3kg을 뿌려 밥을 불린다.
4. 불려둔 찹쌀에 물을 뿌려가며 익게 찐 후 식힌 물 3kg에 밥을 불린다.
5. 3.의 불린 멥쌀밥을 다시 찐 후 식힌다.
6. 밑술, 멥쌀밥과 찹쌀밥, 꽃술을 제거한 진달래꽃 8~80g을 함께 버무리거나 멥쌀 밥, 찹쌀 밥, 진달래꽃 순으로 항아리에 넣고 맨 위는 멥쌀 밥으로 마무리 한다.

술 거르기

1. 덧술 빚은 지 21일 후에 사용한다.

2/2-1

쇼국쥬(소국주 1)

술 빚는 시기 : 음력 1월 초순

'소국주'는 음력 1월 초순에 빚는 술이다. 소국이란 '적은 양의 누룩' 또는 '작은 크기의 누룩'으로 해석할 수 있다. 본 주방문에 사용된 누룩의 양은 쌀양의 7%로 누룩의 양이 아주 적지 않으므로 '작은 크기의 누룩'을 사용한 술 빚기로 이해하는 것도 좋을 듯하다.

(단위 : kg)

구분	멥쌀	물	섬누룩	기타
밑술	4	7	0.31~0.56	밀가루 0.16
덧술	4			
계	8	7	0.31~0.56	

1일차(수곡 만들기 및 쌀 불리기)

1. 정월 초순에 끓여 식힌 물 7kg에 누룩 0.31~0.56kg(310~560g), 밀가루 0.16kg(160g)을 담가 둔다.
2. 멥쌀 4kg을 깨끗이 씻어 하룻밤 물에 불린다.

2일차(밑술 빚기)

1. 쌀을 건져 물기를 빼고 가루 내어 백설기를 찐다.
2. 수곡 위에 뜬 물을 살살 떠 놓는다. 가라앉은 것은 떠 놓은 물을 뿌려가며 잘 주물러 가는 체에 깨끗하게 거른다. 그리고 다시 한번 체에 걸러 항아리에 넣는다.

3. 시루째 항아리 옆에 놓고 밑술을 빚는다. 설기 덩어리를 더운 김에 항아리에 펴 넣으며 버드나무 가지로 저어 준다.
4. 항아리 입구를 단단히 봉하여 찬 곳에 두고 때때로 저어 주되, 항아리 가에 묻은 것을 행주로 모두 닦아 군내(좋지 않은 냄새)가 나지 않게 한다.

30여 일 후(쌀 불리기)

1. 맛이 달다가 매운 맛이 나면 멥쌀 4kg을 깨끗이 씻어 하룻밤 물에 불린다.

다음 날(덧술 빚기)

1. 쌀을 건져 물기를 빼고 주걱으로 밥을 뒤적이고 물을 뿌려가며 무르게 찐다.
2. 시루째 항아리 옆에 놓고 덧술을 빚는다. 지에밥이 더운 김에 버드나무 가지로 골고루 저어가며 항아리에 펴 넣는다.
3. 고르게 넣고 단단히 눌러 담아 입구를 봉한다.
4. 이불로 항아리를 덮어 찬 곳에 두고 익힌다..

물이 생길 즈음(항아리 청소)

1. 흰 거품 묻은 것을 행주로 닦아 내고 단단히 덮어 둔다.

수십일 후(술 거르기)

1. 밥알이 가라앉았다가 다시 뜨고 또 가라앉는다. 두 번 가라앉은 후에는 다 익은 것이니 걸러서 사용한다.

3/2-2

쇼국쥬(소국주 2)

술 빚는 시기 : 음력 1월 해일(돼지 날)

'소국주 2'는 '소국주 1'과 마찬가지로 음력 1월 초순에 빚는 술이다. 일명 '악산춘'이라 한다. 사용된 누룩의 양이 5%로 적다고 하면 적은 양이기는 하지만, 겨울철에 빚는 경우 5% 내외의 누룩으로 빚는 주방문이 많은 편이다. 그러므로 '소국주 1'에서 설명한 바와 같이 크기가 작은 누룩을 사용하여 빚는 술로도 이해할 수 있다. 원문에 덧술시 물을 넣으라는 말이 없는데, 원문대로 술을 빚으면 단맛이 강한 술이 된다. 원문에 쌀 1말에 물 1말 마련하여 빚으라는 말이 있으므로 덧술시 쌀양만큼 물을 넣어주는 것도 좋다.

(단위 : kg)

구분	멥쌀	물	섬누룩	기타
밑술	4	4	0.22~0.4	밀가루 0.12
덧술	4			
계	8	4	0.22~0.4	

1일차(끓인 물 밤이슬 맞히기)

1. 물 4kg을 팔팔 끓였다가 식혀 밤이슬을 맞힌다.

2일차(수곡 만들기)

1. 다음날 이슬 맞힌 물을 항아리에 넣고 섬누룩 0.22~0.4kg(220~400g), 밀가루 0.12kg(120g)을 풀어 막대기나 주걱으로 많이 저어 준다.

5일차(수곡 거르기)

1. 3일 만에 맑은 윗물은 떠낸다. 가라앉은 것은 가는 체로 거르는데, 떠 놓

은 윗물을 뿌려가며 잘 주물러 모두 거른다. 걸러낸 누룩 물은 다시 체에 걸러 항아리에 담는다.

6일차(쌀 불리기)

1. 다음 날 멥쌀 4kg을 깨끗이 씻어 하룻밤 물에 불린다.

7일차(정월 해일, 밑술 빚기)

1. 쌀을 건져 물기를 빼고 가루 내어 백설기를 찐다.
2. 시루째 항아리 옆에 놓고 밑술을 빚는다. 백설기 덩어리를 항아리에 넣으며 버드나무 가지가 부러질 정도로 세게 저어 준다.
3. 항아리 입구를 봉하여 마루에 둔다.

음력 2월(쌀 불리기)

1. 2월에 열어 보아 항아리에 묻은 것이 군내가 날 것 같으면 행주로 닦아 낸다.
2. 맛이 달면 멥쌀 4kg을 깨끗이 씻어 하룻밤 물에 불린다.

다음 날(덧술 빚기)

1. 불린 쌀을 건져 물을 빼고 주걱으로 뒤적이며 물을 뿌려가며 찐다.
2. 김이 충분히 올라오고 난 후 시루째 항아리 옆에 놓고 덧술을 빚는다. 지에밥을 항아리에 펴서 넣으며 버드나무 가지로 저어 잘 섞이도록 한다.

음력 3~4월(술 관리)

1. 삼사월에 다시 한번 열어서 항아리에 묻은 것을 닦아 낸다.
2. 덧술 하고 한 달 지나서 술덧의 상태를 확인한다. 밥알이 위에 듬뿍 뜨고 물이 뽀얗다고 걸러서는 안 된다. 가만히 두었다가 밥알이 가라앉고 맑아진 후 다시 떠오르면 거른다.

4/3

삼히쥬(삼해주)

술 빚는 시기 : 음력 1월 첫째 돼지 날

'삼해주'는 음력 1월 첫 돼지 날부터 세 번째 돼지 날까지 세 번에 걸쳐 빚는 술이다. 간혹 요즘처럼 난방이 잘 되는 곳에서 삼해주를 빚어 실패하는 경우도 볼 수 있다. 삼해주는 난방이 좋지 않은 환경에서 빚는 저온 발효주이다. 옛날과 지금은 환경이 많이 다르므로 술 빚기 전 옛 환경과 지금의 환경에 어떠한 차이가 있는지 고려해 보아야 한다. 환경의 차이에 대한 대책을 가지고 술 빚기를 해야 실패가 줄어든다.

(단위 : kg)

구분	멥쌀	물	누룩가루	기타
밑술	0.3	0.8	0.17~0.3	밀가루 0.18
덧술 1	3	3.6		
덧술 2	6	7.2		
계	9.3	11.6	0.17~0.3	

음력 1월 첫 해일(밑술 빚기)

1. 음력 1월 첫 해일(돼지 날)에 멥쌀 0.3kg(300g)을 깨끗이 씻어 물에 불린 후 물기를 빼고 가루 낸다.
2. 끓는 물 800g을 쌀가루에 부어 익게 개어 식힌다.
3. 식힌 쌀가루 범벅에 법제한 누룩가루 0.17~0.3kg(170~300g)과 밀가루 0.18kg(180g)을 함께 섞는다.
4. 항아리에 넣고 입구를 봉하여 차가운 곳에 둔다.

음력 2월 첫 해일(덧술 1 빚기)

1. 음력 2월 첫 해일(돼지 날)에 멥쌀 3kg을 깨끗이 씻어 물에 불린 후 물기를 빼고 가루 낸다.
2. 끓는 물 3.6kg을 쌀가루에 부어 익게 개어 식힌다.
3. 밑술과 섞어 차가운 곳에 둔다.

음력 3월 첫 해일(덧술 2 빚기)

1. 음력 3월 첫 해일(돼지 날)에 멥쌀 6kg을 깨끗이 씻어 물에 불린 후 물기를 빼고 지에밥을 짓는다.
2. 밥에 물 7.2kg을 부어 충분히 식힌다.
3. 술덧에 버무려 넣고 서늘한 곳에 둔다.

100일 후(술 거르기)

1. 덧술 빚은 지 100일 후에 사용하면 좋다.

5/4

히일쥬(해일주)

술 빚는 시기 : 음력 1월 첫째 돼지 날

'해일주'는 음력 1월 첫째 돼지 날에 빚는 술이다. 정월 첫째, 둘째, 셋째 해일(돼지 날)에 술 빚기를 하므로 삼해주와 동일한 개념의 술이다. 원문에 너무 덥게도 너무 차게도 두지 말라는 언급이 있는데, 15℃내외에서 발효하기를 권한다. 누룩 사용량이 적고 겨울에 빚는 술이므로 발효 온도 관리가 중요하다.

(단위 : kg)

구분	멥쌀	물	누룩	기타
밑술	2.5	2.5	0.11~0.2	밀가루 0.12
덧술 1	3.5	4.5		
덧술 2	5	5		
계	11	12	0.11~0.2	

음력 1월 첫째 돼지 날(밑술 빚기)

1. 음력 1월 첫 해일에 멥쌀 2.5kg을 깨끗이 씻어 물에 불린 후 곱게 가루 낸다.
2. 쌀가루를 찬물 700g에 푼다.
3. 찬물에 푼 쌀가루에 팔팔 끓인 물 1.8kg을 부어 익게 갠 후 식힌다.
4. 누룩가루 0.11~0.2kg(110~200g), 밀가루 0.12kg(120g)을 함께 섞어 항아리에 넣는다.

음력 1월 둘째 돼지 날(덧술 1 빚기)

1. 두 번째 해일에 멥쌀 3.5kg을 깨끗이 씻어 물에 불린 후 물기를 빼고 가루 낸다.

2. 쌀가루를 찬물 1kg에 풀고, 팔팔 끓는 물 3.5kg을 넣어 범벅으로 갠다.

3. 밑술과 섞는다.

음력 1월 셋째 돼지 날(쌀 불리기)

1. 세 번째 돼지 날에 멥쌀 5kg을 깨끗이 씻어 하룻밤 불린다.

다음날(덧술 2 빚기)

1. 불린 쌀을 건져 물기를 빼고 지에밥을 짓는다.

2. 끓인 물 5kg과 고르게 섞어 식힌 후 앞서 빚은 술과 섞는다.

술 거르기

1. 음력 3월 15일쯤 사용한다.

6/5

청명쥬(청명주)

술 빚는 시기 : 음력 3월

'청명주'는 음력 3월경에 빚는 술이다. 덧술을 한식날 할 수 있도록 날을 헤아려서 술 빚기 준비를 해야 한다. 누룩을 덧술할 때 넣는 술 빚기로 예사 술 빚는 방법과는 차이가 있다. 1병의 크기는 다양하게 해석된다. 여기에서는 1병을 4~6되로 하였다. 원문에 찹쌀 1말에 물 2병 비율로 잡으라고 되어 있다. 덧술에 투입되는 찹쌀이 총 5말이니 1병을 4되로 볼 경우 총 40되가 되고 1병을 6되로 보면 총 60되가 된다. 따라서 '청명주'에 사용되는 물은 40~60되로 하였다.

덧술할 때 사용되는 찹쌀을 죽 쑬 때 사용하는 찹쌀과 같은 날 씻어 물에 담가 두기에 2일 정도 물에 담가 두는 셈이다. 물에 몇일 간 담가 두느냐에 따라 술맛에 차이가 있다. 물에 담가 두는 시간에 따른 술맛의 차이를 경험해 보는 것도 좋다. 주방문 중에는 쌀을 여러 날 담가 두는 경우를 종종 볼 수 있다. 여러 날 쌀을 담가 두면 쌀뜨물에서 좋지 않은 냄새가 심하게 나는데도 이 물을 버리지 않고 술 빚기에 쓰기도 했다. 냄새 나는 물로 어떻게 술을 빚을까 하는 의구심이 들겠지만, 술을 빚으면 냄새의 대부분은 사라진다.

(단위 : kg)

구분	찹쌀	물	누룩	기타
죽 쑤기	1	8~12		
술 빚기	10		0.17~0.3	밀가루 0.06
계	11	8~12	0.17~0.3	

한식날 2일 전(쌀 불리기)

1. 덧술 빚을 양까지 찹쌀 1㎏, 10㎏을 각각 깨끗이 씻어 하룻밤 불린다.

한식날 1일 전(죽 쑤어 식히기)

1. 다음 날 물에 불려 둔 찹쌀 1㎏을 물기를 빼고 가루 낸다.
2. 물 8~12㎏으로 죽을 쑤어 물기 없는 큰 그릇에 펴 둔다.

한식날(술 빚기)

1. 식은 죽에 누룩가루 0.17~0.3(170~300g), 밀가루 0.06㎏(60g)을 넣어 잘 섞는다.
2. 술덧이 묽어지면 체에 걸러 항아리에 붓는다.
3. 불려 두었던 찹쌀 10㎏을 지에밥 지어 더운 김이 날 때 밑술과 섞는다.
4. 항아리를 기름종이로 싸매어 둔다.

술 거르기

1. 덧술 빚은 지 3~4주 지나면 사용한다.

7/6

청명향(청명향)

술 빚는 시기 : 음력 3월

'청명향'은 밑술을 죽으로 가공하는 주방문이다. 밑술을 죽으로 가공할 때 사용하는 물양은 쌀양과 같은 양부터 쌀양 대비 20배까지 다양하다. 여기에서는 죽 쑬 때 물양을 쌀양의 3~5배로 하였다. 찹쌀 지에밥을 냉수로 씻을 때 지에밥에 흡수되는 숨은 물의 양은 3.3kg 내외로 산정하였다.

(단위 : kg)

구분	멥쌀	찹쌀	물	누룩	기타
밑술	1		3~5	0.55~1	
덧술		10	(3.3 내외)		
계	11		3~5+(3.3 내외)	0.55~1	

1일차(밑술 빚기)

1. 멥쌀 1kg을 깨끗이 씻어 물에 불린 후 물기를 빼고 가루 낸다.
2. 끓는 물 3~5kg에 죽을 쑤어 식힌 후 누룩가루 0.55(550g)~1kg를 섞는다.

밑술이 익으면(덧술 빚기)

1. 찹쌀 10kg을 깨끗이 씻어 물에 불린 후 물기를 뺀다.
2. 지에밥을 쪄서 시루째 놓고 냉수를 부어 차게 식힌다. 밥이 너무 불면 좋지 않으니 알맞게 불린다. 표에 제시한 물의 양은 지에밥을 냉수로 식힐 때 밥에 흡수되는 물의 양으로 참고로 활용한다.
3. 밑술에 섞어 넣는다.

술 거르기

1. 덧술 빚은 지 14일 만에 사용한다.

8/7

포도쥬(포도주)

술 빚는 시기 : 여름

원문 주방문에는 쌀과 포도 그리고 누룩의 양이 명시되어 있지 않다. 아울러 빚는 법과 재료의 양은 보아 가며 임의대로 하고, 산포도(산머루)로도 빚는다고 기록되어 있다. 단양주 방식과 이양주 방식을 함께 제시해 본다.

[단양주로 빚기] (단위 : kg)

구분	찹쌀	물	누룩	기타
술 빚기	10	9	0.55~1	포도즙 1
계	10	9	0.55~1	

술 빚기

1. 찹쌀 10kg을 깨끗이 씻어 물에 불린 후 물기를 빼고 지에밥을 지어 식힌다.
2. 익은 포도를 짜서 즙 1kg을 내어 그릇에 담아 둔다.
3. 지에밥과 포도즙, 누룩 0.55(550g)~1kg을 섞어 항아리에 담는다.

원문의 마지막에 물은 "방문에서 한 되나 적게 넣는다."라는 문구가 있다. 물을 1되 적게 넣으라는 것은 물 1되 대신 포도즙 1되를 사용하라는 의미로 해석할 수 있다. 누룩의 양은 안정적인 술 빚기가 가능한 1되로 하였다. 다음 자료는 농업진흥청에서 출간한 『풀어 쓴 고문헌 전통주 제조법』(2011)에 있는 자료로 찹쌀 80%, 포도즙 20%의 비율로 빚은 포도주가 색, 향, 맛에서 종합적으로 선호도가 좋다는 것을 알 수 있다.

배합 비율 찹쌀 : 포도즙	색	향	맛	전반적인 기호도
20:80	2.08	2.08	3.67	3.08
40:60	3.83	3.92	3.67	3.92
60:40	4.33	5.50	4.25	4.58
80:20	6.08	5.83	4.00	4.75
100:0	2.92	3.92	2.75	2.83

[이양주 방식으로 빚기] (단위 : kg)

구분	찹쌀	물	누룩	기타
밑술	2	8	0.55~1	
덧술	8			포도즙 2
계	10	8	0.55~1	

1일차(밑술 빚기)

1. 찹쌀 2kg을 깨끗이 씻어 물에 불린 후 물기를 빼고 가루 낸다.
2. 쌀가루를 끓는 물 8kg에 개어 식힌다.
3. 누룩 0.55(550g)~1kg을 섞어 항아리에 담는다.

밑술이 익으면(덧술 빚기)

1. 찹쌀 8kg을 깨끗이 씻어 물에 불린 후 물기를 빼고 지에밥을 지어 식힌다.
2. 밑술에 찹쌀 지에밥과 포도즙 2kg을 잘 섞는다.

9/8

빅화쥬(백화주)

술 빚는 시기 : 겨울

'백화주'는 술 빛깔이 냉수 같고, 맛이 소주 같은 술이라고 원문에 소개되어 있다. 누룩양이 쌀양의 2% 정도로 매우 적게 사용된다. 누룩의 양이 적은 것으로 미루어 보아 겨울에 저온 상태에서 발효하는 술이라고 추측해 볼 수 있다. 누룩의 양이 적게 들어가므로 상온에서 발효할 경우 이상 발효가 될 소지가 있으므로 주의한다. 밑술의 물양은 실제로 넣는 물이 아니라 구멍떡을 반죽하고 삶을 때 자연스럽게 들어가는 물양이다. '1부 2. 고문헌 주방문의 이해'편을 참고 한다.

(단위 : kg)

구분	멥쌀	물	누룩가루	기타
밑술	0.9	(0.54)	0.12~0.21	
덧술	9	9		
계	9.9	(0.54)+9	0.12~0.21	

1일차(밑술 빚기)

1. 멥쌀 900g을 깨끗이 씻어 물에 불린 후 물기를 빼고 가루 낸다.
2. 구멍떡을 삶아 따뜻할 때 으깨어 식힌다.
3. 누룩가루 0.12~0.21kg(120~210g)을 섞어 항아리에 담는다.

술이 고이면(덧술 빚기)

1. 멥쌀 9kg을 깨끗이 씻어 물에 불린 후 물기를 빼고 지에밥을 짓는다.
2. 물 9kg를 지에밥과 섞어 식힌 후 밑술과 섞는다.
3. 술이 익으면 사용한다.

10/9

당빅화쥬(당백화주)

술 빚는 시기 : 봄, 가을, 겨울

석임이 들어가는 주방문이다. 석임 만드는 방법은 '53. 석임'을 참조하면 된다. 밑술이 넘칠 수 있으니 주의한다.

(단위 : kg)

구분	멥쌀	물	누룩	기타
밑술	4	4	0.33~0.6	석임 0.4
덧술	8	8		
계	12	12	0.33~0.6	

1일차(밑술 빚기)

1. 멥쌀 4kg을 깨끗이 씻어 물에 불린 후 물기를 빼고 가루 낸다.
2. 끓는 물 4kg에 개어 식힌다.
3. 범벅에 누룩가루 0.33~0.6kg(330~600g)과 석임 0.4kg(400g)을 잘 섞어 항아리에 넣는다.

* 밑술이 넘칠 수 있으니 주의한다.

술이 고이면(덧술 빚기)

1. 멥쌀 8kg을 깨끗이 씻어 물에 불린 후 물기를 빼고 지에밥을 짓는다.
2. 물 8kg을 끓여 지에밥과 섞었다가 식으면 밑술과 섞어 넣는다.

술 거르기

1. 덧술 빚은 지 10일 만에 거른다.

11/10-1

빅하쥬(백하주 1)

술 빚는 시기 : 봄, 가을

'백하주 주방문' 덧술에는 물이 들어가지 않는다. 덧술 할 때 물을 첨가하지 않고 술을 빚을 경우 '이화주' 같이 걸쭉한 형태의 술이 된다. 『주찬』, 『치생요람』, 『주방문』, 『산림경제』, 『농정회요』, 『임원십육지』의 '백하주'에는 덧술 시 사용되는 물양이 쌀양과 비슷하다. 따라서 덧술 할 때 쌀양과 동일한 양의 물을 넣는 것도 방법 중의 하나일 것이다. 물의 사용 여부는 (　)으로 두었다. 아울러 석임이 들어가는 주방문이다. 석임 1kg 만드는 방법은 '53. 석임'을 참조한다. 그리고 밑술이 넘칠 수 있으니 주의해야 한다.

(단위 : kg)

구분	멥쌀	물	누룩	기타
밑술	5	6	0.55~1	밀가루 0.3, 석임 1
덧술	10	(　)		
계	15	6+(　)	0.55~1	

1일차(밑술 빚기)

1. 멥쌀 5kg을 깨끗이 씻어 물에 불린 후 물기를 빼고 가루 낸다.
2. 끓는 물 6kg에 개어 식힌다.
3. 범벅에 누룩가루 0.55(550g)~1kg, 밀가루 0.3kg(300g), 석임 1kg을 잘 섞어서 항아리에 넣는다.

4일차(덧술 빚기)

1. 3일 만에 멥쌀 10kg을 깨끗이 씻어 물에 불린다.
2. 불린 멥쌀의 물기를 빼고 지에밥을 지어 식힌다.
3. 밑술과 섞어 둔다.

11일차(술 거르기)

1. 덧술 빚은 지 7일 후 사용한다.

12/10-2

뵉하쥬(백하주 2)

술 빚는 시기 : 겨울

'백하주(백하주 2)' 주방문에 사용되는 누룩의 양이 쌀양의 1.8~3.3%으로 양이 적은 편이기 때문에 저온에서 발효할 것을 권한다. 밑술 가공이 백설기이기 때문에 숨은 물양도 고려하여 술 빚기를 한다. "1부 2. 고문헌 주방문의 이해'편을 참고한다.

(단위 : kg)

구분	멥쌀	물	누룩가루	기타
밑술	6	6+(2.1)	0.11~0.2	밀가루 0.12
덧술	6	6	0.11~0.2	밀가루 0.12
계	12	12+(2.1)	0.22~0.4	

1일차(쌀 불리기)

1. 멥쌀 6kg을 깨끗이 씻어 하룻밤 물에 불린다.

2일차(밑술 빚기)

1. 불린 쌀을 다시 씻어 물기를 빼고 가루 낸다.
2. 백설기를 쪄 끓는 물 6kg에 넣고 차게 식힌다.
3. 누룩가루 0.11~0.2kg(110~200g), 밀가루 0.12kg(120g)와 섞어 항아리에 넣어 둔다.

덧술 빚기

1. 멥쌀 6kg을 깨끗이 씻어 물에 불린 후 물기를 뺀다.
2. 지에밥에 찐 다음 끓는 물 6kg을 넣어 식힌다.
3. 누룩가루 0.11~0.2kg(110~200g), 밀가루 0.12kg(120g)을 섞고, 밑술에 넣었다가 사용한다.

13/11

졀쥬(절주)

술 빚는 시기 : 더운 날 빚어도 좋다.

원문에 "더위에 더욱 좋으며 일 년을 두어도 맛이 변하지 않는다."는 언급이 있다. '절주'는 이양주로도, 단양주로도 볼 수 있는 주방문이다. 누룩이 들어가지는 않지만 멥쌀을 범벅 개어 하룻밤 두는 것을 밑술로 생각하면 이양주로 분류해도 될 듯하다.

'절주 주방문'의 계량 단위는 사발이다. '5. 청명주'와 술 빚는 방법이 흡사하므로 1사발을 10되로 기술하였다. 1사발을 1되나 3되로 볼 경우 물양이 거의 없는 주방문이 되어 이화주처럼 걸쭉한 술이 된다.

(단위 : kg)

구분	멥쌀	찹쌀	물	누룩가루	기타
멥쌀 범벅	1		10		
술 빚기		10		0.55~1	
계	11		10	0.55~1	

1일차(찹쌀 불리기 및 멥쌀 범벅 하기)

1. 찹쌀 10kg, 멥쌀 1kg을 같은 날 깨끗이 씻어 물에 불린다.
2. 먼저 멥쌀을 건져 물기를 빼고 가루 낸다.
3. 멥쌀가루를 끓는 물 10kg에 개어 항아리에 넣는다.

2일차(술 빚기)

1. 다음 날 찹쌀 10kg을 지에밥 짓는다.
2. 찹쌀 지에밥을 식힌 후 앞서 작업한 범벅, 누룩가루 0.55(550g)~1kg와 섞는다.

14/12

시급주(시급주)

술 빚는 시기 : 사계절

'시급주 주방문'에는 탁주와 냉수의 비율이 언급되어 있지 않다. 술지게미를 거른 탁주 1동이(10kg)로 빚으면 3일 만에도 사용할 수 있다.

(단위 : kg)

구분	찹쌀	탁주	누룩	기타
술 빚기	5	10	0.28~0.5	밀가루 0.3
계	5	10	0.28~0.5	

술 빚기

1. 술지게미와 같은 양의 냉수로 거른 탁주 10kg을 항아리에 넣는다.
2. 찹쌀 5kg를 깨끗이 씻어 물에 불린 후 물기를 빼고 밥을 무르게 짓는다.
3. 누룩가루 0.28~0.5kg(280~500g), 밀가루 0.3kg(300g)과 섞는다.

술 거르기

1. 술 빚은 지 3일 만에 걸러 사용한다.

15/13

일일쥬(일일주)

술 빚는 시기 : 사계절, 더운 곳에 둔다.

'일일주'는 하루 만에 빚는 술이다. 주방문대로 1사발을 1되(1㎏)로 계산하여 술을 빚어 보니 하루 만에 술이 될 기미는 전혀 보이지 않았다. 『음식디미방』의 '일일주'가 가장 유사하다. 이를 참조하여 물 3사발을 3말(30㎏)로 하였고, '좋은 술'은 1사발을 1되(1㎏)로 하여 술 빚기를 해 본 결과 주방문과 같이 하루 만에 쓸 수 있었다. '좋은 술' 1사발을 1말(10㎏)로 통일하여도 하루 만에 사용할 수 있으나 투입되는 좋은 술양이 많다. 술을 급하게 사용할 목적으로 빚는 술일 가능성이 많으므로, 좋은 술이 많이 들어가는 방법으로 술을 빚는다는 것은 목적에서 벗어난다는 생각이 든다.

(단위 : kg)

구분	멥쌀	물	좋은 술	누룩	기타
술 빚기	10	30	1(10)	1.1~2	
계	10	30	1(10)	1.1~2	

술 빚기

1. 좋은 술 1㎏과 누룩 1.1~2㎏, 물 30㎏을 섞어 항아리에 넣는다.
2. 멥쌀 10㎏을 깨끗이 씻어 물에 불린 후 물기를 빼고 지에밥을 푹 찐다.
3. 멥쌀 지에밥이 따뜻한 온기가 있을 때 1.과 혼합한다.
4. 항아리를 단단히 봉하여 더운 곳에 둔다.

술 거르기

1. 아침에 빚어 저녁에 먹을 수 있다.

16/14

오호쥬(오호주)

술 빚는 시기 : 봄, 여름, 가을

'오호주 주방문'에서 물의 계량 단위는 병이다. 병의 크기는 일률적이지 않으므로 쌀양과 물양을 동량으로 하였다. 밑술에서 물양이 부족하면 발효가 더디게 진행된다. 밑술도 발효가 더딘 상태에서 덧술에 물이 들어가지 않으면 발효가 더뎌서 7일 만에 술이 완성되기는 어렵다. 따라서 덧술에 물양이 누락되어 있다는 가정 아래 쌀양과 동일한 양으로 하였다

(단위 : kg)

구분	멥쌀	물	누룩가루	기타
밑술	3.5	3.5	0.28~0.5	밀가루 0.3
덧술	10	10	0.83~1.5	밀가루 0.3
계	13.5	13.5	1.11~2	

1일차(밑술 빚기)

1. 멥쌀 3.5kg을 깨끗이 씻어 물에 불린 후 물기를 빼고 가루 낸다.
2. 물 3.5kg에 개어 식힌 후 누룩가루 0.28~0.5kg(280~500g)과 밀가루 0.3kg(300g)을 섞어 항아리에 넣는다.

4일차(덧술 빚기)

1. 3일 후 멥쌀 10kg을 깨끗이 씻어 물에 불린 후 물기를 빼고 지에밥을 지어 식힌다.
2. 밑술에 지에밥, 누룩가루 0.83(830g)~1.5kg과 밀가루 0.3kg(300g)을 섞는다.

11일차(술 거르기)

1. 덧술 빚은 지 7일 만에 사용한다.

17/15

삼일쥬(삼일주)

술 빚는 시기 : 더위에도 좋다.

'삼일주'는 원문에 따르면 "더위에도 좋다."라고 한다. 누룩양이 20%로 비교적 많이 들어가므로 속성주(速成酒)로, '더위에도 좋다'는 '더위에도 빚을 수 있다'라는 의미로 해석해 본다. (3.5)kg은 물을 넣는 것이 아니라 백설기를 찔 때 자연스럽게 백설기에 흡수된 숨은 물의 양으로, '1부 2. 고문헌 주방문의 이해'편을 참고한다.

(단위 : kg)

구분	멥쌀	물	누룩가루	기타
수곡		10	1.1~2	
술 빚기	10	(3.5)		
계	10	10+(3.5)	1.1~2	

1일차(수곡 만들기)

1. 끓여 식힌 물 10kg에 누룩가루 1.1~2kg을 넣어 하룻밤 재운다.

2일차(술 빚기)

1. 수곡을 걸러 물만 받아 놓는다.
2. 멥쌀 10kg을 깨끗이 씻어 물에 불린 후 물기를 빼고 가루 낸다.
3. 멥쌀가루로 백설기를 찐 후 식힌다.
4. 백설기와 누룩 물을 혼합하여 항아리에 넣는다.

술 거르기

1. 술 빚은 지 3일 후에 사용한다.

18/16

뉵병쥬(육병주)

술 빚는 시기 : 봄, 가을

'육병주'는 전체적으로 물양이 많은 편이다. 1병을 4되로 봐도 전체 물양이 28~33되가 되어 쌀양의 2배가 넘는 술이다. 단맛이 있는 술을 기대하긴 힘들 듯하다. 발효중 술맛을 수시로 확인하여 입맛에 맞는 시점에서 술을 걸러 바로 먹는 것도 방법이 될 수 있다. 덧술에서 죽을 쑬 때 물양은 '17. 오병주(오병주 2)'에 '점미 2되에 물 1병'을 사용한다는 부분을 참조하였다. 아울러 주방문에 덧술을 할 때 누룩가루를 알맞게 넣으라고 했을 뿐 구체적인 양은 명시되어 있지 않다. 『음식방문』의 '오병주'를 참조하여 누룩의 양을 5홉(약 280~500g)으로 기술하였으며, 여기서 5홉은 1되의 부피를 1,000㎖로 가정하여 무게로 환산한 누룩의 양으로, '1부 2. 고문헌 주방문의 이해'편을 참고한다.

(단위 : kg)

구분	멥쌀	물	누룩가루	기타
밑술	10	24	1.1~2	밀가루 0.42
덧술	2~3	4~9	0.28~0.5	
계	12~13	28~33	1.38~2.5	

1일차(밑술 빚기)

1. 멥쌀 10kg을 깨끗이 씻어 불린 후 물기를 빼고 가루 낸다.
2. 끓는 물 24kg에 개어 식힌다.
3. 누룩가루 1.1~2kg와 밀가루 0.42kg(420g)을 섞어 항아리에 넣는다.

깨끗하게 고이고 거품 일 때(덧술 빚기)

1. 멥쌀 2~3kg을 물 4~9kg으로 죽 쑤어 식힌다.
2. 다 식으면 누룩을 0.28~0.5kg(280~500g) 넣고 골고루 저어 준다.

술 거르기

1. 익는 대로 사용한다.

[참고 문헌]

『음식방문』 '오병주'

[원문] 빅미 ᄒᆞᆫ 말 ᄒᆞ여 물 네 병에 쥭 ᄶᅮ어 시겨 곡말 ᄒᆞᆫ 되 셧거 너허ᄯᅡ가 삼 일 만의 졈미 두 되 쥭 ᄶᅲ어 곡말 다솝을 너허 ᄯᅳ라

[현대어 역] 백미 1말을 물 4병에 죽을 쑤어 식힌 후 누룩가루 1되를 섞어 넣었다가 3일 만에 찹쌀 2되를 죽 쑤어 누룩가루 5홉을 넣어 쓰라.

19/17-1

오병쥬(오병주 1)

술 빚는 시기 : 봄, 가을

주방문에 '오병주'도 "육병주와 한가지로 한다."는 언급이 있어서 '육병주' 주방문의 술 빚는 과정을 그대로 따른다. '오병주' 역시 물양이 많은 편으로 16. 육병주와 맥락이 같다. 주방문에 "되게 하려면 물을 3병으로 줄이라."는 언급이 있는데, 물 3병은 12되(1병에 4되)로 하였다. 죽을 쑬 때의 물양은 '17. 오병주(오병주 2)'에 점미 2되에 물 1병을 사용한다는 부분을 참고하였다. 밑술이 넘칠 수 있으니 주의한다.

(단위 : kg)

구분	멥쌀	물	누룩가루	기타
밑술	10	12	1.1~2	밀가루 0.42
덧술	2~3	4~6	0.28~0.5	
계	12~13	16~18	1.38~2.5	

1일차(밑술 빚기)

1. 멥쌀 10kg을 깨끗이 씻어 물에 불린 후 물기를 빼고 가루 낸다.
2. 끓는 물 3병(12kg)을 넣어 갠다.
3. 누룩가루 1.1~2kg, 밀가루 0.42kg(420g)을 섞어 항아리에 넣어 둔다.

깨끗하게 고이고 거품이 일 때(덧술 빚기)

1. 멥쌀 2~3kg에 물 4~6kg으로 죽을 쑤어 식힌다.
2. 누룩 0.28~0.5kg(280~500g)을 넣고 골고루 저어 준다.

술 거르기

1. 익는 대로 사용한다.

20/17-2

오병쥬(오병주 2)

술 빚는 시기 : 봄, 가을

'오병주'의 또 다른 주방문이다. '육병주', '오병주'처럼 쌀양에 비해 물양이 많을 경우, 개인차가 있기는 하지만 입맛에 맞는 술은 기대하기가 어렵다. 술을 거르는 시점을 앞당겨 바로 마시는 것도 방법 중 하나이며, 맛보다는 많은 양의 술이 필요할 경우나 소주용으로 빚는 술이라고 봐야 할 것이다. 석임이 들어가는 주방문으로 석임 만드는 방법은 '53. 석임'을 참조하면 된다. 밑술이 넘칠 수 있으니 주의한다.

(단위 : kg)

구분	멥쌀	찹쌀	물	누룩가루	기타
밑술	10		20	0.55~1	밀가루 0.6, 석임 1
덧술		2	4		
계	12		24	0.55~1	

1일차(밑술 빚기)

1. 멥쌀 10kg을 깨끗이 씻어 물에 불린 후 물기를 빼고 가루 낸다.
2. 끓는 물 20kg을 넣고 치대어 식힌다.
3. 누룩가루 0.55~1kg(550g~1kg), 밀가루 0.6kg(600g), 석임 1kg을 섞어 항아리에 넣는다.

5일차(덧술 빚기)

1. 4일 만에 찹쌀 2kg으로 물 4kg에 죽을 쑤어 밑술과 혼합한다.

12일차(술 거르기)

1. 덧술 빚은 지 7일 만에 거른다.

21/18-1

부의주(부의주 1)

술 빚는 시기 : 봄, 가을

'부의주'의 주명은 밥알이 개미처럼 뜨는 모습에서 지어진 이름이다.

'부의주'는 대부분 찹쌀을 사용하고, 고문헌에서 많이 볼 수 있는 술 빚기 방법이다. 또 다른 방법으로는 찹쌀이나 멥쌀에 잣과 누룩을 넣은 7일 후 청주를 넣는 주방문도 있다. '부의주(부의주 1)'는 멥쌀만을 이용하는 부의주로 보기 드문 주방문이다.

(단위 : kg)

구분	멥쌀	물	누룩	기타
밑술	12	18	누룩가루 0.99~1.8	
덧술	3		누룩 한줌	밀가루 0.36
계	15	18	0.99~1.8+한줌	

1일차(밑술 빚기)

1. 멥쌀 12kg을 깨끗이 씻어 물에 불린 후 물기를 빼고 가루 낸다.
2. 백설기를 찐 후 끓는 물 18kg으로 멍울 없이 치대어 식힌다.
3. 좋은 누룩가루 0.99~1.8kg을 섞어 항아리에 넣는다.

5일차(덧술 빚기)

1. 밑술 빚은 지 4일 후 멥쌀 5kg로 지에밥을 짓는다.
2. 지에밥, 누룩 한 줌, 밀가루 0.36kg(360g)을 밑술에 섞는다.

22/18-2

부의쥬(부의주 2)

술 빚는 시기 : 여름

'부의주 2'는 여름에 빚는 술이고, 술양을 많이 내려면 술을 거를 때 정화수 2병(8되, 8㎏)을 부어 거른다고 되어 있다. 거를 때의 물양은 기록되어 있으나 술을 빚을 때의 쌀과 물의 양에 대한 언급이 없어 『치생요람』 '부의주'를 참고하였다.

(단위 : kg)

구분	찹쌀	물	누룩가루	기타
술 빚기	10	10	0.55~1	
거르기		8~12		
계	10	18~22	0.55~1	

술 빚기

1. 찹쌀 10㎏을 깨끗이 씻어 물에 불린 후 물기를 빼고 지에밥 지어 차게 식힌다.
2. 지에밥 지을 때 사용한 물 10㎏을 식힌 후 누룩가루 0.55(550g)~1㎏와 섞는다.
3. 지에밥과 누룩, 물을 모두 섞는다.

술 거르기

1. 술 빚은 지 3일이 지나면 익는다.
2. 밥알이 뜰 때 먹으면 맛이 달고도 맵다.
3. 거를 때 깨끗한 물 8~12㎏을 부어가며 거른다.

23/18-3

부의쥬(부의주 3)

술 빚는 시기 : 사계절

'부의주 3'은 잣이 들어가고, 물 대신 청주를 넣는 독특한 주방문이다. 청주 1병을 4되로 하였다.

(단위 : kg)

구분	찹쌀	청주	누룩가루	기타
밑술	5		0.55~1	잣 1~1.25
덧술		8		
계	5	8	0.55~1	

1일차(밑술 빚기)

1. 찹쌀 5kg을 깨끗이 씻어 물에 불린 후 물기를 빼고 지에밥을 지어 식힌다.
2. 누룩 0.55(550g)~1kg에 잣 1kg~1.25kg을 부드럽게 찧어 밥과 섞어 항아리에 넣는다.

8일차(청주로 덧술 빚기)

1. 밑술 빚은 지 7일 만에 좋은 청주 8kg을 부어 준다.

술 거르기

1. 덧술 빚은 지 3일 후 사용한다.

24/19-1

무술쥬(무술주 1)

술 빚는 시기 : 봄, 여름, 가을

주방문에 따르면, '무술주'는 몸을 보하는 술로 노인에게 더 좋고, 개 삶은 국물에 뜨는 기름을 걷어낸 후 쑥을 넣으면 술맛이 온중하다고 한다. 그리고 개를 말끔하게 씻지 않으면 몸에는 더 유익하지만 술맛은 깨끗이 씻은 것만 못하다는 언급도 있다.

황구 1마리에 사용되는 적정의 쌀과 물의 양이 있기 때문에, 재료의 양을 주방문대로 제시하는 게 이치에 맞을 듯하다. 그런 까닭에 본 무술주는 1되의 용량을 600㎖로 가정하여 계산하였다. '무술주'에서 술을 빚을 때 사용되는 물의 양이 정확하지 않다. 하지만 삶은 국물이 3말이 못 될 때까지 끓이면 국을 뜨고 물을 다시 물을 넣어서 삶으라는 언급이 있다. 이 때문에 술 빚기에 최종적으로 필요한 개 삶은 국물의 양은 3말(18kg)로 산정하였다. 누룩의 양이 누락되어 있는데 여기서는 안정적인 술 빚기가 될 수 있도록 쌀양의 5~10%를 제시하였다.

(단위 : kg)

구분	찹쌀	육수	누룩	기타
술 빚기	18	18	0.9~1.8	황구 1마리
계	18	18	0.9~1.8	

술 빚기

1. 좋은 황구를 네 조각으로 잘라서 푹 삶는다.
2. 개 삶은 국물이 18kg(18ℓ) 이하로 줄어들면 국물을 퍼내고 다시 물을 부어서 고아 낸다.
3. 개 삶은 물에 뜨는 기름은 모두 건져 낸다.
4. 찹쌀 18kg을 깨끗이 씻어 물에 불린 후 물기를 빼고 지에밥을 지어 식힌다.
5. 개 삶은 육수 18kg, 지에밥 그리고 누룩을 섞어서 항아리에 넣는다.

25/19-2

무숣쥬(무술주 2)

술 빚는 시기 : 봄, 여름, 가을

'무술주'의 두 번째 주방문은 개 3마리가 한 제다. 술 거를 때 미리 황구를 구해 두었다가 다시 빚어서 땅에 묻고, 그다음 해 같은 날에 또 술을 빚는다. 연이어 3마리만 빚어 먹으면 온갖 병이 다 없어지고 기운을 지극히 보한다고 언급되어 있다.

'무술주 1'에서 앞서 설명했듯이 1되의 용량을 600㎖로 가정하여 계산하였다. '무술주'의 두 번째 주방문 역시 누룩의 양이 언급되어 있지 않다. 첫 번째 주방문과 마찬가지로 쌀양의 5~10%를 넣을 것을 제안하였다.

(단위 : kg)

구분	찹쌀	물	누룩	기타
술 빚기	6~9		0.3~0.9	황구 1마리
계	6~9		0.3~0.9	

술 빚기

1. 눈까지 누런 개 한 마리를 껍질을 벗기고 내장은 버리고 4조각을 낸다.
2. 크기가 알맞은 항아리에 개고기를 뼈까지 생으로 항아리에 재어 넣는다.
3. 찹쌀 6kg 혹은 9kg을 깨끗이 씻어 물에 불린 후 물기를 빼고 지에밥을 짓는다.
4. 좋은 누룩가루 0.3~0.9kg(600~900g)을 물 없이 지에밥과 고루 섞어 고기 위에 펴 넣는다.
5. 항아리 입구를 기름종이로 싸매 밀봉한다.

술 항아리 땅에 묻기

1. 항아리가 깨지지 않도록 빈 항아리일 때 새끼로 항아리 몸체가 드러나지 않도록 단단히 얽어매고 흙을 짓이겨 바른다.
2. 항아리가 묻힐 만큼 물기 없고 깨끗한 땅을 판다.
3. 항아리를 땅에 들여 놓고 항아리 입구를 기름종이로 봉한 후 질그릇 뚜껑으로 덮는다.
4. 흙을 치대어 항아리를 묻는다.
5. 항아리 주위로 긴 작대기를 땅에 박아 바람막이를 만든다.

술 빚은 지 1년 후(술 거르기)

1. 항아리 묻은 날을 기록했다가 1년이 되는 날 항아리를 파낸다.
2. 고기가 다 녹아서 술이 되어 맛이 맑고 톡 쏘면 양대로 두고 사용한다.

* 제 : 한약의 분량을 나타내는 단위, 한 제는 탕약 스무 첩. 또는 그만한 분량으로 지은 환약 따위를 이른다.

26/20

삼합쥬(삼합주)

술 빚는 시기 : 사계절

원문에 "삼합주를 사기병에 넣어 더운 곳에 두고 양대로 먹으면 양기와 습을 다스리고 기운을 나게 하고 비위를 돋우니 매우 좋다."는 언급이 있다. 술 빚기에서 물에 대한 언급이 없지만 소주를 내리기 위한 술이므로, 『음식디미방』 '소주' 부분을 참고하여 곡물 대비 물양을 2배로 하였다.

(단위 : kg)

구분	찹쌀	메밀	수수	물	누룩 가루	백청	후추	건생강
술 빚기	2	1.74~2	1.88~2	12	1.1~2			
중탕						280g	2.3g내외	2.3g내외
계	6			12	1.1~2	280g	2.3g내외	2.3g내외

술 빚기

1. 찹쌀 2kg, 메밀 1.74~2kg, 수수 1.88~2kg으로 지에밥을 지어 식힌다.
2. 물 12kg을 끓여 식힌다.
3. 지에밥, 끓여 식힌 물과 누룩 1.1~2kg을 섞어 항아리에 담는다.

소주 내리고 중탕하기

1. 술이 익으면 소주를 내린다.
2. 후추와 말린 생강을 2.3g씩 곱게 가루 내어, 좋은 꿀(백청) 280g을 소주에 타 중탕한다.
3. 중탕한 후 가는 체에 내려 찌꺼기는 버리고, 사기병에 넣어 따뜻한 곳에 두고 양대로 마신다.

27/21

져엽주(저엽주)

술 빚는 시기 : 더워야 좋고 서늘하면 단맛

'저엽주'는 날이 많이 더워야 좋고 서늘하면 단맛이 있다고 주방문에 기술되어 있다. 물양이 정확하게 기술되어 있지 않다. 구멍떡 만들 때 자연스럽게 추가되는 물의 양('1부의 2. 고문헌 주방문의 이해'편을 참고)을 0.6kg으로 하였다. 그리고 냉수 20kg으로 지에밥을 씻을 경우 멥쌀 지에밥에 흡수되는 물의 양('1부의 2. 고문헌 주방문의 이해'편을 참고)은 3.2kg으로 잡았다. 마지막으로 "술밑을 냉수에 걸러 물과 밥이 같게 하여"라는 문구에 따라 밑술을 냉수에 거를 때 사용하는 물의 양은 덧술 할 때의 쌀양과 같은 10kg로 하였다. 날이 더울 때 빚어야 좋은 술이므로 가능하면 끓여서 차게 식힌 물을 사용한다.

(단위 : kg)

구분	멥쌀	물	누룩가루	기타
밑술	1	(0.6)	0.39~0.7	닥나무 잎
덧술	10	10+(3.2)		
계	11	10+(3.8)	0.39~0.7	

사전 준비 : 닥나무 잎

1일차(밑술 빚기)

1. 멥쌀 1kg을 깨끗이 씻어 물에 불린 후 물기를 빼고 가루 낸다.
2. 구멍떡을 빚어 삶은 뒤 으깨어 식힌다.
3. 누룩 0.39~0.7kg(390~700g)과 섞어서 많이 치댄다.
4. 바가지에 닥나무 잎을 깔고 밑술을 담고 닥나무 잎으로 덮는다.
5. 서늘한 곳에 둔다.

4일차(덧술 빚기)

1. 3일 후 멥쌀 10kg으로 지에밥을 짓는다.
2. 냉수 20kg을 뿌려 지에밥을 충분히 씻어 식힌다.
3. 바가지에 담아 둔 밑술을 냉수 10kg과 섞은 후 거른다. 즉, 덧술에 사용된 쌀양과 같은 양의 물로 밑술을 거른다.
4. 지에밥과 냉수에 거른 밑술을 항아리에 넣는다.

25일차(술 거르기)

덧술 빚은 지 21일 만에 사용하면 좋다.

28/22

합엽쥬(합엽주)

술 빚는 시기 : 여름

연잎을 이용한 주방문 중 하루 만에 먹는 주방문은 『리생원책보 주방문』의 '합엽주'가 유일하다. 쌀과 물의 양은 나와 있지 않고, 쌀과 누룩의 비율만 기술되어 있다. 빚고자 하는 총 쌀양은 임의로 하고 누룩은 쌀 1kg에 220~400g씩 넣는다. 쌀과 물의 양을 동량으로 표에 제시된 대로 술을 빚어 보니 알코올 도수는 낮고 마치 걸쭉한 요구르트 같은 느낌이었다. 보통 하루 만에 마시는 술의 경우, 일반적으로 쌀양 대비 물의 양이 많으므로, 물양을 늘려 술 빚기를 해 봐도 좋을 듯하다.

합엽주는 엿기름이 들어가는 주방문인데, 엿기름의 양은 기록되어 있지 않다. 엿기름을 사용하고 하루 만에 빚어 마시는 주방문으로는 『산가요록』의 '유감주'가 있다. 주명은 다르지만 술 빚는 방법이 비슷하므로 엿기름의 양은 '유감주' 주방문을 기준으로 하였다. '유감주' 주방문에서는 멥쌀 1되에 엿기름 2수저를 사용한다. 2수저 양은 대략 1홉 내외이므로 엿기름의 양은 1홉으로 잡았다. 1ℓ를 1되로 변환할 경우, 엿기름 1홉의 양은 40~60g 정도가 된다.

(단위 : kg)

구분	찹쌀	물	섬누룩	기타
술 빚기	1	1	0.22~0.4	엿기름 0.04~0.06
계	1	1	0.22~0.4	

사전 준비

1. 다 자란 연잎 중 크고 구멍이 없는 연잎을 고른다.
2. 연잎 옆에 나무 장대 3가지를 박아서 솥발같이 연잎 지지대를 만든다.

1일차(밑술 빚기)

1. 섬누룩 0.22~0.4kg(220~400g)과 엿기름 0.04~0.06kg(40~60g)을 찧어, 끓여 식힌 물 1kg에 불려 가는 체에 거른다.
2. 찹쌀 1kg을 깨끗이 씻어 물에 불린 후 물기를 빼고 지에밥을 짓는다.
3. 밥이 따뜻한 김에 누룩 거른 물과 함께 섞는다.
4. (아침)식사 전에 연잎에 올려 싸매고, 지지대에 단단히 매어 둔다.

2일차(술 거르기)

1. 이튿날 술을 내면 향기롭다. 아침 식사 전에 하여 종일 볕에 익혀 다음날 식사 전에 내면 좋다.

29/23

쟈쥬(자주)

술 빚는 시기 : 사계절

'자주'는 술을 중탕해서 가공하는 주방문이다. 본 문헌 '삼해주'에 'ᄒᆞᆫ 병의 사온 승 드ᄂᆞ니라'라는 문구를 참고하여 1병을 4되로 잡았다. 1되를 600㎖ 내외로 볼 때 1돈이 3~4g인데, 여기에서는 1되를 1ℓ로 가정하기에 값을 다시 조정하였다. 황납 2돈(6~8g)을 1ℓ 단위로 맞추면 10~13g 내외, 후춧가루 1돈(3~4g)은 5~6.5g 내외로 변환하면 된다. 주방문 비율대로 중탕을 해 본 결과 후추향이 매우 강했다.

(단위 : kg)

구분	청주	벌집	후춧가루	기타
중탕	4	10~13g	5~6.5g	
계	4	10~13g	5~6.5g	

중탕하기

1. 단지에 청주 4kg, 황납(벌집) 10~13g과 후춧가루 5~6.5g을 넣어 단단히 봉한다.
2. 봉한 뚜껑 위에 물에 불린 쌀 한 줌을 올려놓는다.
3. 솥에 넣고 중탕하여 뚜껑 위의 쌀이 다 익어 밥이 되면 술도 다 된 것이다.
4. 식혀서 먹는다.

30/24-1

녹파쥬(녹파주 1)

술 빚는 시기 : 봄, 가을

'녹파주(綠波酒)'는 바위에 부딪혀 부서지는 푸르스름한 파도와 같은 색을 지닌 매우 맑은 술이다. 『음식디미방』, 『산가요록』, 『시의전서』, 『수운잡방』, 『온주법』, 『역주방문』, 『주방』, 『임원십육지』, 『우음제방』 등 비교적 많은 고문헌에 등장한다. 『리생원책보 주방문』에는 2개의 녹파주가 수록되어 있는데 두 번째 녹파주는 '66/24-2. 녹파주'를 참고 한다.

(단위 : kg)

구분	멥쌀	찹쌀	물	누룩	기타
밑술	5		15	0.28~0.5	밀가루 0.15
덧술		10			
계	15		15	0.28~0.5	

1일차(밑술 빚기)

1. 멥쌀 5kg을 깨끗이 씻어 물에 불린 후 물기를 빼고 가루 낸다.
2. 끓는 물 15kg으로 죽을 쑤어 식힌다.
3. 죽과 누룩가루 0.28~0.5kg(280~500g), 밀가루 0.15kg(150g)을 함께 섞어 항아리에 넣는다.

4일차(찹쌀 불리기)

1. 밑술 빚은 지 3일 후 찹쌀 10kg을 깨끗이 씻어 하룻밤 물에 불린다.

5일차(덧술 빚기)

1. 불린 쌀을 건져 물기를 빼고 지에밥을 지어 충분히 식힌다.
2. 밑술과 함께 항아리에 버무려 넣고 온도가 알맞은 곳에 둔다.

술 거르기

1. 덧술 빚은 지 12일 만에 내면 술 빛이 거울 같다.

31/25

세심주(세심주)

술 빚는 시기 : 겨울

'세심주'는 겨울에 빚는 술이다. 덧술 과정에서 지에밥에 끓는 물을 부어서 불리는 방법을 사용하는 주방문이다. 지에밥에 끓는 물을 부어 흡수되는 물의 양을 알아보기 위해 멥쌀 1kg을 씻어 불린 후 지에밥을 찌고, 충분한 양의 탕수에 담가 놓았다가 지에밥에 흡수된 물의 양만 측정해 보니 1.15kg 내외였다. 따라서 쌀양과 같은 양의 끓는 물을 사용하면 무난하겠다.

(단위 : kg)

구분	멥쌀	물	누룩가루	기타
밑술	5	7.5	0.28~0.5	
덧술	10	10		
계	15	17.5	0.28~0.5	

1일차(밑술 빚기)

1. 멥쌀 5kg을 깨끗이 씻어 물에 불린 후 물기를 빼고 가루 낸다.
2. 물 7.5kg을 팔팔 끓여 쌀가루에 부어 갠 후 식힌다.
3. 빛이 좋은 누룩가루 0.28~0.5kg(280~500g)을 섞어 항아리에 넣는다.

4~5일차(덧술 준비)

1. 3~4일이 지나 술이 막 고이면 멥쌀 10kg을 깨끗이 씻어 하룻밤 물에 불린다.

다음 날 5~6일차(덧술 빚기)

1. 불린 쌀을 건져 물기를 빼고 지에밥을 짓는다.
2. 팔팔 끓인 물 10kg을 밥에 뿌려 둔다.
3. 지에밥이 충분히 불거든 여러 그릇에 나누어 넣고 충분히 차게 식힌다.
4. 불은 지에밥이 다 식으면 밑술과 섞는다.

15~16일차(술 거르기)

1. 덧술 빚은 지 10일 후 밥알이 가라앉거든 거른다.

32/26

소빅쥬(소백주)

술 빚는 시기 : 봄, 가을

병의 크기는 다양하여 일률적으로 양을 확정하기는 어려운데, 일반적으로 1병은 4~6되로 계산하면 된다. 여기에서는 1병을 5되로 하면, 밑술에 들어가는 물의 양과 덧술에 들어가는 물의 양이 쌀양과 동일하게 된다. 쌀과 물의 양을 동일하게 하는 것은 일반적인 술 빚기 방법이다. 그러므로 병으로 물을 계량할 경우 4~6되로 하여 계산한 물양이 쌀양과 같은 범위 내에 있으면 밑술이든 덧술이든 모두 쌀과 물의 양을 동일하게 하여 빚어 보는 것도 좋은 방법일 듯하다. 예를 들어 본 '소백주'에서 밑술 물양을 5㎏, 덧술 물양을 10㎏로 사용해 보는 것이다.

'소백주'에 사용되는 석임의 양에 대한 언급은 없으나 '당백화주' 등 다른 주방문을 참조하여 쌀 1~3말에 석임을 사용하는 양을 1되로 계산하고, 두 번에 걸쳐서 넣는 것으로 하였다. 석임 만드는 방법은 '53. 석임'을 참조하면 된다. 아래의 표는 주방문의 양을 줄여서 한 번에 빚기 좋은 양으로 제시하였다.

(단위 : kg)

구분	멥쌀	물	누룩가루	기타
밑술	5	4~6	0.14~0.25	밀가루 0.21, 석임 0.25
덧술	10	8~12	0.14~0.25	밀가루 0.21, 석임 0.25
계	15	12~18	0.28~0.5	

1일차(밑술 빚기)

1. 멥쌀 5kg을 깨끗이 씻어 물에 불린 후 물기를 빼고 가루 낸다.
2. 물 4~6kg을 끓여 쌀가루에 붓고 충분히 익게 개어 식힌다.
3. 범벅에 누룩가루 0.14~0.25kg(140~250g), 밀가루 0.21kg(210g), 석임 0.25kg(250g)을 함께 섞어 항아리에 넣는다.

4일차(덧술 빚기)

1. 3일 만에 멥쌀 10kg을 깨끗이 씻어 물에 불린 후 물기를 빼고 지에밥 지어 식힌다.
2. 지에밥을 물 8~12kg에 넣고 차게 식힌다.
3. 밑술에 지에밥, 누룩가루 0.14~0.25kg(140~250g), 밀가루 0.21kg(210g), 석임 0.25kg(250g)을 섞어 넣는다.

술 거르기

1. 자주 확인해서 술이 익으면 사용한다. 예로부터 초 심지에 불을 붙여 항아리에 넣어 보아 불이 꺼지면 아직 발효 중이고, 꺼지지 않으면 술이 다 익은 것으로 판단하였다.

33/27

빅단쥬(백단주)

술 빚는 시기 : 봄, 가을

3병의 단위를 1말로 계산할 경우, 쌀양과 물양이 맞아떨어지는 경우가 있다. '백단주'가 이러한 경우로 3병을 1말(10되)로 가정하면, 밑술과 덧술에 들어가는 물의 양과 쌀양이 동일해진다. 이에 맞춰 술 빚기 양을 계산하였다. 석임이 들어가는 주방문으로 석임 만드는 방법은 '53. 석임'을 참조하면 된다.

(단위 : kg)

구분	멥쌀	물	누룩	기타
밑술	5	5	0.41~0.75	밀가루 0.45, 석임 0.5
덧술	10	10	0.28~0.5	
계	15	15	0.69~1.25	

1일차(밑술 빚기)

1. 멥쌀 5kg을 깨끗이 씻어 물에 불린 후 물기를 빼고 가루 낸다.
2. 물 5kg을 끓여 가루에 개어 식힌다.
3. 범벅에 누룩가루 0.41~0.75kg(410~750g), 밀가루 0.45kg(450g), 석임 0.5kg(500g)을 섞어 항아리에 넣는다.

4일차(덧술 준비)

1. 3일 만에 멥쌀 10kg을 깨끗이 씻어 하룻밤 불린다.

5일차(덧술 빚기)

1. 불린 쌀의 물을 빼고 지에밥을 짓는다.
2. 지에밥에 물 10kg을 부어 밥을 불리며 식힌다.
3. 밑술에 불린 지에밥과 누룩가루 0.28~0.5kg(280~500g)을 함께 섞어 넣는다.

12~13일차(술 거르기)

1. 덧술 빚은 지 7~8일 후에 초 심지에 불을 붙여 넣어 보아 불이 꺼지지 않으면 사용한다.

34/28

벽향쥬(벽향주)

술 빚는 시기 : 봄, 가을, 겨울

보통 한 사발은 1되로 본다. 밑술에서 물 5사발을 5되로 볼 경우 총 쌀양이 1말인데 물 5되로 죽을 쑬 수가 없다. 『산림경제』의 '벽향주' 주방문을 참고하여 1사발을 3되로 가정해 보면, 밑술 할 때 5사발은 15되가 되고, 이 정도의 물양으로는 죽을 쑬 수 있다. 아울러 덧술 할 때 들어가는 6사발은 18되가 되어 주방문 전체적으로 쌀양과 물양도 적당한 술 빚기가 된다. 여기에서는 재료의 비율을 줄여서 기술하였다.

(단위 : kg)

구분	멥쌀	찹쌀	물	누룩	기타
밑술	2.5	2.5	7.5	0.55~1	밀가루 0.15
덧술	10		9		
계	15		16.5	0.55~1	

1일차(밑술 빚기)

1. 멥쌀 2.5kg, 찹쌀 2.5kg을 깨끗이 씻어 물에 불린 후 물기를 빼고 가루 낸다.
2. 물 7.5kg로 죽을 쑤어 식힌다.
3. 죽에 누룩 0.55(550g)~1kg와 밀가루 0.15kg(150g)을 섞어 항아리에 넣는다.

덧술 빚기

1. 봄가을은 5일, 겨울은 10일 만에 덧술을 한다.
2. 멥쌀 10kg을 깨끗이 씻어 물에 불린 후 물기를 빼고 지에밥을 짓는다.
3. 지에밥에 끓인 물 9kg을 부어 식힌 후 밑술과 섞는다.

술 거르기

1. 덧술 빚은 지 7일 후 사용한다.

35/29

죽엽쥬(죽엽주)

술 빚는 시기 : 봄, 가을, 겨울

'죽엽주'의 주방문에 따르면 덧술 빚은 지 7일 만에 먹을 수 있다고 한다. 그러나 『산가요록』의 '죽엽주'나 『조선무쌍신식요리제법』의 '죽엽춘'에서는 28일 후에 술을 뜨라고 되어 있다. '죽엽주'는 쌀양에 비해서 물양이 상당히 적은 주방문이기 때문에 빨리 익혀서 먹을 수 없는 술이며, 맑은 술을 7일 만에 뜨기 힘들다. 술을 빚어 28일은 되어야 맑은 술이 고이기에 28일 후 맑은 술을 떠내는 것이 좀 더 현실적이다. 그리고 밑술에 3병의 물을 쓰라고 적혀 있는데, 3병을 1말로 여겨도 되는 경우도 있기에 3병을 1말로 계산한 양으로 제시하였다.

'죽엽주'는 밑에 처진 것(앙금)을 먹으라는 언급이 있는 주방문이다. 가루를 내어서 백설기로 찌라는 언급은 없지만 덧술 시 백설기로 가공할 것을 제안하였다. 『산가요록』의 '죽엽주'나 『조선무쌍신식요리제법』의 '죽엽춘'의 덧술 가공방식도 백설기이다. 백설기로 가공하는 것이 '이화주'에 가까우며 앙금도 먹기가 좋다.

( ) 속 물양은 직접 투입하는 물양이 아니라 백설기를 찌면서 자연스럽게 흡수된 숨은 물양이다.

(단위 : kg)

구분	멥쌀	물	누룩가루	기타
밑술	2	2+(0.7)	0.17~0.3	
덧술	10	(3.5)		
계	12	2+(4.2)	0.17~0.3	

1일차(밑술 빚기)

1. 멥쌀 2kg을 깨끗이 씻어 물에 불린 후 물기를 빼고 가루 낸다.
2. 백설기를 쪄서 식힌다.
3. 물 3.6kg을 끓여 식혀 누룩가루 0.17~0.3kg(170~300g)과 백설기를 섞는다.
4. 항아리에 넣고 단단히 입구를 봉한다.

밑술이 익으면(덧술 빚기)

1. 멥쌀 10kg을 깨끗이 씻어 물에 불린 후 물기를 빼고 가루 낸다.
2. 백설기를 쪄서 식힌다.
3. 밑술과 버무려 넣고 단단히 입구를 봉한다.

술 거르기

1. 7일 후 맑은 것은 다른 그릇에 따라 사용한다.
2. 밑에 가라앉은 것은 물에 타 먹으면 '이화주' 같은 맛이 오래도록 변하지 않는다.

36/30

송엽주(송엽주)

술 빚는 시기 : 봄, 가을

'송엽주'를 주방문대로 빚어 본 결과 달고 독한데, 술을 거를 수는 없었고 '이화주'처럼 떠먹어야 했다. 주방문에서는 덧술 할 때 지에밥을 지으라고 되어 있다. 하지만 쌀양과 술양의 비율상으로 '이화주'처럼 떠먹어야 하는 술이라면 차라리 백설기로 가공하여 술을 빚으면 식감이 더 좋을 듯하다. 아울러 덧술 시기는 밑술이 '이화주'처럼 걸쭉하게 된 시점으로 보았다.

( ) 속 물양은 직접 투입하는 물양이 아니라 백설기를 찌면서 자연스럽게 흡수된 숨은 물양이다.

(단위 : kg)

구분	멥쌀	찹쌀	물	누룩	기타
밑술	10		(3.5)	0.55~1	생 솔잎 0.11
덧술		5		0.17~0.3	
계	15		(3.5)	0.72~1.3	

1일차(밑술 빚기)

1. 생 솔잎 0.11kg(110g)을 잘게 썰어 베자루에 담아 항아리 밑에 넣는다.
2. 멥쌀 10kg을 깨끗이 씻어 물에 불린 후 물기를 빼고 가루 낸다.
3. 백설기를 쪄서 식힌 후 누룩 0.55(550g)~1kg과 섞어 솔잎 넣은 항아리에 넣는다.

익거든(덧술 빚기)

1. 찹쌀 5kg을 깨끗이 씻어 물에 불린 후 물기를 빼고 지에밥을 지어 식힌다.
2. 밑술에 지에밥과 누룩 0.17~0.3kg(170~300g)을 섞어 넣고 술이 익으면 사용한다.

37/31

도화쥬(도화주)

술 빚는 시기 : 복숭아꽃 필 때

'도화주'는 말린 복숭아꽃을 넣는 주방문이다. 말린 복숭아꽃의 경우, 1ℓ 용기에 45g 내외가 담긴다. 즉, 1되를 1ℓ로 계량할 경우 복숭아꽃을 45g 넣으면 된다.

(단위 : kg)

구분	멥쌀	물	누룩가루	기타
밑술	3	6	0.55~1	
덧술	10			말린 복숭아꽃 0.045
계	13	6	0.55~1	

1일차(밑술 빚기)

1. 멥쌀 3kg을 깨끗이 씻어 물에 불린 후 물기를 빼고 가루 낸다.
2. 쌀가루를 끓인 물 6kg에 개어 식힌다.
3. 누룩가루 0.55(550g)~1kg와 함께 섞어 항아리에 넣는다.

4일차(덧술 빚기)

1. 3일 만에 멥쌀 10kg을 깨끗이 씻어 물에 불린 후 물기를 빼고 무르게 쪄 식힌다.
2. 밑술에 식힌 밥과 말린 복숭아꽃 0.045kg(45g)을 섞는다.

술 거르기

1. 술이 고이는 대로 거른다.

38/32
미화쥬(매화주)

술 빚는 시기 : 봄, 여름, 가을

물 1병의 용량을 4~6되로 계산하였다. '매화주' 주방문의 경우 4되든 6되든 일반적 술 빚기의 범위에 들어가므로 물양은 이 범위내에서 자유롭게 택해도 된다. 석임이 들어가는 주방문으로 석임 만드는 방법은 '53. 석임'을 참조한다. 『박해통고』의 '소서주'와 『조선무쌍신식요리제법』의 '청서주' 주방문과 유사하며, '3부 38/32. 매화주'를 참고하길 바란다.

(단위 : kg)

구분	찹쌀	물	누룩가루	기타
수곡		8~12	1.1~2	
술 빚기	10			석임 1
계	10	8~12	1.1~2	

1일차(수곡 만들기)

1. 누룩 1.1~2kg을 명주 주머니에 넣어 물 8~12kg에 넣어 둔다.

2일차(술 빚기)

1. 이튿날 찹쌀 10kg을 깨끗이 씻어 물에 불린 후 물기를 빼고 지에밥을 지어 식힌다.
2. 담가 두었던 누룩을 주물러 가며 가는 체에 거른다.
3. 석임 1kg을 체에 내려 거른다.
4. 거른 누룩 물과 석임을 지에밥과 고루고루 섞어 항아리에 넣는다.

술 거르기

1. 술이 익어 위에 매화꽃처럼 밥알이 뜨거든 사용한다.

39/33
층층지쥬(층층지주)

술 빚는 시기 : 봄, 여름, 가을

물의 계량 단위인 사발은 1되나 3되, 간혹 10말로 해석 할 수 있다. 3일 만에 술이 된다는 주방문의 내용을 볼 때, 1사발을 1되로 보면 3일 만에 술이 되기는 힘들다. 무르게 백설기를 찌라고 하였고, 백설기 찔 때 자연스럽게 수분이 추가로 들어간다. 이를 고려해서 물양을 쌀양과 동량에 가깝게 넣으면 3일 만에 마실 수 있는 술이 된다.

( ) 속 물양은 직접 투입하는 물양이 아니라 백설기를 찌면서 자연스럽게 흡수된 숨어 있는 양이다.

(단위 : kg)

구분	멥쌀	물	누룩	기타
수곡		9~10	0.83~1.5	
술 빚기	10	(3.5)		
계	10	9~10+(3.5)	0.83~1.5	

1일차(수곡 만들기)

1. 누룩 0.83(830g)~1.5kg을 냉수 9~10kg에 풀어 항아리에 넣어 우물에 담가 놓는다.

2일차(술 빚기)

1. 다음 날 멥쌀 10kg을 깨끗이 씻어 불린 후 물기를 빼고 가루 낸다.
2. 무르게 설기를 찐다.
3. 백설기가 따뜻할 때 누룩 거른 물을 한데 버무려 항아리에 넣는다.

술 거르기

1. 술 빚은 지 3일 만에 사용한다.

40/34

황금쥬(황금주)

술 빚는 시기 : 사계절

『산가요록』에서는 1복자를 2되라고 하였으나, 2되로 할 경우 '황금주' 주방문은 물양이 너무 많아 술맛에 큰 영향을 미칠 수 있다. '황금주' 주방문에는 밑술에 물 20복자, 멥쌀 4되, 누룩 2되, 덧술에 찹쌀 2말이 사용된다. 복자의 크기가 통일되지 않았기에 1복자의 크기를 획일적으로 2되라고 규정하기는 어려운데 '황금주' 주방문의 1복자를 2되로 할 경우 물양이 너무 많다.

『음식디미방』의 '황금주'는 밑술에 멥쌀 2되, 덧술에 찹쌀 1말로 되어 있다. 『음식디미방』의 '황금주' 주방문은 『리생원책보 주방문』의 '황금주' 주방문의 절반에 해당하는 양이다. 따라서 밑술 물양을 『음식디미방』 '황금주'에 기재된 양의 2배로 보아 밑술에 물 2말이 사용되었을 것이라 추정할 수 있다. 이를 근거로 1복자는 1되로 생각할 수도 있다.

(단위 : kg)

구분	멥쌀	찹쌀	물	누룩가루	기타
밑술	2		10	0.55~1	
덧술		10			
계	12		10	0.55~1	

1일차(밑술 빚기)

1. 멥쌀 2kg을 깨끗이 씻어 물에 불린 후 물기를 빼고 가루 낸다.
2. 물 10kg을 끓여 쌀가루에 부어 가며 아주 잘 익게 개어 충분히 식힌다.
3. 누룩가루 0.55(550g)~1kg을 섞어 항아리에 넣는다.

4일차(쌀 불리기)

1. 밑술 빚은 지 3일 만에 찹쌀 10kg을 깨끗이 씻어 하룻밤 물에 불린다.

5일차(덧술 빚기)

1. 다음 날 쌀의 물기를 빼고 지에밥 지을 때 주걱으로 뒤적이고 물을 뿌려가며 무르게 찐다.
2. 지에밥을 아주 차게 식힌 후에 밑술과 섞어 찬 곳에 놓아둔다.

술 거르기

1. 덧술 빚은 지 여름이면 7일, 겨울이면 10일 만에 사용한다.

41/35

수절쥬(사절주)

술 빚는 시기 : 사계절

'사절주'는 사계절 내내 빚을 수 있는 술이거나 사계절 내내 사용할 수 있기에 붙여진 이름으로 여겨진다. '사절주'의 물양은 곡물량의 약 1.6배로 알코올 수율이 높다. 알코올 수율은 최대에 가깝게 높일 수 있겠지만 단맛은 거의 없고, 곡물 특유의 향도 강해 현대인 입맛에 맞지 않을 수 있다. 『요록』의 '하일주'(3부 35. 사절주 참고)와 술 빚는 방법이 비슷하므로 참고해 보자.

(단위 : kg)

구분	멥쌀	물	누룩	기타
밑술	2	8	0.44~0.8	
덧술	6	5		
계	8	13	0.44~0.8	

1일차, 밑술 빚기

1. 멥쌀 2kg을 깨끗이 씻어 물에 불린 후 물기를 빼고 가루 낸다.
2. 쌀가루를 물 8kg으로 죽을 쑤어 식힌다.
3. 누룩가루 0.44~0.8kg(440~800g)을 넣고 함께 섞어 항아리에 넣는다.

밑술이 익으면, 덧술 빚기

1. 멥쌀 6kg을 깨끗이 씻어 물에 불린 후 물기를 빼고 지에밥을 짓는다.
2. 끓인 물 5kg에 지에밥을 넣어 불린 후 식힌다.
3. 불린 지에밥을 밑술에 넣고 술이 익으면 사용한다.

42/36

오두쥬(오두주)

술 빚는 시기 : 사계절

쌀 5말, 즉 5두(斗)로 술을 빚기 때문에 '오두주'라는 이름이 붙은 주방문이다. 10일 만에 좋은 술 5동이가 나온다고 하였다. 주방문대로 술을 빚으면 술(원주)이 약 9.8말 내외가 나온다. 즉, 9.8말이 5동이므로, 여기에서 1동이는 1.96말가량이라고 추측할 수 있다. 여기에서는 한 번에 빚기 좋은 양으로 조정하였다. '35. 사절주'와 마찬가지로 물양이 곡물량의 약 1.6배로 알코올 수율이 높은 술이다.

(단위 : kg)

구분	멥쌀	물	누룩	기타
밑술	2	4	0.22~0.4	
덧술	8	12	0.44~0.8	
계	10	16	0.66~1.2	

1일차(밑술 빚기)

1. 멥쌀 2kg을 깨끗이 씻어 물에 불린 후 물기를 빼고 가루 낸다.
2. 쌀가루를 끓인 물 4kg에 죽을 쑤어 차게 식힌다.
3. 죽에 누룩가루 0.22~0.4kg(220~400g)을 섞어 항아리에 넣는다.

4일차(덧술 빚기)

1. 3일 만에 멥쌀 8kg을 깨끗이 씻어 물에 불린 후 물기를 빼고 지에밥을 짓는다.
2. 지에밥에 끓인 물 12kg을 부어 차게 식힌다.
3. 밑술에 지에밥과 누룩가루 0.44~0.8kg(440~800g)을 섞어 넣는다.

43/37

과하쥬(과하주)

술 빚는 시기 : 사계절

'과하주'는 밑술에 소주를 붓는 주방문이다. 소주를 부은 후에는 효모를 비롯한 미생물이 생존하기 어렵기에 더운 곳에 두어도 괜찮다. 이런 연유에서 술 이름이 '여름을 지낼 수 있는 술'이라고 하여 '과하주(過夏酒)'이다. 과하주의 맛을 결정하는 요인은 누룩의 양과 밑술 상태뿐만 아니라 소주 투입량이다. 과하주 밑술에 알코올 35% 주정 10되(10kg)의 양과 알코올 30% 주정을 20되(20kg)의 양을 넣어 빚어본 결과 다음과 같았다.

(단위 : kg)

구분	알코올 35% 10되(10㎏) 투입	알코올 30% 20되(20㎏) 투입
비중	1.019	1.003
pH	4.63	4.88
알코올	18.3%	20.0%

'과하주' 주방문에는 "찹쌀 5되에 누룩 7홉을 넣고, 술이 많이 고이거든 소주를 넣어도 맛이 좋으니 참고하라."는 문구가 덧붙여져 있다. 아울러 "누룩을 많이 사용하면 색깔이 붉다."는 기술도 있다. 이를 참고하여 술의 맛, 향, 색을 자신의 취향대로 조절한다.

주방문에 따르면 밑술을 빚어 저녁에 항아리에 넣어두면 아침에 술이 고이는 기미가 보이고, 단맛이 있을 때 소주를 붓는다는 언급이 있다. 아울러 밥 찐 물을 손에 묻혀가며 치대면 밥 찐 물로 반죽하는 셈이라는 표현이 있다. 밥 찐 물을 손에 묻혀가며 치대 보았지만 다음 날 괴는 기척이 전혀 없었다. 결국 밥 찐 물을 지에밥에 부어 치대야 함을 알 수 있다. 쌀과 물의 양을 동일하게 하여 빚어 본 결과 다음 날 술이 고이는 부분이 있었기에 물양을 10되(10kg)로 기술하였다.

구분	찹쌀	물	누룩	기타
밑술	10	10	0.55~1.4	
덧술				소주 20
계	10	10	0.55~1.4	

1일차(밑술 빚기)

1. 찹쌀 10kg을 깨끗이 씻어 물에 불린 후 물기를 빼고 지에밥을 지어 식힌다.
2. 탕수 10kg과 지에밥과 누룩 0.55(550g)~1.4kg을 고르게 충분히 치대어 항아리에 넣는다.

2일차(소주 붓기)

1. 다음 날 아침에 알코올 30%의 소주 20kg을 붓는다.

술 거르기

1. 소주를 붓고 15일, 20일, 30일 후면 빛이 맑고, 마시면 꿀처럼 달다. 소주 맛이 사라진 후에 사용한다.

44/38

선초향(선초향, 석탄주)

술 빚는 시기 : 사계절

'선초향'의 내용 중 "차마 입에 머금지 못한다."라는 표현으로 보아 '석탄주', '석탄향', '선표향'과 같은 주방문이라고 여겨진다. 『뿌리 깊은 나무』(1977.10.)에 실린 '양주방'에는 '선초향'이 아니라 '석탄향'이라는 이름으로 소개되어 있으며, 술 빚는 방법 또한 유사하다. 밑술의 물양이 1말로 기술되어 있다. 주방문에는 "백미 두말(되) 작말하여 물 1되에 죽 쑤어"로 썼다가 백미 두 말의 '말'을 긋고 '되'로 고쳐 써 놓았다. 그런데 쌀 2되를 물 1되로는 죽을 쑬 수가 없다. 쌀의 양을 필사 중에 잘못 옮겨 고쳤지만, 물의 양은 미처 고치지 못한 듯하다. 『주방문』 '석탄주'에는 '백미 2되 물 1말', 『주찬』 '석탄향'에는 '백미 2되 물 2병(1말 내외)', 『조선무쌍신식요리제법』 '석탄향'에는 '흰쌀 두 되, 물 한 말' 등으로 되어 있다. 이를 참고하여 '멥쌀 2되(2kg)와 물 1말(10kg)'로 풀이하였다.

(단위 : kg)

구분	멥쌀	찹쌀	물	누룩	기타
밑술	2		10	0.55~1	
덧술		10			
계	12		10	0.55~1	

1일차(밑술 빚기)

1. 멥쌀 2kg을 깨끗이 씻어 물에 불린 후 물기를 빼고 가루 낸다.
2. 쌀가루를 물 10kg에 죽을 쑤어 식힌다.
3. 죽과 누룩가루 0.55(550g)~1kg을 섞어 항아리에 넣는다.

6일차(덧술 빚기)

1. 찹쌀 10㎏을 깨끗이 씻어 물에 불린 후 물기를 빼고 지에밥을 찐다.
2. 식힌 지에밥을 밑술과 섞어 항아리에 넣는다.

13일차(술 거르기)

1. 덧술 하고 나서 7일 후에 걸러서 사용한다.

45/39-1

니화쥬(이화곡 1)

이화곡 빚는 시기 : 음력 1월

'이화주'는 이화곡이라는 전용 누룩으로 빚는 술이다. 이화곡은 음력 1월에 만든다. 이화곡은 빚어서 21일 동안 띄우는 누룩으로 일주일 간격으로 누룩의 상태를 점검한다.

이화곡을 반죽할 때 들어가는 물양은 일반적으로 쌀양의 20% 내외로 잡는다. 반죽을 한 손으로 쥐었을 때 뭉쳐진다는 느낌 정도의 물양을 사용하면 된다. 반죽을 쉽게 한다고 한 번에 물을 많이 넣으면 초반의 반죽은 쉬우나 치대면 치댈수록 반죽이 물러지게 되어 성형 후 형태를 유지하기가 어려우므로 주의해야 한다. 힘들어도 물을 조금씩 넣어가며 많이 치대어 쌀가루에 물을 고르게 섞어 성형한다.

(단위 : kg)

구분	찹쌀	물	누룩	기타
누룩	5	1 내외		
계	5	1 내외		

사전 준비

짚과 섬을 구해 둔다. 짚 대신에 솔가지도 괜찮다. 섬은 구하기 힘들기 때문에 깨끗한 종이상자를 이용한다.

이화곡 빚기

1. 음력 정월 보름(음력 1월 15일)에 찹쌀 5kg을 깨끗이 씻어 하룻밤 불린 후 물기를 빼고 가루 낸다.
2. 두 번 체에 친 후 물을 알맞게 넣고 오리알 크기로 단단히 뭉쳐 띄운다. 뭉치기 어렵더라도 물을 적게 넣고 단단히 뭉쳐서 짚으로 배 싸듯이 싼다. 눅눅하면 누룩이 잘 안 뜬다.

이화곡 띄우기

1. 빈 섬에 짚을 격지 모양으로 깔고 이화곡을 넣는다. 더운 방에 놓고 빈 섬으로 덮어 두었다가 14일 후에 뒤집어 놓는다.
2. 21일이 되면 누룩을 꺼내 껍질을 벗기고 누룩 한 개를 서너 개로 조각내서 대바구니 같은 데 담아 볕에 말린 후 보관한다.

46/39-1
니화쥬(이화주 1)

술 빚는 시기 : 배꽃 필 무렵

'이화주'는 구멍떡을 만들어 삶아서 건져낸 다음에 물을 추가하지 않고 빚는 술이다. 구멍떡을 가공할 때 자연스럽게 스며드는 물의 양을 6kg으로 하였다. '1부 2. 고문헌 주방문의 이해'편을 참고한다. 반죽할 때 물양이 적으면 구멍떡 성형이 잘 되지 않고, 물양이 많으면 구멍떡 형태 유지가 어렵다. 그러므로 물양을 조금씩 투입하며 반죽의 상태를 살펴보면서 해야 한다. 반죽시 사용한 물양과 구멍떡을 건져 내면서 구멍떡에 묻어 있는 물기를 털어내는 정도, 그리고 구멍떡과 이화곡을 치댈 때 물의 사용 여부에 따라 완성된 '이화주'는 청주가 전혀 없고 알코올 도수도 낮은 요구르트 같은 이화주가 되기도 하고, 묽고 청주가 생기며 알코올 도수도 있는 이화주가 되기도 한다.

[이화주 빚기]

(단위 : kg)

구분	멥쌀	물	이화곡	기타
술 빚기	10	(6 내외)	3	
계	10	(6 내외)	3	

사전 준비(이화곡 손질하기)

1. 배꽃이 필 무렵 이화곡 3kg을 곱게 가루 낸다.

이화주 빚기

1. 멥쌀 10kg을 깨끗이 씻어 물에 불린 후 물기를 빼고 가루 낸다.
2. 쌀가루에 끓는 물을 조금씩 넣고 익반죽을 하여 구멍떡을 빚어 익게 삶는

다.
3. 삶은 구멍떡이 뜨거울 때 으깨어 식히고 마르지 않게 덮어 둔다.
4. 구멍떡 으깬 것을 조금씩 꺼내어 누룩가루를 섞어가며 치댄다. 너무 말라서 잘 섞이지 않으면 식힌 구멍떡 삶은 물을 뿌려가며 다시 치댄다.
5. 구멍떡과 이화곡가루를 한 데 치대어 손바닥 크기로 만들어 차게 식힌다.
6. 충분히 차게 식은 반죽을 항아리의 가장자리에 넣고 가운데는 비워 둔다.
7. 3~4일 후 항아리를 열어 더운 김이 있으면 다시 꺼내 식힌 후 다시 넣어 서늘한 곳에 둔다.

술 거르기

1. 음력 5월 10일경에 내어 마시면 맛이 달고 독하고 향기롭다.

47/39-2

니화쥬(이화곡 2)

이화곡 빚는 시기 : 음력 1월

'이화곡 2'는 '이화곡 1'과 달리 7일 만에 누룩 띄우기를 마무리한다. 이화곡 크기에 따라서도 누룩의 품질이 달라지므로, 달걀만한 크기로 하라는 문구를 참고하여 누룩을 성형한다. 쌀가루를 반죽할 때 들어가는 물의 양은 일반적으로 쌀양의 20% 내외, 한 손으로 쌀가루를 쥐어 뭉쳐지는 정도면 된다.

[이화곡 디디기]

(단위 : kg)

구분	멥쌀	물	누룩	기타
누룩	5	1 내외		
계	5	1 내외		

이화곡 빚기

1. 멥쌀 5kg을 깨끗이 씻어 2일 동안 불려 곱게 가루 낸다.
2. 물을 조금씩 뿌려 가며 반죽하여 달걀 크기로 단단히 뭉친다.

이화곡 띄우기

1. 솔잎을 깔고 이화곡이 서로 닿지 않게 사이사이에 솔잎을 넣고 덮어 실내에 둔다.
2. 7일 후 누룩이 노랗게 뜨면 조각내어 밤낮으로 햇볕에 말려 법제한다.

48/39-2

니화쥬(이화주 2)

술 빚는 시기 : 여름, 배꽃 필 무렵

'이화주' 주방문 2개 가운데 여름에 빚는 술이다. 주방문의 이화곡 빚기가 1말이고, 쌀 1말에 이화곡 1말의 비율로 빚으라는 문구가 있다. 멥쌀 : 찹쌀 : 이화곡의 비율이 1 : 1 : 1(부피)인데 무게로 바꿀 경우 멥쌀 : 찹쌀 : 이화곡은 1 : 1 : 0.6(무게)이다. 따라서 멥쌀 2.5㎏, 찹쌀 2.5㎏로 이화주를 빚을 때 이화곡은 1.5㎏를 사용하면 된다.

'이화주'는 구멍떡에 누룩을 넣고 치댈 때 물을 추가하지 않는다. 구멍떡을 반죽할 때와 익힐 때 자연스럽게 흡수되는 물양이 전부이다. 멥쌀과 찹쌀을 반반하여 구멍떡을 삶으면 자연스럽게 추가된 물의 양은 2.08㎏ 내외이다. 구멍떡과 누룩을 치댈 때 물을 사용할지 여부와 물을 사용할 경우 넣는 물양은 사람마다 다를 수 있다. 이에 따라 최종 술의 상태나 질감이 달라질 수 있으므로, 물양에 대한 나름의 감각이 필요하다. 자연스럽게 들어가는 물이든, 인위적으로 물을 넣든 물양에 따라 청주의 양과 이화주의 질감이 결정된다. 물을 최소화할 경우, 요구르트와 같은 질감을 가진 이화주가 된다.

[이화곡 디디기]

(단위 : kg)

구분	멥쌀	찹쌀	물	이화곡	기타
밑술	2.5	2.5	(2.08 내외)	3	
계	5		(2.08 내외)	3	

여름(이화주 빚기)

1. 찹쌀과 멥쌀 2.5kg씩 모두 5kg을 깨끗이 씻어 물에 불린 후 물기를 빼고 가루 낸다.
2. 쌀가루로 구멍떡을 빚어 잘 익게 삶는다.
3. 삶아낸 구멍떡이 따뜻할 때 가루 낸 이화곡과 함께 버무린다.
4. 알맞은 항아리에 단단히 눌러 넣어 입구를 봉해 놓는다.

술 거르기

1. 서늘한 곳에 놓았다가 7일 후 사용한다.
2. 따뜻할 때 버무려 차게 식혀 넣으면 21일 후에 마시는데 독하고 달다.

※ 구멍떡이 따뜻할 때 치댄 것과 식은 후 치댄 것을 술로 빚어본 결과 맛이나 향에 있어서 큰 차이가 없었다. 구멍떡이 식었을 때 이화곡을 섞는 것보다 따뜻할 때 섞는 것이 수월하다. 이화주는 알코올 발효보다는 당화에 더 치중한 술임을 기억해 두자.

49/40

신도주(신도주)

술 빚는 시기 : 햅쌀이 나온 후

'신도주'는 햅쌀로 빚는 술이다. 『조선무쌍신식요리제법』의 '신도주'에는 다음과 같은 기록이 있다. "이 술은 공주 땅에서 햇벼가 나면 담그는 것인데, 특별하게 좋은 줄도 모르고 술을 사오일 만에 뜨는 것이라 마시면 배도 아프고 좋지 못하니 무슨 술이 7일안에 뜨리요, 오래두면 어떠할지는 모르노라." 더불어 고려해야 할 것이 햅쌀이 나오는 시점이다. 벼 수확 시기가 옛날과 다를 수 있기 때문에 술 빚는 시점도 달라져야 할 것이기 때문이다. (1.75)는 백설기 가공시 자연스럽게 추가되는 숨어 있는 물양이다.

(단위 : kg)

구분	멥쌀	물	누룩	기타
밑술	5	10+(1.75)	0.83~1.5	밀가루 0.09
덧술	10	5		
계	15	15+(1.75)	0.83~1.5	

1일차(밑술 준비)

1. 햅쌀 5kg을 깨끗이 씻어 물에 불린 후 물기를 빼고 가루 내어 백설기를 찐다.
2. 끓인 물 10kg을 항아리에 담고 설기를 퍼부어 더운 김에 멍울 없게 풀어준다.

2일차(밑술 빚기)

1. 다음 날, 설기 반죽에 햇누룩 0.83(830g)~1.5㎏과 밀가루 0.09㎏(90g)을 섞어 항아리에 넣는다.

5일차(덧술 준비)

1. 밑술 빚은 지 3일 만에 햅쌀 10㎏을 깨끗이 씻어 하룻밤 물에 불린다.

6일차(덧술 빚기)

1. 불린 쌀에 물 500g~1.5㎏을 뿌려가며 지에밥을 지은 후 식힌다.
2. 물 5㎏을 끓여 차게 식힌다.
3. 밑술에 지에밥과 식힌 물을 함께 섞는다.

16일차(술 거르기)

1. 덧술 빚은 지 10일 후 맑아졌을 때 걸러 마시면 맛이 독하고 달다.

50/41-1
방문쥬(방문주 1)

술 빚는 시기 : 겨울

‘방문주’라는 이름의 주방문이 ‘71.방문주 우일방’에 또 하나 기술되어 있으니 비교해 보길 바란다. ‘방문주’는 술 관리에 대한 부연 설명이 많은 주방문이다. 정리해 보면 다음과 같다.

① 덥지도 춥지도 않은 방에 두어라.
② 밑술이 잘 익어야 맛이 좋은 술이 된다.
③ 덧술 발효를 할 때 어중간한 온도에서는 발효가 잘 안 된다. 더운 곳에 잘 두었다가 술이 익어가는 대로 온도가 알맞은 곳으로 옮긴다.
④ 밥을 설익게 찌거나 덜 식히면 술맛이 시다.
⑤ 물이 많아도 좋지 않다.
⑥ 누룩 법제는 좋은 누룩을 약간 찧어 밤낮으로 법제하여 가루 내어 사용하면 좋다
⑦ 누룩가루는 쌀 1말에 4홉의 비율로 넉넉히 넣는다.

(1.05)는 백설기 가공시 자연스럽게 추가되는 숨어 있는 물의 양이다.

(단위 : kg)

구분	멥쌀	물	누룩가루	기타
밑술	3	3+(1.05)	0.33~0.6	
덧술	10	10		밀가루 0.18
계	13	13+(1.05)	0.33~0.6	

1일차(밑술 빚기)

1. 멥쌀 3kg을 깨끗이 씻어 물에 불린 후 물기를 빼고 가루 낸다.
2. 백설기를 쪄서 끓인 물 3kg에 죽처럼 멍울 없이 풀어 식힌다.
3. 좋은 누룩가루 0.33~0.6kg(330~600g)을 넣고 버무려 항아리에 넣는다.
4. 날씨에 따라 항아리를 온도가 알맞은 방에 덮어 둔다.

밑술이 익어 묽게 된 후(덧술 준비)

1. 멥쌀 10kg을 깨끗이 씻어 하룻밤 물에 불린다.

다음 날(덧술 빚기)

1. 다음 날 일찍 쌀을 건져 물을 뺀 후, 주걱으로 뒤적이고 물을 뿌려가며 무르게 찐다.
2. 밥을 큰 그릇에 펴 놓고 여기에 끓인 물 10kg을 넣고 덮어 둔다.
3. 밥알이 그냥 지은 밥처럼 불려 온기가 없도록 식힌다.
4. 밑술에 밥과 밀가루 0.18kg(180g)을 섞어 항아리에 넣는다.
5. 항아리 입구를 단단히 싸매 더운 방에 덮어 둔다.
6. 익어 가는 대로 춥지도 덥지도 않은 곳으로 옮긴다.

술 거르기

1. 덧술 빚은 지 21일 후, 맑은 술이 뜨면 걸러서 사용한다.

51/42

향노쥬(향로주)

술 빚는 시기 : 겨울

'향로주'는 일반적인 술 빚기와는 다르며 겨울에 빚는 술이라고 한다. 주방문대로 빚으면 "너무 독해서 한 잔에 장부가 어지러워지고, 뼈마디가 녹는 듯하여 사람이 상하니 물을 짐작하여 낸다."라는 언급이 있다. 주방문대로라면 독한 술이라서 거른 술을 물로 희석할 때 자기 취향대로 물을 가감할 필요가 있을 듯하다.

'향로주'의 주방문대로 밑술을 빚는다면 쌀 1말을 4되의 물로 익게 개기는 어렵다. 『뿌리 깊은 나무』(1977.10)의 『양주방』의 '향로주'에 물양이 1.4말로 되어 있는 것을 보면, 필사 중에 '말 너 되'의 '말'이 누락된 것으로 보인다. 또한 덧술시 들어 가는 누룩가루의 양이 언급되지 있지 않은데, 『양주방』의 '향로주'에 1되로 되어 있는 것을 참고 하였다.

모든 재료를 한 번에 빚기 좋은 양으로 줄였다.

(단위 : kg)

구분	멥쌀	물	누룩가루	기타
밑술	5	7	0.39~0.7	밀가루 0.18
덧술	10	8	0.28~0.5	
계	15	15	0.67~1.2	

1일차(밑술 준비)

1. 멥쌀 5kg을 깨끗이 씻어 3일 동안 물에 불린다.

4일차(밑술 빚기)

1. 쌀을 건져 물기를 빼고 가루 낸다.
2. 쌀가루를 끓는 물 7kg에 익게 개어 식힌다.
3. 범벅에 누룩가루 0.39~0.7kg(390~700g)와 밀가루 0.18kg(180g)을 섞는다.
4. 항아리에 넣고 입구를 봉한다.

11일차(덧술 빚기)

1. 밑술 빚은 지 7일 만에 멥쌀 10kg을 깨끗이 씻어 물에 불린다.
2. 불린 쌀의 물기를 빼고 지에밥을 짓는다.
3. 끓인 물 8kg을 부어, 밥이 불고 온기가 전혀 없게 식힌다.
4. 밑술에 밥과 누룩가루 0.28~0.5kg(280~500g)을 섞고 많이 치댄다
5. 항아리에 넣고 입구를 단단히 봉한다.

25일차(술 거르기)

1. 덧술 빚은 지 14일 후 걸러서 사용한다.

52/43

하향쥬(하향주)

술 빚는 시기 : 사계절

'하향주' 주방문은 밑술의 상태에 따라 덧술에 들어가는 물양과 누룩가루의 추가 투입 여부가 적혀 있는 특이한 주방문이다. 물 1병을 4~6되로 볼 경우, 들어가는 물은 6~12되가 된다. 기호에 맞춰 물양을 조절한다. 표에 제시된 밑술에 들어가는 물(1.8kg)은 넣는 게 아니라 구멍떡을 익힐 때 자연스럽게 추가되는 양이다. '1부 2. 고문헌 주방문의 이해'편을 참고한다.

(단위 : kg)

구분	멥쌀	찹쌀	물	누룩	기타
밑술	3		(1.8)	0.55~1	
덧술		10	6~12	0.55~1	
계	13		6~12+(1.8)	1.1~2	

1일차(밑술 빚기)

1. 멥쌀 3kg을 깨끗이 씻어 물에 불린 후 물기를 빼고 가루 낸다.
2. 구멍떡을 만들어 삶아 식으면 누룩가루 0.55(550g)~1kg과 고루 치댄다.
3. 이화주 빚듯이 항아리에 넣는다.

※ '이화주 빚듯이' 하라는 문구의 의미는 항아리 가장자리에 넣고 가운데는 비워 두라는 의미로 해석하면 될 듯하다. 밑술의 상태가 '이화주'처럼 걸쭉하게 되었을 때 덧술을 한다.

밑술이 익으면(덧술 빚기)

1. 밑술이 익으면, 찹쌀 10㎏을 깨끗이 씻어 물에 불린 후 물기를 빼고 지에밥을 짓는다.
2. 밑술이 매우 달면 물 6~9㎏을 끓여 식힌 후 지에밥, 밑술과 한 데 섞는다. 밑술이 쓰면 물 8~12㎏과 누룩가루 0.55(550g)~1㎏을 지에밥과 한 데 섞어 넣는다.

술 거르기

1. 덧술 빚은 지 21일 후 열어 보면 맛이 기특하다.

53/44

졈쥬(점주)

술 빚는 시기 : 봄, 여름, 가을

'점주'는 찹쌀로 빚어서 붙여진 이름으로 여겨진다. '점주'를 빚을 때 "한여름에는 찬 곳에 두고 봄가을에는 너무 덥지 않은 곳에 놓아두라."는 내용이 있다. 지에밥을 찔 때 물을 뿌려서 푹 익히는 방법을 쓰는 주방문이 종종 있다. '점주' 주방문에는 지에밥을 찔 때 1복자의 물을 뿌린다고 기술되어 있다. 복자의 용량은 1~2되로 보면 된다. 21일 후에 밥알이 뜬 후 쓰라고 되어 있는데, 술을 빚어 본 결과 물양이 적어서 밥알이 뜰 기미가 없었다. 『음식디미방』, 『산가요록』, 『주방문』, 『양듀법』의 점주도 덧술에 물을 넣지 않는데, 굳이 밥알이 뜨게 하려면 덧술에 물이 추가로 들어가야만 할 것이다.

(단위 : kg)

구분	찹쌀	물	누룩가루	기타
밑술	2	3	0.55~1	
덧술	10			
계	12	3	0.55~1	

1일차(밑술 빚기)

1. 찹쌀 2㎏을 깨끗이 씻어 물에 불린 후 물기를 빼고 가루 낸다.
2. 물 3㎏으로 죽을 쑤어 충분히 식힌다.
3. 누룩가루 0.55(550g)~1㎏을 섞어 항아리에 넣고 적당히 더운 곳에 둔다.

3일차(덧술 준비)

2일 후 찹쌀 10㎏을 깨끗이 씻어 하룻밤 불린다.

4일차(덧술 빚기)

1. 불린 쌀을 물 1~2㎏을 뿌려가며 충분히 무르게 쪄서 식힌다.
2. 밑술을 가는 체에 거른다.
3. 체로 거른 밑술과 지에밥을 함께 골고루 섞어 항아리에 넣는다.

25일차(술 거르기)

1. 덧술 빚은 지 21일 후 밥알이 뜨면 내어 사용한다.

54/45

감향쥬(감향주)

술 빚는 시기 : 사계절

'감향주' 주방문에는 밑술에 "찹쌀 1말을 3되의 물로 죽을 쑤라."는 문구가 있는데 도저히 죽을 쑤기 어려운 비율이다. 『뿌리 깊은 나무』(1977.10)의 '양주방 감향주'에는 밑술에 찹쌀 1되라고 되어 있다. 이를 참고하여 찹쌀 1되(1kg)에 물 3되(3kg)로 기술하였다. '감향주'는 쌀양에 비해서 물양이 적은 주방문이다. 여름에도 더운 김에 버무리고 더운 곳에 두고 익히는 술이고, 맛은 꿀처럼 단맛이 강한 술이다.

(단위 : kg)

구분	찹쌀	물	누룩가루	기타
밑술	1	3	0.55~1	
덧술	10			
계	11	3	0.55~1	

1일차(밑술 빚기 및 덧술 준비)

1. 찹쌀 1kg을 깨끗이 씻어 물에 불린 후 물기를 빼고 가루 낸다.
2. 끓인 물 3kg으로 죽을 쑤어 식힌다.
3. 누룩가루 0.55(550g)~1kg을 죽과 혼합하여 항아리에 넣는다.
4. 찹쌀 10kg을 깨끗이 씻어 하룻밤 물에 불린다.

2일차(덧술 빚기)

1. 불린 쌀을 잘 익게 쪄 더운 김이 날 때 밑술과 함께 섞어 항아리에 넣는다.

55/46

뵉슈환동쥬(백수환동곡)

누룩 디디는 시기 : 음력 1월초

백수환동곡은 '백수환동주'의 전용 누룩으로 쌀과 녹두로 만드는 누룩이다. 백수환동곡은 이화곡과 형태와 만드는 시기가 비슷하다. 음력 1월 초순(1~10일)에 만든다. 백수환동곡을 만들 때 녹두는 맷돌에 타서 반쪽을 낸다. 옛날에는 껍질이 있는 알곡 상태의 녹두를 맷돌에 타서 사용했을 것이다. 요즘은 맷돌에 탄 상태의 녹두를 팔기 때문에 간편하게 구입해서 만들 수 있다. 국산 녹두는 껍질이 완전히 제거되지 않은 상태로 판매되는 경향이 있다. 이와 달리 중국산 녹두는 껍질이 말끔하게 제거된 상태로 판매되고 있다.

[백수환동곡 만들기]

(단위 : kg)

구분	찹쌀	녹두	물	기타
누룩	1	2		솔잎 약간
계	1	2		

백수환동곡 만들기

1. 녹두 2kg을 맷돌에 타서 물에 담갔다가 껍질을 제거하고 겨우 익을 만큼 찐다.
2. 찹쌀 1kg을 깨끗이 씻어 물에 불린 후 물기를 빼고 가루 낸다.
3. 녹두 찐 것을 방아에 찧는다. 이때 찹쌀가루를 켜켜이 넣으면서 섞이도록 찧는다. 방앗간에 맡길 경우 녹두와 찹쌀을 섞어서 찧으면 된다.
4. 녹두와 찹쌀이 섞인 가루를 이화곡(오리알이나 달걀 크기)처럼 손으로 단단히 쥐어 뭉친다.

백수환동곡 띄우기

1. 뭉친 누룩은 솔잎에 재운다.
2. 7일 후 뒤집어 준다.
3. 14일이 되면 바람을 쐬어 준다.
4. 21일이 되면 햇볕에 바짝 말려 둔다.

56/46

빅슈환동쥬(백수환동주)

술빚는 시기 : 초여름

주방문에 '백수환동주'의 별칭이 '상천삼원춘(上天三元春)'이라고 기록되어 있고 술맛은 술을 입에 머금은 후에는 삼키기 아깝고 사람에게 극히 보익하여 백병을 물리치고 골수를 채워 주니 허약한 사람에게 좋다고 하였다.

'백수환동주'는 '이화주'처럼 누룩을 겨울에 만들어 두고 초여름에 빚는 술이다. '이화주'처럼 물은 일절 추가하지 않는다. 다만 술을 빚을 때 냉수로 지에밥을 식히는 과정이 있는데, 대략 쌀 10kg당 3.3kg의 물이 흡수되며, 냉수를 뿌리는 양에 따라 흡수되는 물양은 많아지고, 지에밥에 스며드는 물의 양에 따라 술맛도 차이가 많이 난다. 지에밥의 무게와 냉수를 붓고 난 후 무게 변화를 측정하면 지에밥에 스며든 물의 양을 알 수 있다. 무게 변화를 기록해 두었다가 다음 술 빚기에 응용한다.

"누룩을 만들고 술을 빚는 양은 임의대로 하라."고 주방문에 쓰여 있다. 여기에서는 찹쌀 1말(10kg)에 누룩가루 2되(1.1~2kg)의 비율로 술 빚기를 한다. 누룩은 발효 과정 중에 무게 손실이 있으므로 이를 고려해서 사용할 누룩보다 재료의 양을 늘려 누룩을 만들어두어야 한다.

(단위 : kg)

구분	찹쌀	물	백수환동곡가루	기타
술 빚기	10kg	(3.3kg 내외)	1.1~2kg	
계	10kg	(3.3kg 내외)	1.1~2kg	

백수환동주 빚기

1. 찹쌀 10㎏을 깨끗이 씻어 물에 불린 후 물기를 빼고 지에밥을 짓는다.
2. 시루째 쳇다리 위에 놓고 냉수 20㎏을 끼얹어 온기가 없도록 저어 가며 씻는다.
3. 지에밥과 백수환동곡을 한데 버무려 항아리에 넣고 입구를 단단히 봉한다.
4. 항아리는 찬 곳에 둔다.

술 거르기

1. 술 빚은 지 21일 후 거른다.

57/47

경향옥외쥬(경향옥액주)

술 빚는 시기 : 음력 2월 20일~음력 3월 10일

'경향옥액주'는 두 가지 술을 빚어서 술을 거를 때 혼합하는 방식의 특이한 주방문이다. 그리고 누룩은 누룩가루와 이화곡을 동시에 사용한다. 주방문에 따르면 음력 2월 초순에 이화곡을 만들고 음력 2월 하순에 술 빚기를 한다. 이화곡 만드는 방법은 '39. 이화주(이화곡 1)'과 '39. 이화주(이화곡 2)'을 참조하면 된다.

'경향옥액주' 주방문에는 송순이 들어간다. 송순을 격지 놓을 정도의 양을 측정을 해 보니 쌀 1kg당 약 300g 정도가 필요하다. 따라서 쌀 5kg을 사용할 경우 송순은 약 1.5kg 내외가 필요하다. 빚어 본 결과 송순의 향이 다소 강했다.

아울러 '경향옥액주'는 먹는 법 또한 특이한데, 술 앙금을 말려 두었다가 물에 타서 먹는 방법이 기술되어 있다. 술을 빚은 후에 술 앙금을 햇빛에 말려 두었다가 냉수에 타 먹어 보니 알코올이 말리는 과정에서 다 날아가 버려 술이라고 하기 어려웠다. 맛 또한 현대인의 입맛에 맞을지 의구심이 들었다.

술 빚기 2(멥쌀술 빚기)에서 물의 양은 (3kg 내외)로 도래떡으로 가공할 때 자연스럽게 흡수되는 물양이다. 이화곡 1ℓ는 600g으로 하였다. '1부 2. 고문헌 주방문의 이해'편을 참조하길 바란다.

(단위 : kg)

구분	멥쌀	찹쌀	물	누룩	기타
술 빚기 1		5	5	누룩가루 2.75~5	
술 빚기 2	5		(3 내외)	이화곡 3	송순 1.5 내외
계	10		5+(3 내외)	5.75~8	

이화곡 만들기

1. 음력 2월 초에 멥쌀 5kg을 깨끗이 씻어 물에 불린 후 물기를 빼고 가루 낸다.
2. 이화곡을 만들어 둔다.

술 빚기 1(찹쌀 술 빚기, 음력 2월 20일 이후)

1. 찹쌀 5kg을 깨끗이 씻어 물에 불린 후 물기를 빼고 지에밥을 짓는다.
2. 물을 5kg 정도 부어 일반적인 술 빚듯이 차게 식힌다.
3. 누룩가루 2.75~5kg을 지에밥과 섞어 항아리에 넣는다.

술 빚기 2(멥쌀 술 빚기, 21일 후나 음력 3월 10일 전)

1. 멥쌀 5kg을 깨끗이 씻어 물에 불린 후 물기를 빼고 가루 낸다.
2. 이화곡을 가루 내어 3kg을 준비한다.
3. 멥쌀가루로 도래떡(또는 구멍떡)을 만들어 익게 찐다.
4. 떡이 더운 김이 날 때 이화곡 가루와 섞어 많이 치대어 놓는다.
5. 멥쌀 술의 술덧을 항아리에 넣고 송순을 격지 놓기로 층층이 쌓는다.
6. 항아리 입구를 단단히 봉하여 둔다.

멥쌀 술 빚은 지 7일 후(술 거르기)

1. 7일 지나 멥쌀 술의 송순에서 물이 생기면 술을 거른다.
2. 찹쌀 술을 덩이째 부어가며 멥쌀 술로 주물러 걸러 여러 그릇에 나누어 담는다.
3. 하룻밤 지나 위에 뜬 물을 따라 놓는다.
4. 녹말같이 가라앉은 것은 밝은 햇볕에 잘 말려 두었다가 냉수에 넣어 타서 마신다.

58/48

송슌쥬(송순주)

술 빚는 시기 : 송순이 나올 무렵

'송순주'는 송순이 들어가는 약술이다. 주방문에 따르면 술맛은 독하고 기특하며, 모든 병이 다 없어진다고 한다. '송순주'에 들어가는 송순은 연하고 굵어야 좋으며, 송순의 양을 2배로 넣어도 좋다고 기록하고 있다. 송순 10ℓ는 5kg 내외로, 1ℓ를 1되로 볼 경우 1되는 500g이다. 술과 그릇에 물기 없이 깨끗이 관리하면 아무리 오래되어도 변하지 않는다고 한다. '송순주'는 이양주를 빚고 소주를 붓는 방식의 혼성주로 술 빚는 방법이 '과하주'와 유사하다고 할 수 있다.

(단위 : kg)

구분	찹쌀	물	누룩	기타
밑술	1	3	0.22~0.4	
덧술	10	1.6~2.4	0.28~0.5	송순 1
소주 투입				소주(40%) 4
계	11	4.6~7.4	0.5~0.9	

1일차(밑술 빚기)

1. 찹쌀 1kg을 깨끗이 씻어 물에 불린 후 물기를 빼고 가루 낸다.
2. 끓인 물 3kg에 풀같이 개어 식힌다.
3. 범벅과 누룩 0.22~0.4kg(220~400g)을 섞어 항아리에 넣고 입구를 단단히 봉해 서늘한 곳에 둔다. 항아리는 물기 없이 깨끗이 씻어서 말려야 한다.

밑술이 익으면(덧술 준비 1일차, 쌀 불리기)

1. 찹쌀 5kg을 깨끗이 씻어 하룻밤 물에 불린다.

다음 날, 덧술 준비 2일차(지에밥 짓기)

1. 쌀을 건져 물기를 빼고 지에밥을 지어 하룻밤 차게 식힌다.

덧술 준비 3일차(덧술 빚기)

1. 손질한 송순 1kg을 1.5㎝ 정도의 크기로 썰어 삶아서 그 물은 버린다.
2. 밥 찔 때 사용한 물 1.6~2.4kg을 차게 식혀 그 물로 밑술을 거른다.
3. 거른 밑술에 누룩가루 0.28~0.5kg(280~500g)을 섞어서 다시 거른다.
4. 찹쌀 지에밥에 고르게 섞는다. 밥알이 물에 퍼지지 않게 해야 한다.
5. 항아리에 찹쌀 지에밥을 넣으며 송순을 시루떡 팥고물처럼 켜켜이 놓는다.
6. 마지막으로 삶은 송순으로 맨 위를 덮는다.
7. 항아리 입구를 기름종이로 단단히 봉하여 서늘한 마루에 둔다.

덧술 빚은 지 21일 후(소주 붓기)

1. 21일 지나 항아리를 열고 위에 뜬 송순을 걷어낸다.
2. 알코올 도수 40% 내외의 백소주를 약 4kg을 부어준다.

소주 붓고 14일 후 술 거르기

1. 14일이 지나면 맛이 독하고 기특하여 모든 병이 다 없어진다.

59/49
쳔금쥬(천금주)

술 빚는 시기 : 여름

'천금주'는 북나무 달인 물로 빚는 약술이다. 주방문에 따르면, 건더기째 먹거나 아침마다 공복에 거나하게 취할 만큼 마시면 병이 줄어든다고 한다. 2말을 마시면 병이 또 절반으로 줄어들고, 3말을 마시면 몸에 있는 병이 다 없어진다고 기록되어 있다.

'천금주' 주방문은 복용법이 명기되어 있는 반면, 술 빚는 데 들어가는 재료의 양은 명확하지 않다. 물양이 정확하지 않아 쌀양과 물양을 같은 비율로 잡았다. 주방문에 "진국 너 되"라고 되어 있어 밀가루와 누룩을 각각 4되로 풀이하였다.

(단위 : kg)

구분	찹쌀	북나무 달인 물	누룩	기타
술 빚기	10	9.5	2.2~4	밀가루 2.4
계	10	9.5	2.2~4	

술 빚기

1. 북나무 껍질을 많이 벗겨서 물을 부어 진하게 달인다.
2. 달인 물 10kg을 체에 내린다.
3. 찹쌀 10kg을 깨끗이 씻어 물에 불린 후 물기를 뺀다.
4. 북나무 껍질 달인 물 9.5kg으로 밥을 지어 식힌다.
5. 누룩가루 2.2~4kg, 밀가루 2.4kg 넣어 섞은 후 입구를 종이로 단단히 봉한다.

술 거르기

1. 7일 만에 내어 사용한다.

60/50

출주(창출주)

술 빚는 시기 : 봄, 가을

창출 뿌리로 만든 '출주(창출주)'는 약술이다. "술이 익어 아침마다 양에 맞게 마시면 10일 만에 온갖 병이 나아지고, 흰머리가 검어지고, 얼굴빛이 윤택해진다. 평생 동안 장복하면 늙을 줄 모른다."라고 술의 효능을 주방문에 기록하고 있다. '창출주'는 발효 용기도 일반 항아리가 아니라 백항아리인 백자를 이용하였다. 그리고 이 술을 마실 때 복숭아, 자두, 새고기(참새고기), 조개, 제육, 배추, 청어, 닭은 먹지 말라는 복용법도 설명되어 있다.

'창출주'는 '51. 창포주'를 참조하여 쌀, 물, 누룩을 각각 10 : 10 : 1의 비율로 하였다. 1근을 400~600g으로 볼 경우 30근은 12~18kg이다. 이는 600㎖을 1되로 볼 경우이고, 1되를 1ℓ로 가정할 경우에는 20~30kg에 해당되는 양이다. 한 번에 빚기 좋은 양으로 계산하여 창출 뿌리의 양은 0.67~1kg으로 하였다.

(단위 : kg)

구분	멥쌀	창출 뿌리 우린 물	누룩	기타
술 빚기	10	10	0.55~1	창출 뿌리 0.67~1
계	10	10	0.55~1	

사전 준비(창출 뿌리 우린 물 만들기)

1. 창출 뿌리를 캔 뒤 겉껍질을 벗긴다.
2. 껍질 벗긴 창출 뿌리 0.67(670g)~1kg을 방아에 찧어 부드럽게 해 놓는다.
3. 동으로 흐르는 물 10kg에 풀어 그릇에 담가 20일 만에 건져서 꼭 짠다.

20일 후

1. 짜낸 물을 백항아리에 넣어 5일간 이슬을 맞히면 빨갛게 변한다.

25일 후(술 빚기)

1. 사전 준비 과정에서 준비한 창출 뿌리 우린 물에 누룩 0.55(550g)~1㎏을 풀어 둔다.
2. 멥쌀 10㎏을 씻어 불린 후 지에밥을 지어 식힌다.
3. 누룩 풀어 둔 창출 뿌리 물과 식힌 지에밥을 섞어 빚는다.

61/51-1

챵포쥬(창포주 1)

술 빚는 시기 : 사계절

『리생원책보 주방문』 속 '창포주' 빚는 방법은 '창포주 1', '창포주 2', '창포주 3'으로 모두 3가지 방법을 소개하고 있다. 주방문에 따르면 "3가지 술을 다 먹으면 사람의 혈맥을 통하게 하고 영위(營衛)를 좋게 하니 여러 해 먹으면 골수에 박힌 지병에 다 좋다. 낯빛이 윤택해지고, 기운이 두 배로 나고, 걸음걸이와 움직임이 날아갈 듯하다. 흰머리가 검어지고, 빠진 이가 다시 나고, 방 안에 있으면 광채가 나고, 점점 소명(昭明, 사리를 분간함이 밝고 똑똑함)해지고, 늙도록 먹으면 신선을 만난다."라고 기록하고 있다. '창포주' 3가지 술을 다 빚어 복용해야 효과가 있다고 한다. 조선 시대의 1되는 300~600*ml*로 시대마다 차이가 있기에 1홉을 다소 넓게 보면 30~60*ml*가 되고, 5홉은 150~300*ml* 정도가 된다.

'창포주'는 약술이므로 복용하는 양을 고려해 원문의 양에 맞추고자 하였다. 1되는 600*ml* 내외로 계산하였고, 1되를 600*ml*로 볼 경우에 복용량은 300*ml*정도가 되는 셈이다.

(단위 : kg)

구분	찹쌀	창포 뿌리 즙	누룩가루	기타
술 빚기	30	30	1.65~3	
계	30	30	1.65~3	

1일차(술 빚기)

1. 돌 위에 돋은 석창포 뿌리를 캐어 깨끗이 씻어 짓이겨 즙을 30kg 낸다.
2. 찹쌀 30kg을 깨끗이 씻어 물에 불린 후 물기를 빼고 지에밥을 지어 식힌다.
3. 지에밥에 좋은 누룩가루 1.65~3kg과 창포 즙을 섞어 백항아리에 넣고 단단히 봉한다.

22일차(술 거르기)

1. 술 빚은 지 21일 후 거른다.

62/51-2

창포쥬(창포주 2)

술 빚는 시기 : 사계절

'창포주 2'는 "온갖 병이 다 사라진다."는 기술이 있는 주방문이다. 일반적인 술 빚기와는 다르게 잡곡인 찰기장쌀로 만든다. 그리고 물대신 청주에 창포 뿌리의 약성을 침출시킨 술로 빚는다. 이는 '청감주' 방식의 술 빚기이다. '청감주'는 물 대신 술을 넣는 방법으로 술을 빚는다. 앞서 '창포주 1'에서 설명한 바와 같이, '창포주 2'의 1되를 600*ml*로 보면, 1근은 400~600g이므로 창포 뿌리 생물 3근은 1.2~1.8kg에 해당된다.

(단위 : kg)

구분	찰기장쌀	청주	누룩	기타
창포 뿌리 침출		6		말린 창포 뿌리 (생물 기준 1.2~1.8)
술 빚기	6			
계	6	6		

사전 준비

1. 창포 뿌리 1.2~1.8kg을 얇게 썰어 볕에 바짝 말린다.

1일차(술에 말린 창포 뿌리 담그기)

1. 항아리에 청주 6kg을 담고 말려 둔 창포 뿌리를 비단 주머니에 넣어 담가 둔다.

101일차(술 빚기)

1. 100일 만에 담금한 침출주의 술 빛이 파랗게 보이면 찰기장쌀 6kg을 깨끗이 씻어 물에 불린다.
2. 불린 찰기장으로 지에밥을 찐다.
3. 찰기장으로 지은 지에밥을 침출주에 섞고 항아리 입구를 단단히 봉한다.

115일차(술 거르기)

1. 술 빚은 지 14일 후 내어 마신다.

63/51-3

창포쥬(창포주 3)

술 빚는 시기 : 사계절

창포 뿌리를 청주에 담갔다가 마시는 침출주이다. “하루 세 번씩 4홉 잔으로 따뜻하게 데워 먹으면 늙지 않고 건강해지며 정신이 좋아진다.”라고 기록하고 있다. 주방문의 1되를 600㎖로 잡을 경우에 복용량은 4홉으로 240㎖ 정도가 된다.

(단위 : kg)

구분	쌀	청주	누룩	기타
술 담그기		30		창포 뿌리 2.3
계		30		

술 담그기

1. 창포 뿌리 2.3kg을 잘게 썰어서 비단 주머니에 넣는다.
2. 청주 30kg에 담가서 백항아리에 넣고 봉한다.

술 거르기

1. 가을과 겨울에는 14일, 봄과 여름에는 7일만에 거른 후, 데워서 마신다.

64/52

일두ᄉᆞ병쥬(일두사병주)

술 빚는 시기 : 사계절

일반적으로 1병은 4되~6되로 보는데 고문헌 주방문 중에는 물 3병을 1말로 해석하는 것이 타당한 경우도 있다. 물 1병을 6되(6㎏)로 계량하여 빚을 경우, 물양이 너무 많아 입맛에 맞지 않을 수도 있다. 석임 1되 만드는 법은 '53. 석임법'을 참조한다. 이 술은 발효될 때 넘칠 수 있으니 미리 대비하여 큰 그릇에 빚는 것이 좋다.

(단위 : kg)

구분	멥쌀	찹쌀	물	누룩	기타
밑술	10		10~18	0.55~1	밀가루 0.6, 석임 1
덧술		1	3.3~6		
계	11		13.3~24	0.55~1	

1일차(밑술 빚기)

1. 멥쌀 10㎏을 깨끗이 씻어 물에 불린 다음 물기를 빼고 가루 낸다.
2. 멥쌀가루에 물 10~18㎏로 죽을 쑤어 차게 식힌다.
3. 누룩가루 0.55(550g)~1㎏, 밀가루 600g과 좋은 석임 1㎏을 섞어 항아리에 넣고 싸매어 둔다.

2일차(덧술 빚기)

1. 다음 날 술이 막 고이거든 찹쌀 1㎏을 물 3.3~6㎏으로 죽을 쑤어 식힌다.
2. 밑술과 섞는다.

술 거르기

1. 익으면 사용한다.

65/53

셔김법(석임법)

술 빚는 시기 : 사계절

'석임'은 발효 보조제로 활용되며, 효모의 활성화 면에서 안정적인 술 빚기에 상당히 도움이 된다. 주방문에 따르면 석임 1되 만드는 양이므로 석임을 만들 때 사용되는 1사발은 1되로 보는 것이 타당하겠다. 표에서 1되는 1kg으로 하였다. '석임'을 빚어 죽 상태가 되면 술 빚기에 사용한다. '석임'을 준비해야 하는 주방문을 별도 표로 정리했으니 참고하길 바란다.

(단위 : kg)

구분	멥쌀	물	누룩가루	기타
석임	0.5	1	0.05~0.07	
계	0.5	1	0.05~0.07	

1일차(석임 만들기 준비)

1. 멥쌀 0.5kg(500g)을 물 1kg에 담가 충분히 불면 건져 놓는다.
2. 쌀 불린 물을 팔팔 끓여 건진 쌀에 부어 익힌다.

술 빚기 하루 전(석임 만들기)

1. 술 빚기 하루 전날, 불린 쌀을 많이 끓여 식힌다.
2. 누룩 0.05~0.07kg(50~70g)을 섞어 둔다.

본 문헌에서 석임이 사용된 주방문은 다음과 같다.

(단위 : 되)

주명	쌀양	누룩양	석임양	밀가루양
09. 당백화주	30	1.5	1	
10. 백화주	15	1	1	0.5
17. 오병주	12	1	1	
26. 소백주	30	1	1	
27. 백단주	30	2.5	1	1.5
32. 매화주	10	2	1	
52. 일두사병주	11	1	1	1
64. 혼돈주	10	1	1	

66/24-2
녹파쥬(녹파주 2)

술 빚는 시기 : 봄, 가을, 겨울

'녹파주'는 부딪히는 물결처럼 푸른빛이 돈다고 해서 붙여진 이름이다. '녹파주'는 앞에 나온 '30/24-1. 녹파주 1'의 또 다른 주방문으로, 맛이 독하고 달아 향기로운 빛이 더욱 기특하고 오래도록 변하지 않는다고 하였다. 덧술 하는 시기를 '처음에는 꿀같이 달다가 막 쓴맛이 나면 하라'고 술맛으로 기술하고 있다. 그러므로 술맛을 세심하게 살펴보길 권한다.

술이 순조롭게 익지 않을 경우에 어떻게 대처하는지에 대한 내용도 기술되어 있다. 술이 익은 후에도 술이 고이지 않으면 찹쌀 3홉 정도로 죽을 묽게 쑤어 차게 식힌 다음 누룩가루 한 줌을 섞은 후 술덧 가운데를 헤치고 부어 며칠 두었다가 거르면 좋다고 하였다.

(단위 : kg)

구분	멥쌀	찹쌀	물	누룩가루	기타
밑술	3		13	0.39~0.7	밀가루 0.3
덧술		10			
계	13		13	0.39~0.7	

1일차(밑술 빚기)

1. 멥쌀 3kg을 깨끗이 씻어 물에 불린 다음 물기를 빼고 가루 낸다.
2. 멥쌀가루에 물 13kg을 부어 푹 익게 죽을 쑤어 차게 식힌다.
3. 죽에 밀가루 0.3kg(300g)과 누룩가루 0.39~0.7kg(390~700g)을 섞어 항아리에 넣는다.
4. 덥지도 춥지도 않은 곳에 둔다.

밑술이 달다가 써지면(덧술 준비)

1. 찹쌀 10kg을 깨끗하게 씻어서 하룻밤 물에 담가 둔다.

다음 날(덧술 빚기)

1. 물을 빼고 푹 익게 지에밥을 쪄서 차게 식힌 후에 밑술과 함께 버무려 항아리에 넣는다.

덧술 빚은 지 21일 후(술 거르기)

1. 덧술을 빚고 21일 후면 자연히 다 익는다.

67/54

황감쥬(황감주)

술 빚는 시기 : 사계절

덧술 시 밥 찐 물을 1되(1kg) 뿌려 밑술과 섞는데 이때 술맛을 맵게(독하게) 하려면 밥 찐 물을 2되(2kg) 뿌리라고 기록되어 있다. 실제 술 빚기를 해 보면 쌀양과 물양이 같을 때를 기준으로 물양이 적어질수록 술이 달아 지고 물양이 많아질수록 단맛이 없어져 더 독하게 느껴진다. 물양을 다소간 조절하여 입맛에 맞는 술맛을 찾았음을 알 수 있다. 석탄주와 주방문이 유사한데, 석탄주는 덧술에 찹쌀을 사용하는 데 반해 황감주는 멥쌀을 사용했으며, 석탄주 덧술에는 물을 넣지 않는 반면 황감주에는 1되나 2되의 물을 넣는 것이 다른 점이다.

(단위 : kg)

구분	멥쌀	물	누룩가루	기타
밑술	2	10	0.55~1	
덧술	10	1 또는 2		
계	12	11 또는 12	0.55~1	

1일차(밑술 빚기)

1. 멥쌀 2kg을 깨끗이 씻어 물에 불린 다음 물기를 빼고 가루 낸다.
2. 쌀가루를 물 10kg으로 죽을 쑤어 식힌다.
3. 죽에 누룩가루 0.55(550g)~1kg을 섞어 항아리에 넣는다.

5~6일차(덧술 빚기)

1. 밑술 빚은 지 4~5일 후 술이 고이면 멥쌀 10㎏을 깨끗이 씻어 물에 불린 다음 물기를 뺀다.
2. 지에밥을 짓고 밥 찐 물 1㎏이나 2㎏을 뿌려서 식힌 다음 밑술과 섞는다. 술을 맵게 하려면 밥 찐 물을 2㎏을 뿌려 빚는다.

12~13일차(술 거르기)

1. 덧술 빚은 지 7일 후에 사용하면 맛이 좋다.

68/55

ᄉᆞ시쥬(사시주)

술 빚는 시기 : 겨울

'사시주'는 주방문에서 "익은 술 빛이 맑아 냉수 같고 맛이 좋다."라고 표현하였다. '밀다리'나 '되오려'는 쌀의 품종으로, 지금까지 공개된 주방문 가운데 쌀의 품종을 기술한 주방문은 『리생원책보 주방문』의 '사시주'가 유일한 듯하다. '사시주'에 물 3병(10~18되)은 12복자라고 기록하고 있다. 병, 복자 모두 용량이 명확하지 않지만 1복자의 용량은 1~2되 사이로 보는 게 타당하다.

(단위 : kg)

구분	멥쌀	물	누룩	기타
밑술	2	2~2.4	0.11~0.2	밀가루 0.12
덧술	6	6~7.2	조금	
계	8	8~9.6	0.11~0.2+조금	

1일차(밑술 빚기)

1. 멥쌀 2kg을 깨끗이 씻어 물에 불린 다음 물기를 빼고 가루 낸다.
2. 끓는 물 2~2.4kg으로 죽처럼 개어 식힌다.
3. 범벅에 누룩가루 0.11~0.2kg(110~200g)와 밀가루를 0.12kg(120g)을 넣고 골고루 치대어 항아리에 넣는다.
4. 덥지도 춥지도 않은 곳에 둔다.

술이 고이면(덧술 빚기)

1. 술이 고이면 멥쌀 6kg을 깨끗이 씻어 물에 불린 후 물기를 빼고 지에밥을 짓는다.
2. 밥을 냉수 6~7.2kg에 펴 넣고 덮어 둔다.
3. 밥이 불면 여러 그릇에 나누어 차게 식힌다.
4. 밑술에 골고루 섞어 넣고 누룩가루를 조금 넣는다.

술 거르기

술이 익으면 거른다.

69/56

소쥬만히나는법 (소주를 많이 나게 하는 법)

술 빚는 시기 : 사계절

소주 20대야를 만드는 주방문이다. 주방문대로 술을 빚으면 알코올 도수 12~13% 내외의 탁주가 3.5말 내외가 나온다.

알코올 농도 12~13%인 탁주 3.5말에는 알코올은 0.42~0.46말이 포함되어 있으며, 각각의 알코올 농도에 따른 소주의 양을 계산하여 예상할 수 있다.

$$\text{알코올 도수}(\%, Volume/Volume) = \frac{\text{용질 부피}}{\text{용액 부피(용질+용매)}} \times 100$$

$$= \frac{0.42\text{~}0.46}{x} \times 100$$

$$25\% = \frac{0.42\text{~}0.46}{x} \times 100,$$

$$30\% = \frac{0.42\text{~}0.46}{x} \times 100,$$

$$35\% = \frac{0.42\text{~}0.46}{x} \times 100,$$

$$40\% = \frac{0.42\text{~}0.46}{x} \times 100,$$

각각의 x값을 구하면 소주의 양이 된다.

구분	소주의 양(20대야)	1대야의 크기
25% 소주	1.68~1.84말	0.84~0.9되
30% 소주	1.4~1.53말	0.7~0.8되
35% 소주	1.2~1.31말	0.6~0.7되
40% 소주	1.05~1.15말	0.53~0.6되

(단위 : kg)

구분	멥쌀	찹쌀	물	누룩	기타
밑술	0.5	0.5	30	1.93~3.5	
덧술		10			
계	11		30	1.93~3.5	

1일차(밑술 빚기)

1. 멥쌀, 찹쌀 각 0.5kg(500g)씩 깨끗이 씻어 물에 불린 다음 물기를 빼고 가루 낸다.
2. 물 30kg으로 죽을 쑤어 죽이 미지근할 때 좋은 누룩 1.93~3.5kg을 섞어 항아리에 넣는다.

2일차(덧술 빚기)

1. 찹쌀 10kg을 깨끗이 씻어 물에 불린 다음 물기를 빼고 지에밥을 지어 식힌다.
2. 식힌 지에밥을 밑술과 섞는다.

7~8일차(소주 내리기)

1. 5~6일 후, 소주를 내린다.

70/57

동파쥬(동파주)

술 빚는 시기 : 여름

'동파주' 주방문은 식기를 계량 단위로 삼은 주방문이다. 주방문에 따르면 섬누룩 3되를 물 3식기에 담가 수곡을 만든다. 그런데 1식기를 1되로 본다면 물 누룩(수곡)을 만들기에는 적은 물양이다. 그리고 3일 만에 술이 되려면 물양이 어느 정도는 확보되어야 한다. 물양을 10되(1말, 10kg)로, 15되(1.5말, 15kg)로 빚어 본 결과, 두 가지 모두 3일 만에 먹을 수 있는 술이 되었다. 아울러 물 누룩(수곡)도 충분히 만들 수 있는 물양이었다. 따라서 여기에서는 3식기를 '10되(1말) 이상'으로 기술하였다.

(단위 : kg)

구분	찹쌀	물	섬누룩	기타
술 빚기	10	10 이상	1.65~3	
계	10	10 이상	1.65~3	

1일차(술 빚기)

1. 찹쌀 10kg을 깨끗이 씻어 물에 불린다.
2. 섬누룩 1.65~3kg을 물 10kg 이상에 담가 놓는다.
3. 쌀을 건져 물기를 빼고 지에밥을 지어 식힌다.
4. 물에 담가 놓은 누룩을 거르고 찌꺼기는 버린다.
5. 밥에 누룩 물을 버무려 항아리에 넣는다.

4~5일차(술 거르기)

1. 술 빚고 나서 3일 후 쓴다.

71/58

빅화춘(백화춘)

술 빚는 시기 : 봄, 여름, 가을

'백화춘' 주방문에 따르면 술이 향기롭고 맑고 톡 쏘는 맛이 좋다고 한다. 그런데 쌀을 가공하는 방법을 보면 술이 향기롭다는 것을 상상하기 어려운 주방문이다. 쌀을 물에 나흘 정도 갈아 주지 않으면 썩은 냄새가 난다. 썩은 내 나는 물을 양조에 사용한다는 점이 찜찜할 수도 있겠지만, 이러한 방식으로 술을 빚는 주방문은 종종 등장한다. 좋지 않은 냄새는 발효 과정에서 대부분 사라진다.

(단위 : kg)

구분	찹쌀	쌀 불린 물	누룩가루	기타
술 빚기	10	10	0.28~0.5	
계	10	10	0.28~0.5	

1일차(술 빚기 준비)

1. 찹쌀 10kg을 말끔하게 도정하여 깨끗이 씻어서 4일 동안 물에 담가 놓는다.

5일차(술 빚기)

1. 쌀 불린 물 10kg을 따로 따라 둔다.
2. 쌀을 건져 물을 빼고 지에밥을 지어 식힌다.
3. 쌀 불릴 때 사용한 물 10kg에 그리고 누룩가루 0.28~0.5kg(280~500g)을 함께 섞어 항아리에 넣는다.

8~9일차(술 거르기)

1. 3~4일 후 밥알이 뜨면 사용한다.

72/59

송엽주(송령주)

술 빚는 시기 : 여름(솔방울이 여는 시기)

'송엽주(송령주)'는 약술이며 특히 구황방(흉년으로 먹지 못하여 생기는 질병을 예방하는 방법)으로 쓰이는 주방문이다. 주방문에 따르면, 흉년에 더욱 좋으니 병이나 굶주려서 누렇게 뜬 얼굴을 없애고 병을 낫게 한다고 하였다. '송엽주'에는 죽을 쑬 때 사용되는 물양에 대한 구체적인 언급은 없다. 하지만 눅게 죽을 쑨다는 문구와 『주방문』 '송령주' (3부 60. 송령주 참고)를 참고하여 쌀양의 2배로 기술하였다. 술 이름이 송엽주로 되어 있는데 솔방울을 사용한 술이므로 송령주의 오기인 듯하다.

(단위 : kg)

구분	멥쌀	솔방울 달인 물	물	누룩	기타
술 빚기	5	20	10	1.1~2	솔방울 6.7kg
계	5	35		1.1~2	

술 빚기

1. 솔방울 6.7kg을 물 30kg에 넣고 20kg가 되도록 달인다.
2. 솔방울을 달여 찌꺼기는 건져 내고 물만 항아리에 담는다.
3. 멥쌀 5kg을 깨끗이 씻어 물에 불린 다음 물기를 뺀다.
4. 죽을 무르게 쑤어 식힌다.
5. 죽과 누룩 1.1~2kg을 섞어 솔방울 달인 물이 있는 항아리에 넣는다.

술 거르기

1. 술이 익으면 사용한다.

73/60
숑엽쥬(송엽주)

술 빚는 시기 : 사계절

'송엽주'는 약술로 취하도록 마시고, 12가지 풍증과 걷지 못하는 증세에 좋다고 하였다. 주방문에 누룩의 양은 구체적으로 제시되어 있지 않아 『요록』의 '송엽주'를 참조하여 쌀양의 10%로 산정하였다.

주방문에서는 송엽을 달이는 물의 계량 단위로 섬을 사용하고 있다. 조선 전기 1섬은 15말이고, 조선 후기 1섬은 10말로 학계에서는 보고 있지만, 4.9말까지 졸이는 것이므로 1섬이 15말이든 10말이든 큰 상관은 없다. 솔잎의 양을 줄여서 실제로 달여 보니 타지 않을까 싶을 정도로 많이 졸여야 했다. 『윤씨음식법』의 '송엽주'에 "솔잎 6말을 푹 삶아 그 물은 버리고, 또 물 6말을 부어 끓여서 물이 2말이 되거든 솔잎은 버리고" 사용하라고 하였으니 참고하기 바란다. 다음은 한 번에 빚기 좋은 양으로 재료의 양을 줄였다.

(단위 : kg)

구분	멥쌀	솔잎 달인 물	누룩	기타
술 빚기	5	4.9	0.28~0.5	솔잎 6
계	5	4.9	0.28~0.5	

1일차(술 빚기)

1. 솔잎 6kg을 가늘게 썰어 물 40~60kg에 달여 4.9kg이 되게 한다.
2. 쌀 5kg을 깨끗이 씻어 물에 불린 후 물기를 빼고 지에밥을 짓는다.
3. 지에밥에 솔잎 달인 물과 누룩 0.28~0.5kg(280~500g)을 고르게 혼합하여 항아리에 담는다.

8일차(술 거르기)

1. 7일 만에 술이 익으면 취하도록 마신다.

74/61
소주쥬(소자주, 차조기술)

술 빚는 시기 : 사계절

'차조기술'은 약술로 효능이 다양하다. 적당히 마시면 가슴이 답답한 현상이 사라지고, 오장을 보익하여 기운을 나게 하고, 허한 것을 보하며, 살이 찌고, 건장해질 뿐만 아니라 심신을 조화롭게 하여, 또한 담증을 없앤다고 기록되어 있다. 차조기씨를 청주에 침출하는 방식으로 만든다.

(단위 : kg)

구분	멥쌀	청주	누룩	기타
술 담그기		18		차조기씨 0.36
계		18		

1일차(술 빚기)

1. 항아리에 청주 30kg을 넣는다.
2. 차조기씨 360g을 살짝 볶아서 찧는다.
3. 찧은 차조기씨 0.36kg(360g)을 생비단 주머니에 넣어 청주 항아리에 담가 둔다.

4일차(술 거르기)

1. 3일 만에 차조기씨가 들어간 생비단 주머니를 건져 낸다.

75/62

오갑피쥬(오가피주)

술 빚는 시기 : 사계절

'오가피주'는 약술로 익은 술을 공복에 데워 마시면 풍증, 불인증, 신경통, 반신불수증을 모두 고친다고 기록되어 있다. '오가피주' 주방문에는 끓인 물의 정확한 양에 대한 언급이 없다. 주방문에 "방문주 빗듯 물 끓여"라는 문구가 있어서 '41. 방문주'를 참고하여 기술하였다. 말린 오가피 양은 1되를 600㎖ 내외로 볼 경우 1근은 400~600g이고, 1되를 1,000㎖(600㎖의 1.667배)로 가정할 경우 1근의 1.667배의 무게인 667g~1kg으로 변경할 필요가 있다. 한 번에 빚기 좋은 양으로 전체 재료를 같은 비율로 줄였다.

(단위 : kg)

구분	멥쌀	물	누룩가루	기타
술 빚기	10	10	0.55~1	말린 오가피 껍질 0.67~1
계	10	10	0.55~1	

사전 준비

오가피가 물이 오르려고 할 때 껍질을 벗겨 그늘에 말린 후 잘게 썰어 0.67(670g)~1kg을 준비한다.

1일차(술 빚기)

1. 말린 오가피 껍질 0.67(670g)~1kg을 주머니에 넣어 항아리 밑에 넣는다.
2. 멥쌀 10kg을 깨끗이 씻어 물에 불린 후 물기를 빼고 가루를 내어 백설기를 찐다.
3. 물 10kg을 끓여 8kg은 백설기에 부어 치대어 식힌다.
4. 끓인 물 2kg은 식힌 후 누룩가루 5되를 담가 놓는다.
5. 누룩 담가 놓았던 것을 걸러 누룩 물만 취한다.
6. 백설기와 누룩 물을 모두 버무려 항아리에 넣는다.

76/63

혼돈쥬(혼돈주)

술 빚는 시기 : 여름

'혼돈주'는 술을 거르면 향기롭고 독하며 여름에 가장 좋다고 하였다. 주방문에 물양이 제시되어 있으나 계량 단위가 양을 특정하기 어려운 '병'으로 되어 있다. 그래서 물양은 『승부리안 주방문』의 '혼돈주'를 참고하였다. 『승부리안 주방문』의 '혼돈주'에는 2되 탕기로 8탕기 들어간다는 문구가 있다. 이를 적용하면 2병은 16되가 되는 셈이다. '혼돈주' 주방문은 물양이 많은 주방문이므로 3일이 넘어가게 되면 술맛이 떨어진다. 마시는 시점이 중요한 술이라고 할 수 있다. 석임 1되 만드는 법은 '53. 석임'편을 참조하기 바란다.

(단위 : kg)

구분	멥쌀	찹쌀	물	누룩	기타
밑술	6		16	0.55~1	석임 1
덧술		4			
계	10		16	0.55~1	

1일차(밑술 빚기)

1. 백미 6kg을 깨끗이 씻어 물에 불린 후 물기를 빼고 가루 낸다.
2. 물 16kg을 끓여 쌀가루에 넣고 개어 식힌다.
3. 범벅에 누룩가루 0.55(550g)~1kg와 석임 1kg을 섞어 항아리에 넣는다.

4일차(덧술 빚기)

1. 밑술 빚은 지 3일 후 찹쌀 4kg을 깨끗이 씻어 물에 불린다.
2. 물기를 빼고 지에밥을 지어 식힌다.
2. 밑술을 체에 거른다.
3. 식힌 밥과 거른 밑술을 함께 섞어 항아리에 넣는다.

7일차(술 거르기)

1. 덧술 빚은 지 3일 후 마신다.

77/64-1

구긔주쥬(구기자주 1)

술 빚는 시기 : 가을

'구기자주'는 약술로써 기운을 보하고 폐병과 피로를 낫게 하는 효능이 있다고 기록되어 있다. 구기자 열매를 좋은 술에 담가서 먹는 방식의 침출주로 만들기가 매우 간단하다. 1ℓ에 해당되는 구기자 열매의 무게는 800g 내외로 하였다.

(단위 : kg)

구분	멥쌀	좋은 술	누룩	기타
담금		12		생구기자 열매 4
계		12		

1일차(술 빚기)

1. 좋은 술 12kg을 항아리에 넣고 생구기자 열매 4kg을 상처 나지 않게 담가 둔다.

8일차(술 거르기)

1. 7일 만에 열매는 건져 버리고 마신다.

78/65

옥노쥬(옥로주)

술 빚는 시기 : 사계절

현재 다양한 옥로주가 시판되고 있으나 주로 증류주이다. 따라서 시판되고 있는 '옥로주'와 『리생원책보 주방문』의 '옥로주'가 같은 방법으로 빚는 술이라고 할 수 없다. 물 2병을 사용하는데 1병의 크기를 4~6되로 계산하였다. '옥로주' 주방문의 경우 4되든 6되든 일반적 술 빚기의 범위에 들어가므로, 물양은 이 범위에서 사용하면 된다.

(단위 : kg)

구분	멥쌀	물	누룩가루	기타
술 빚기	10	8~12	0.55~1	밀가루 0.6
계	10	8~12	0.55~1	

1일차(술 빚기)

1. 멥쌀 10kg을 깨끗이 씻어 물에 불린 후 물기를 빼고 무르게 찐다.
2. 물 8~12kg을 끓여 식힌다.
3. 누룩가루 0.55(550g)~1kg, 밀가루 0.6kg(600g)을, 식힌 탕수와 섞은 후 식힌 밥과 함께 섞어 항아리에 넣는다.

술 거르기

1. 밥알이 뜨면 사용한다.

79/66

만년향(만년향)

술 빚는 시기 : 봄, 가을

'만년향' 주방문은 물의 계량 단위가 사발인데, 사발의 크기를 정확히 정하기 어렵다. 계량 단위인 1사발을 1되로 볼 경우, 멥쌀 1말을 물 3되로는 도저히 죽을 쑬 수 없다. 따라서 3사발을 1말 내외(10되 내외)로, 6사발은 2말 내외(20되 내외)로 해석을 하게 되면 전체 쌀양과 물양의 균형을 맞추게 된다. 그리고 멥쌀 1말을 물 1말로 죽을 쑤는 것은 힘들기는 하지만 가능하다.

(단위 : kg)

구분	멥쌀	물	누룩	기타
밑술	5	5 내외	0.55~1	
덧술	10	10 내외		
계	15	15 내외	0.55~1	

1일차(밑술 빚기)

1. 멥쌀 5kg을 깨끗이 씻어 물에 불린 후 물기를 빼고 가루 낸다.
2. 물 5kg 내외에 죽을 쑤어 식힌다.
3. 죽에 누룩 0.55(550g)~1kg을 섞어 항아리에 넣는다.

8일차(덧술 준비)

1. 7일 만에 멥쌀 10kg을 깨끗이 씻어 하룻밤 물에 불린다.

9일차(덧술 빚기)

1. 다음 날, 쌀을 건져 물을 빼고 지에밥을 짓는다.
2. 끓인 물 10kg 내외를 지에밥과 섞어 식힌 후 밑술과 섞는다.

16일차(술 거르기)

1. 덧술 빚은 지 7일 후 열어 본다. 위가 파랗게 되었으면 걸러서 사용한다.

80/67

호산춘(호산춘)

술 빚는 시기 : 봄, 가을

'호산춘'은 죽을 쑬 때 날아가는 물양까지 고려한 주방문이다. 특히 죽을 쑬 때 증발되는 물은 끓이는 정도에 따라 차이가 많을 수 있다. 술을 감각적으로 빚을 수도 있지만 보다 정확하게 술을 빚기 위해서는 무게를 측정하여 증발되는 물의 양을 계산하여 술 빚기에 적용하길 바란다. 실제 술 빚기에서 물양은 술맛에 큰 영향을 주기 때문에 매우 중요하다. 추가되는 물은 그릇을 헹궈서 넣은 정도만 하고 물이 들어가지 않게 하라는 주의사항을 눈여겨보자. 아울러 더운 곳에서 술을 익히지 않도록 한다. 1식기는 1되로 해석하였다.

(단위 : kg)

구분	멥쌀	찹쌀	물	섬누룩	기타
밑술	2		7.5	1.1~2	
덧술		10			
계	12		7.5	1.1~2	

1일차(밑술 빚기)

1. 멥쌀 2kg을 깨끗이 씻어 물에 불린 후 물기를 빼고 가루 낸다.
2. 물 7.5kg을 끓여 그 물에 죽 쑤듯 잠깐 개어 식힌다.
3. 범벅에 섬누룩 1.1~2kg을 섞어 항아리에 넣는다.

4일차(덧술 빚기)

1. 3일 후 열어 보아 다 삭고 누룩 찌꺼기만 남았으면 밑술을 체에 거른다.
2. 찹쌀 10kg을 깨끗이 씻어 물에 불린 후 물기를 빼고 지에밥을 지어 식힌다.
3. 지에밥과 거른 밑술을 혼합하여 항아리에 넣는다.

11일차(술 거르기)

1. 7일 후에 열어 본다.

81/68

집셩향(집셩향)

술 빚는 시기 : 봄, 여름, 가을

'집셩향'은 술을 빚은 후 청주와 탁주가 나오는 양을 기록한 주방문이다. 술 빚기에 들어가는 물의 양과 청주의 양을 같은 계량 단위인 '병'으로 기록하였다. 밑술에 들어가는 물양과 거른 후 청주의 양이 각각 3병으로, 밑술에 들어가는 물양이 청주의 양이 되는 셈이다. 1병을 6되가 되는 양으로 계산하여 실제 술을 빚어 본 결과 주방문 내용과는 사뭇 다른 결과를 얻었다. 7일이 바로 지난 후에는 청주를 떠내기도 쉽지 않았고, 두 달 남짓 지난 후에도 청주의 양이 밑술에 들어간 물양에 미치지 못하였다. 탁주 맛이 또한 '이화주' 맛과 같다는 것은 질감이 요구르트 같고 맛이 달다는 의미일 것이다. 이화주같은 탁주를 얻기 위해서는 물양을 줄여 빚어 보는 것도 한 가지 방법이라고 여겨지나, 물의 양을 줄이면 줄일수록 청주를 얻기는 더 힘들어 진다. 청주를 내기 위해서는 물양을 늘려야 하고, 탁주가 이화주 같으려면 물양을 줄여야 하는 술인 것이다. (1.75kg)는 백설기 가공 시 자연스럽게 추가되는 물양이다.

(단위 : kg)

구분	멥쌀	물	누룩가루	기타
밑술	5	(1.75)+6~9	0.69~1.25	밀가루 0.15
덧술	5			
계	10	(1.75)+6~9	0.69~1.25	

1일차(밑술 빚기)

1. 멥쌀 5㎏을 깨끗이 씻어 물에 불린 후 물기를 빼고 가루 내어 백설기를 찐다.
2. 끓인 물 6~9㎏을 백설기와 섞어 식힌다.
3. 탕수 넣어 식힌 백설기에 누룩가루 0.69(690g)~1.25㎏와 밀가루 0.15㎏(150g)을 함께 섞어 항아리에 넣는다.

여름 4일차 또는 봄가을 6일차(덧술 빚기)

1. 봄가을에는 5일, 여름에는 3일 만에 덧술을 한다. 멥쌀 또는 찹쌀 5㎏을 깨끗이 씻어 물에 불린 후 물기를 빼고 지에밥을 지어 식힌다.
2. 밑술에 지에밥을 섞어 넣는다.

술 거르기

1. 덧술 빚은 지 7일 후 사용한다.

82/64-2

구긔ᄌᆞ쥬(구기자주 2)

술 빚는 시기 : 봄부터 겨울까지

'구기자주'는 약술이라 약효에 대한 언급이 빠질 수 없다. 주방문에 따르면 이 술에 대해 "먹으면 불노불사 하는 기이한 약이다. 장복한 사람이 300여 세를 살고 안색이 16~17세의 소년 같았다. 13일만 먹어도 몸이 가볍고, 기운이 성하고, 먹은 지 100일이면 얼굴색이 좋아지고, 흰머리가 검게 바뀌고, 빠진 이가 다시 돋아 가히 지상의 신선이 된다."고 기록되어 있다. 이는 이수광의 『지봉유설』 식물부(食物部)에 나오는 이야기와도 관련이 있다.

> 옛날 중국 땅 하서(河西)로 가던 사신이 길에서 한 여인을 만났는데, 나이는 16~17세 가량이었다. 그 여인은 흰머리가 난 80~90세 되어 보이는 늙은이를 마구 때리고 있었다. 사신이 묻기를 "너는 어린 여자로서 어찌해서 늙은이를 때리는가?" 이에 그 여인이 대답하기를 "이 아이는 내 셋째 자식인데 약을 먹을 줄을 몰라서 나보다 먼저 머리가 희어졌소." 사신이 여인의 나이를 물었더니 395세 라는 것이다. 사신은 말에서 내려 그 여인에게 절한 다음 오래 살고 늙지 않는 약이 무엇이냐고 물었다. 이에 여인은 구기자주 만드는 방법을 가르쳐 주었고, 사신이 돌아와서 그 법대로 만들어 먹었더니 300년을 살아도 늙지 않았다 한다.

'구기자주' 주방문은 구기자를 술에 담가서 침출시켜 먹는 방법으로 구기자 뿌리, 잎, 꽃, 열매 등을 채취할 수 있는 시기에 맞춰서 빚는다. 술 빚는 날도 정해져 있는데, 누락된 부분은 『뿌리깊은나무』의 '양주방' 내용과 비교해서 보완하였다.

1되를 1ℓ로 볼 경우, 열매 1ℓ는 800g 내외, 꽃은 68g 내외, 썬 잎은 150g 내외, 썬 뿌리는 670g 내외이다. 여기에서 음력 10월에 열매를 세절하여 사용한다고 되어 있다. 음력 10월이면 양력으로는 11월경으로 열매가 떨어지고 난 후이다. 구기자 열매가 물러 쉽게 상할 뿐만 아니라 잘게 썬다는 표현으로 보아 생과가 아닌 말린 구기자 열매로 추측을 해 본다. 그래서 말린 구기자 열매의 무게도 제시하였다.

구분	시기	청주(kg)	구기자	기타
춘(春)	정월 첫 호랑이 날		뿌리 570g내외	
	2월 첫 토끼 날	10		
하(夏)	4월 첫 뱀 날		잎 150g내외	
	5월 첫 말 날	10		
추(秋)	7월 첫 원숭이 날		꽃 70g 내외	
	8월 첫 닭 날	10		
동(冬)	10월 첫 돼지 날		열매 800g 내외	또는 말린 구기자 열매 330g 내외
	11월 첫 쥐 날	10		

봄(구기자 뿌리 술)

1. 정월 보름 전 첫 호랑이의 날에 구기자 뿌리를 캐어 깨끗이 씻어 670g 내외를 가늘게 썰어 그늘에 말린다.
2. 2월 첫 토끼의 날에 항아리에 청주 10kg을 넣고 구기자 뿌리를 담근다.
3. 7일이 되면 걸러서 새벽에만 먹고, 식후에는 먹지 않는다.

여름(구기자 잎 술)

1. 4월 첫 뱀의 날에 구기자 잎을 따 잘게 썰어 150g 내외를 그늘에 말린다.
2. 5월 첫 말의 날에 항아리에 청주 10kg을 넣고 구기자 잎을 담근다.
3. 7일이 되면 걸러서 먹는다.

가을(구기자 꽃 술)

1. 7월 첫 원숭이 날에 구기자꽃 68g 내외를 따서 그늘에 말린다.
2. 8월 첫 닭의 날에 항아리에 청주 10kg을 넣고 구기자꽃을 담근다.
3. 7일이 되면 걸러서 먹는다.

겨울(구기자 열매 술)

1. 10월 첫 돼지의 날에 생열매 800g 내외(말린 구기자 열매는 330g)를 그늘에 말린다.
2. 11월 첫 쥐의 날에 항아리에 청주 10kg을 넣고 구기자 열매를 담근다.
3. 7일이 되면 걸러서 먹는다.

83/41-2

방문쥬(방문주 2)

술 빚는 시기 : 사계절

밑술에 죽을 쑤는데 사용되는 물양이 기록되어 있지 않다. '1부 2.고문헌 주방문의 이해' 편을 참고하여 쌀양의 3배로 하였다.

(단위 : kg)

구분	멥쌀	물	섬누룩	기타
밑술	1.5	4.5	0.83~1.5	
덧술	10	10		밀가루 0.12
계	11.5	14.5	0.83~1.5	

1일차(밑술 빚기)

1. 백미 1.5kg을 깨끗이 씻어 물에 불린 후 물기를 빼고 가루 낸다.
2. 쌀가루를 물 4.5kg에 죽을 쑤어 식힌다.
3. 죽과 섬누룩 0.83(830g)~1.5kg을 섞어 항아리에 담는다.

밑술이 익으면(덧술 빚기)

1. 백미 10kg을 깨끗이 씻어 물에 불린 후 물기를 빼고 물을 뿌리며 묽게 밥을 짓는다.
2. 끓인 물 10kg을 밥과 고르게 섞어 불리며 충분히 식힌다.
3. 밑술을 걸러 밀가루 120g과 밥을 섞은 후 알맞게 덮어 놓는다.

술 거르기

1. 잘 익어 술이 고이면 걸러서 사용한다.
2. 덧술 후 10일이면 술이 익는데 맛이 참 좋다.

84/69

오미ᄌᆞ쥬(오미자주)

술 빚는 시기 : 가을

'오미자주' 주방문은 청주에 볶은 오미자를 넣었다가 열매는 건져내고 마시는 침출주 방식이다. 주방문에 "장복하면 장수 한다."는 내용이 있다. 조선왕조 최장수 임금인 영조는 매일 오미자차를 즐겼다는 기록이 『조선왕조실록』에 전해지고 있다.

1되를 600ml 내외로 볼 경우 오미자는 200~270g 정도이며, 1되를 1ℓ로 볼 경우 오미자는 약 330~450g 정도의 양이 된다. 여기에서는 1되를 1ℓ로 가정하였으므로, 5되의 오미자 양은 1.65~2.25kg로 계산하였다.

(단위 : kg)

구분	멥쌀	청주	누룩	기타
담금		12		오미자 1.65~2.25
계		12		

1일차(술 빚기)

1. 오미자 1.65~2.25kg을 약한 불에 잠깐 볶는다.
2. 항아리에 좋은 술 12kg을 넣고 오미자를 하룻밤 담가 둔다.

2일차(술 거르기)

1. 다음 날 오미자를 건져 버리고 사용한다.

85/70

셕술(석술)

술 빚는 시기 : 겨울

'석술'은 술 빚는 방법이 독특한 주방문이다. 불린 쌀을 시루에 얹어 놓고 끓는 물을 뿌려 쌀을 살짝 익힌 후, 쌀에 뿌린 물과 쌀을 다시 항아리에 넣고 아랫목에 하룻밤 둔다. 다음 날 쉰내가 나면 다시 시루에 받쳐 물기를 뺀 후 지에밥을 짓고, 쉰내가 나는 물을 끓여 지에밥과 차가운 곳에 두었다가 누룩을 넣고 술을 빚는다. 즉, 처음 사용한 물을 마지막까지 그대로 사용하는 셈이 된다.

식기라는 계량 단위가 나오는데 1식기는 1사발, 1되로 보는 것이 일반적이나 1식기를 2되의 양으로 하여 '석술'을 빚어 본 결과 무난하게 술이 되었다.

(단위 : kg)

구분	찹쌀	물	누룩가루	기타
밑술	10	10	0.39~0.7	
계	10	10	0.39~0.7	

1일차(사전 준비, 쌀 불리기)

1. 찹쌀 10kg을 아침에 깨끗이 씻어 물에 불거든 식후에 건져 물기를 뺀다.
2. 물 10kg을 끓여 시루를 그릇 위에 놓고 주걱으로 쌀을 저으며 물을 뿌린다.
3. 시루 밑의 물과 시루의 쌀을 섞어 항아리에 넣고 방 아랫목에 단단히 덮어 둔다.

2일차(사전 준비, 지에밥)

1. 다음 날 쉰내가 나면 시루에 도로 받쳐 물기가 빠지면 익게 쪄 놓는다.
2. 시루에서 빠진 물을 한소끔 끓여서 지에밥과 함께 그릇에 섞어 둔다.

3일차(밑술 하기)

1. 다음 날 지에밥에 누룩가루 0.39~0.7kg(390~700g)을 골고루 섞어 항아리에 넣는다.

24일차(술 거르기)

1. 21일 후 마시면 된다.
2. 술 익는 것을 기다리기 급하면 덧술 빚은 지 약 10일 후 위에 뜬 술을 국자로 떠서 사용한다. 맑은 술이 적어지면 위에 뜬 술과 밑에 가라앉은 술을 함께 걸러서 사용한다.

86/71

소소국쥬(소소국주)

술 빚는 시기 : 겨울

'소소국주'라는 이름의 술은 『리생원책보 주방문』이 유일한 듯하다. '소소국'이라는 의미가 무엇인지는 정확하지 않지만 누룩이 아주 적게 사용되었거나 아주 작은 크기의 누룩을 지칭하는 것으로 여겨진다. 덧술의 물양이 정확하지 않고, 주방문 말미에 "밋부터 제 되 수대로 한다."라는 문구가 있다. 이는 밑술부터 같은 되로 계량을 한다는 의미인지, 덧술을 할 때 물양을 2말 5되로 할 것인지, 주방문 전체의 물양을 쌀양과 같은 2말 5되로 할 것인지에 대한 이견이 있을 수 있다. 하지만 어떠한 경우든 술은 문제없이 된다. 여기에서는 '덧술할 때 들어가는 물양을 2말 5되'로 정한 후 모든 재료의 양을 절반으로 줄였다.

(단위 : kg)

구분	멥쌀	찹쌀	물	누룩	기타
밑술	2.5		4	누룩가루 0.2~0.35	
덧술		10	12.5	섬누룩 0.55~1	
계	12.5		16.5	0.75~1.35	

1일차(밑술 빚기)

1. 멥쌀 2.5kg를 희게 찧어 깨끗이 씻어 물에 불린 후 물기를 빼고 가루 낸다.
2. 끓인 물 4kg에 개어 식힌다.

3. 범벅에 누룩가루 0.2~0.35kg(200~350g)을 섞어 항아리에 넣는다.

4~5일차(덧술 빚기)

1. 술이 3~4일 익으면 찹쌀 10kg을 깨끗이 씻어 물에 불린다.
2. 물 12.5kg을 끓여 식힌 후 섬누룩 0.55(550g)~1kg을 담가 수곡을 만든다.
3. 쌀을 건져 물을 빼고 지에밥을 지은 후 식힌다.
4. 누룩 불린 물의 누룩 찌꺼기는 체에 걸러 내고 누룩 물만 사용한다.
5. 밑술에 거른 수곡과 식힌 지에밥을 함께 섞어 항아리에 넣는다.

술 거르기

1. 10일 후 사용한다.

3부

원문에 충실한 『리생원책보 주방문』

1/1

두견쥬(두견주)

[원문]

ᄒᆞᆫ 제 ᄒᆞ랴면 정월의 ᄇᆡᆨ미 두 말 ᄇᆡᆨ세 작말ᄒᆞ여 물 너 말 ᄭᅳᆯ혀 가로의 ᄭᅳᆯᄂᆞᆫ 고붓츨 퍼 부어 반ᄉᆡᆼ반슉ᄒᆞ게 가야 ᄒᆞ로밤 ᄌᆡ와 ᄎᆞ거든 국말 진말 각 서 되식 너허 고로고로 처 너허 ᄎᆞᆫᄃᆡ 두엇다가 두견화 픠거든 점미 ᄇᆡᆨ미 각 서 말식 각각 ᄇᆡᆨ세ᄒᆞ야 담가두고 탕슈밥의 □□□ 합ᄒᆞ여 □□이 되게 ᄭᅳᆶ혀 식히고 ᄆᆡᄡᆞᆯ 몬저 ᄶᅧ 퍼 ᄂᆡ야 믈 솔나 덥허 노코 점미 담근 거술 흐억이 믈 ᄲᅳ려가며 닉게 ᄶᅧ 퍼 ᄂᆡ고 믈 솔론 밥 곳쳐 ᄶᅧ 닉게 ᄶᅧ 식거든 탕슈 ᄒᆞ고 ᄉᆞᆯ밋 ᄒᆞ고 두견화 ᄭᅩᆺ술 업시 정히 ᄒᆞ여 범으려 두엇다가 삼칠일 후에 쓰라 믈은 밋브터 제 되 슈ᄃᆡ로 드ᄂᆞ니라

[현대어 역]

한 제 하려면 정월(음력 1월)에 백미 2말 백세(깨끗이 씻음) 작말(쌀이나 곡물을 가루 냄)하여 물 4말 끓여 가루에 고붓츨(끓는 그 물)을 퍼부어 반생반숙(반은 익히고 반은 생가루 상태)하게 개여 하룻밤 지난 후 차거든 누룩가루 밀가루 각 3되씩 넣어 고루고루 처넣어 차가운 데 두었다가 두견화(진달래꽃) 피거든 점미(찹쌀) 백미(멥쌀) 각 3말씩 각각 백세하여 담가두고 탕수 밥에 □□□ 합하여 □□이 되게 끓여 식히고 멥쌀 먼저 쪄 퍼 내여 물 살라(뿌려) 덮어 놓고 점미 담은 것을 흐억이(충분히) 물 뿌려가며 익게 쪄 퍼내고 물 살른(뿌린) 밥 다시 쪄 익게 쪄 식거든 탕수하고 술밑(밑술) 하고 두견화 꽃술 없이 깨끗이 정리하여 버무려 두었다가 삼칠일(21일) 후에 쓰라 물은 밑(밑술)부터 제 되 수대로 드나니라.

[술 빚기]

재료 : 멥쌀 5말, 찹쌀 3말, 물 8말, 누룩가루 3되, 밀가루 3되, 수술 제거한 진달래꽃 10되[주2]

(단위 : 되)

구분	멥쌀	찹쌀	물	누룩가루	기타
밑술	20	-	20[주1]	3	밀가루 3
덧술	30	30	60[주1]	-	진달래꽃 10
계	80		80[주1]	3	

1일차(범벅 하기)

1. 음력 1월에 멥쌀 2말을 깨끗이 씻어 물에 불린 후 물기를 빼고 가루 낸다.
2. 물 2말(원문은 4말)을 끓여 멥쌀가루에 부어 반생반숙으로 범벅을 갠다.
3. 하룻밤 차게 식힌다.

2일차(밑술 빚기)

1. 범벅에 누룩가루 3되와 밀가루 3되를 섞어 고루고루 치댄다.
2. 항아리에 넣고 서늘한 곳에 둔다.

진달래꽃 피면(덧술 빚기)

1. 진달래꽃이 피면 찹쌀 3말, 멥쌀 3말을 각각 깨끗이 씻어 물에 불린다.
2. 물 6말을 끓여 식힌다.
3. 먼저 멥쌀을 쪄서 퍼낸 뒤 끓여 식힌 물 3말을 뿌려 불린다.
4. 담가 둔 찹쌀을 물 뿌려 가며 익게 찐 후 식힌 물 3말에 불린다.
5. 물에 불린 멥쌀 지에밥을 다시 찐 후 식힌다.
6. 밑술, 멥쌀 지에밥과 찹쌀 지에밥, 꽃술을 제거한 진달래꽃 1말을 함께 버무려 둔다.

술 거르기

1. 덧술 빚은 지 삼칠일(21일) 후 사용한다.

[참고]

1. 물은 밑술부터 쌀과 같은 양으로 한다.

풀이 - [주]-

1. [원문]에 "물은 밑술부터 쌀과 같은 양으로 한다."는 덧붙이는 말이 있다. 그리고 정완양 역 『양주방』, 『규합총서』, 『술 빚는 법』, 『주찬』, 『부인필지』, 『보감록』, 『우음제방』 등의 관련 고문헌에서도 밑술과 덧술을 할 때 쌀과 물을 같은 양으로 하고 있다. 따라서 주방문에서 제시한 4말보다는 2말로 보는 것이 타당할 듯하여 2말로 제시하였다. 덧술 역시 쌀양과 같은 6말로 제시하였다.
2. 진달래꽃의 양에 대한 언급은 없어서 관련 고문헌을 참고하여 제시하였다. 진달래꽃 양이 『양주법』에는 1되, 『시의전서』와 『술 빚는 법』에는 2되, 『규합총서』, 『부인필지』, 『보감록』, 『조선무쌍신식요리제법』 등에는 1말로 소개되어 있다. 지에밥 깔고, 진달래꽃 깔고, 다시 지에밥을 까는 주방문들이 많다. 그런데 실제로 술을 빚어 보면 1~2되로는 깔 만한 양이 못 되고 1말(10되)은 되어야 깔 수 있다. 1~2되의 진달래꽃을 지에밥과 함께 버무리는 방식과, 진달래꽃 1말(10되)로 켜켜이 까는 방식으로 술을 빚어 본 결과 두 방식 모두 술이 제대로 되었다.
3. 덧술 시 멥쌀을 쪄서 끓여 식힌 물에 불렸다가 다시 찌는 독특한 가공법이다. 멥쌀 지에밥을 충분히 익히려는 의도라고 여겨진다.

2/2-1

쇼국쥬(소국주 1)

[원문]

너 말 비ᄌᆞ려 ᄒᆞ면 ᄇᆡᆨ미 두 말 ᄇᆡᆨ세 작말ᄒᆞ여 뎡월 초슌일 다므고 조흔 셥누룩 네칠 홉 진말 되 서 홉 ᄒᆞᆫᄃᆡ 섯거 설힌 물 서 말 닷 되예 다므ᄃᆡ 쌀과 ᄒᆞᆫ날 담가 이튼날 쌀 건져 작말ᄒᆞ야 무리 찌며 일변 누룩 다믄 거ᄉᆞᆯ ᄀᆞᄂᆞᆫ 톄로 거로ᄃᆡ 우을 가만가만 ᄯᅥ 노코 쳐진 거ᄉᆞᆯ 마이 쥐물너 우 뜬 물 쥬어가며 졍이 걸너 다시 밧쳐 곳쳐 되야 독의 너코 무리 찐 거ᄉᆞᆯ 시로ᄌᆡ 독 겻ᄒᆡ 노코 더운 김의 퍼 너흐ᄃᆡ 굵은 뎡이 ᄭᅥ 가며 너흐며 뉴지로 져어 단단이 싸 찬 ᄃᆡ 노핫다가 뉴지로 ᄣᆡᄣᆡ 저어 독가의 므든 거ᄉᆞᆯ 힝ᄌᆞ로 죄 씨서 군내 업시 ᄒᆞ야 삼십여 일 되면 마시 다다가 ᄆᆡ온 맛 나거든 덧ᄒᆞᄃᆡ ᄇᆡᆨ미 두 말 ᄇᆡᆨ셰ᄒᆞ야 밤ᄌᆡ여 닉게 ᄶᅧ 쥬걱으로 뒤며 믈 ᄲᅳ려 흐억이 ᄶᅧ 시로재 독 겻ᄒᆡ 노코 더운 김의 고로고로 뉴지로 져으며 퍼 너코 다 골은 후 단단이 눌너 ᄉᆞ면을 씃고 마이 덥혀 독을 잔득 싸 ᄎᆞᆫ ᄃᆡ 두어 닉이ᄃᆡ 물 나려 괼 제 가희 거품 므든 거ᄉᆞᆯ ᄌᆞ로 쓰셔 ᄂᆡ고 ᄃᆞᆫᄃᆞᆫ이 덥허 두엇다가 슈십일 후 보면 가라안젓다가 도로 ᄯᅥ셔 또 가라 안ᄂᆞ니 두 번 가라안즌 후ᄂᆞᆫ 다 닉ᄂᆞ니 우흘 ᄯᅳ고 드리워 쓰라

[현대어 역]

4말 빚으려 하면 백미 2말 백세(깨끗이 씻음) 작말(쌀이나 곡물을 가루 냄)하여 정월(음력 1월) 초순(1~10일)에 담고 좋은 섬누룩 네칠홉(4×7=28홉) 진말 1되 3홉 한데 섞어 끓인 물 3말 5되에 담되 쌀과 같은 날 담아 이튿날 쌀 건져 작말하여 무리(백설기) 찌며 한편 누룩 담은 것을 가는 체로 거르되 위를 가만가만 떠 놓고 쳐진 것을 많이 주물러 위 뜬 물로 쥐어가며 정이 걸러 다시 받쳐 고쳐 되어 독에 넣고 무리 찐 것을 시루채로 독 곁에 놓고 더운 김에 퍼 넣되 굵은 덩이 꺼 가며 넣으며 뉴지(버드나무 가지)로 저어 단단히 싸 찬 곳에 놓았다가 뉴지로 때때로 저어 독가(항아리 입구주변)의 묻은 것을 행주로 죄 씻어 군내 없이 하여 삼십여 일 되면 맛이 달다가 매운 맛 나거든 덧술 하되 백미 2말 백세하여 밤이 지난 후 익게 쪄 주걱으로 뒤적이며 물 뿌려 흐억이(충분히) 쪄 시루째 독 곁에 놓고 더운 김에 고루고루 뉴지로 저으며 퍼 넣고 다 골은(섞은) 후 단단히 눌러 사면을 씃고(항아리에 묻은 것을 씻어내고) 많이 덮어 독을 잔득 싸 찬 데 두어 익히되 물이 생겨 괼 제 가에 거품 묻은 것을 자주 닦아 내고 단단히 덮어 두었다가 수십일 후 보면 가라앉았다가 도로 떠서 또 가라앉나니 두 번 가라앉은 후에는 다 익나니 윗물은 떠내고 걸러서 쓰라.

[술 빚기]

재료 : 멥쌀 4말, 물 3말 5되, 섬누룩 네 칠 홉(2되 8홉), 밀가루 1되 3홉

(단위 : 되)

구분	멥쌀	물	섬누룩	기타
밑술	20	35	2.8	밀가루 1.3
덧술	20	-	-	-
계	40	35	2.8	

1일차(수곡 만들기 및 쌀 불리기)

1. 정월 초순에 섬누룩 2.8되, 밀가루 1.3되를 끓여 식힌 물 3.5말에 담가 둔다.
2. 멥쌀 2말을 깨끗이 씻어 하룻밤 물에 불린다.

2일차(밑술 빚기)

1. 불린 쌀을 건져 물기를 빼고 가루 내어 백설기를 찐다.
2. 먼저 불린 누룩 위에 뜬 물을 살살 떠 놓는다. 가라앉은 것은 떠 놓은 물을 뿌려가며 잘 주물러 가는 체에 깨끗하게 거른다. 그리고 다시 한번 체에 걸러 항아리에 넣는다.
3. 시루째 항아리 옆에 놓고 밑술을 빚는다. 백설기 덩어리를 더운 김에 항아리에 펴 넣으며 버드나무 가지로 저어 준다.
4. 항아리 입구를 단단히 봉하여 찬 곳에 둔다. 때때로 저어 주되, 항아리 입구 주변에 묻은 것을 행주로 모두 닦아 군내가 나지 않게 한다.

30여 일 후(쌀 불리기)

1. 맛이 달다가 매운맛이 나면 멥쌀 2말을 깨끗이 씻어 하룻밤 물에 불린다.

다음 날(덧술 빚기)

1. 쌀을 건져 물기를 빼고 찐다. 찌는 도중에 주걱으로 밥을 뒤적이고 물을 뿌려 가며 무르게 찐다.
2. 시루째 항아리 옆에 놓고 덧술을 빚는다. 멥쌀 지에밥이 더운 김에 버드나무 가지로 골고루 저어 가며 항아리에 펴 넣는다.
3. 고르게 넣고 단단히 눌러 담아 입구를 봉한다.
4. 이불로 항아리를 많이 덮어 찬 곳에 두고 익힌다.

물이 생길 즈음(항아리 관리)

1. 흰 거품 묻은 것을 행주로 닦아 내고 단단히 덮어 둔다.

수십일 후(술 거르기)

1. 밥알이 가라앉았다가 다시 뜨고 또 가라앉는다. 두 번 가라앉은 후에는 다 익은 것이니 걸러서 사용한다.

3/2-2

쇼국쥬(소국주 2)

[원문]

우일방은 뎡월 ᄒᆡ일 ᄇᆡᆨ미 두 말 슐밋 ᄒᆞᄃᆡ ᄡᆞᆯ ᄒᆞᆫ 말의 믈 ᄒᆞᆫ 말식 마련ᄒᆞ여 비ᄌᆞᄃᆡ 믈을 마히 ᄭᅳᆯ혀 도로 ᄎᆡ와 밤이ᄉᆞᆯ 마처 비ᄌᆞᆯ 항의 되야 노코 ᄆᆡ 말의 죠흔 섭누록 ᄒᆞᆫ 되 진말 닷 홉식 그 믈의 ᄑᆞᆫ 후 동뉴지로 동당이 쳐 마이 져어 사ᄒᆞᆯ 만의 그 웃물 ᄆᆞᆰ은 것 제곰 ᄯᅳ고 처진 것 가ᄂᆞᆫ 체로 거르ᄃᆡ 우ᄠᆞᆫ 물 쥬어가며 죄다 걸러 다시 체예 바타 고쳐 되야 독의 부엇다가 이튼날 ᄇᆡᆨ미 두 말 ᄇᆡᆨ세ᄒᆞ야 ᄃᆞᆷ가 밤 재여 작말ᄒᆞ여 무리 닉게 쪄 시로재 독 겻ᄒᆡ 노코 굵은 덩이 ᄲᅥ가며 너흐ᄃᆡ 그 동뉴지로 프러지도록 져어 싸ᄆᆡ야 마루의 두ᄃᆡ 이월의 녀러보아 독가의 무더 군ᄂᆡ 날가시브거든 힝ᄌᆞ로 쓰서 ᄂᆡ고 마시 달거든 ᄇᆡᆨ미 두 말 ᄇᆡᆨ세ᄒᆞ야 담가 밤 재여 닉게 쪄 쥬걱 뒤여 물 쥬어 김 술것 올여 시로재 독 겻ᄒᆡ 노코 퍼브으며 그 동뉴지로 져어 ᄒᆞᆫ합이 되게 ᄒᆞ여 두엇다가 삼ᄉᆞ월의 다시 ᄒᆞᆫ 슌 여러 보아 무든 것 쓰셔 ᄂᆡᄃᆡ 덧튼 지 ᄃᆞᆯ이 남아야 밥낫치 위 담북 ᄯᅳ고 국이 보ᄒᆡ다가 거오지 말고 ᄀᆞ마니 두어 밥낫치 가라안고 ᄆᆞᆰ가 ᄒᆞᆫ 후 밥낫 다시 ᄯᅥ 오르거든 시작ᄒᆞ야 ᄡᅳ라.
일명은 악산츈이니 이 법ᄃᆡ로 비져 방의 노하 예ᄉᆞ로 익혀도 죠코 슐밋 다라셔 덧트면 슐맛시 잠간 담ᄒᆞ고 ᄆᆡ온 후 덧트면 더 죠ᄒᆞ니라

[현대어 역]

또 하나의 방법은 정월(음력 1월) 해일(돼지 날) 백미 2말 밑술 하되 쌀 1말에 물 1말씩 마련하여 빚되 물을 많이 끓여 다시 식혀 밤이슬 맞혀 빚을 항아리에 넣어 놓고 쌀 한 말마다 좋은 섬누룩 1되 밀가루 5홉씩 그 물에 푼 후 동뉴지(동쪽으로 뻗은 버드나무 가지)로 동당이(내동댕이) 쳐 많이 저어 3일 만에 그 윗물 맑은 것은 모두 뜨고 남은 것은 가는 체로 거르되 윗물로 쥐어가며(주물러가며) 죄다(모두) 걸러 다시 체에 내려 준비한 항아리에 부었다가 이튿날 백미 2말 백세하여 담가 밤이 지난 후 작말하여 무리(백설기) 닉게 쪄 시루째 항아리 곁에 놓고 굵은 덩어리 꺼가며 넣되 그 동뉴지로 풀어지도록 저어 싸매어 마루에 두되 2월(음력 2월)에 열어보아 항아리에 묻어 군내 날까 싶거든 행주로 씻어 내고 맛이 달거든 백미 2말 백세하여 담가 밤이 지난 후 익게 쪄 주걱으로 뒤적여 물 주어 김 실컷 올려 시루째 독 곁에 놓고 퍼부으며 그 동뉴지로 저어 한 합(하나가 되게끔)이 되게 하여 두었다가 삼사월에 다시 한 순 열어 보아 묻은 것 씻어 내되 덧술한 지 달이 남아야(넘어야) 밥알이 위 듬뿍 뜨고 국이 뽀얗다고 거르지 말고 가만히 두어 밥알이 가라앉고 맑게 된 후 밥알 다시 떠오르거든 시작하여 쓰라.
일명은 악산춘이니 이 방법대로 빚어 방에 놓아 예사로 익혀도 좋고 술밑 달아서 덧술하면 술맛이 잠간(다소) 담하고(밍밍하고) 매운 후 덧술하면 더 좋으니라.

[술 빚기]

재료 : 멥쌀 4말, 물 2말, 섬누룩 2되, 밀가루 1되

(단위 : 되)

구분	멥쌀	물	섬누룩	기타
밑술	20	20	2	밀가루 1
덧술	20	-	-	-
계	40	20	2	

1일차(끓인 물 밤이슬 맞히기)

1. 물 2말을 팔팔 끓였다가 식혀 밤이슬을 맞힌다.

2일차(수곡 만들기)

1. 다음 날 이슬 맞힌 물을 항아리에 넣고 섬누룩 2되, 밀가루 1되를 풀어준다. 막대기로 (동댕이치며) 많이 저어준다.

5일차(수곡 거르기)

1. 3일 만에 맑은 윗물은 떠낸다. 가라앉은 것은 가는 체로 거르는데, 떠 놓은 윗물을 뿌려가며 잘 주물러 모두 거른다. 걸러낸 누룩 물은 다시 체에 걸러 항아리에 담는다.

6일차(쌀 불리기)

1. 다음 날 멥쌀 2말을 깨끗이 씻어 하룻밤 물에 불린다.

7일차(정월 해일, 밑술 빚기)

1. 쌀을 건져 물기를 빼고 가루 내어 백설기를 찐다.
2. 시루 채로 항아리 옆에 놓고 밑술을 빚는다. 백설기 덩어리를 항아리에 넣으며 버드나무 가지가 부러지도록 세게 저어 준다.
3. 항아리 입구를 봉하여 마루에 둔다.

음력 2월(쌀 불리기)

1. 2월에 열어 보아 항아리 주변에 묻은 것이 군내가 날 것 같으면 행주로 닦아 낸다.
2. 맛이 달거든, 멥쌀 2말을 깨끗이 씻어 하룻밤 물에 불린다.

다음 날(덧술 빚기)

1. 불린 쌀을 건져 물을 빼고 주걱으로 뒤적이며 물을 뿌려가며 찐다.
2. 김이 충분히 올라오고 난 후 시루 채 항아리 옆에 놓고 덧술을 빚는다. 지에밥을 항아리에 퍼 넣으며 버드나무 가지로 저어 잘 섞이도록 한다.

음력 3~4월(술 관리)

1. 삼사월에 다시 한번 열어서 항아리에 묻은 것을 닦아 낸다.
2. 덧술 하고 한 달 지나서 술덧의 상태를 확인한다. 밥알이 위에 듬뿍 뜨고 물이 뽀얗다고 거르지 말고 가만히 둔다. 밥알이 가라앉고 맑아진 후 밥알이 다시 떠오르면 걸러서 사용한다.

[참고]

1. 일명 악산춘이니 이 법대로 빚어 방에 놓아 일반적인 방법대로 익혀도 좋다.
2. 밑술이 달 때 덧술 하면 술맛이 싱겁고, 독할 때 하면 더 좋다.

4/3
삼ᄒᆡ쥬(삼해주)

[원문]

뎡월 초 ᄒᆡ일의 ᄇᆡᆨ미 서 되 ᄇᆡᆨ세작말ᄒᆞ야 졍화슈 두 병□□□ 부어 마이 닉게 ᄀᆡ야 치오고 ᄇᆞ라인 누록ᄀᆞ로 서 되 진말 서 되 ᄒᆞᆫ ᄃᆡ 셧거 너허 항부리 봉ᄒᆞ야 ᄒᆞᆫᄃᆡ 두엇다가 이월 초 ᄒᆡ일에 ᄇᆡᆨ미 서 말 ᄇᆡᆨ세작말ᄒᆞ야 ᄒᆞᆫ 말의 물 세 병식 부어 닉게 ᄀᆡ야 ᄎᆞᆫ 후 슐밋ᄒᆡ 섯거 한ᄃᆡ 두엇다가 삼월 초 ᄒᆡ일의 ᄇᆡᆨ미 엿 말 ᄇᆡᆨ세ᄒᆞ야 닉게 쪄 ᄆᆡ 말의 물 세 병식 부어 마이 ᄎᆞᆫ 후 밋슐의 보무려 너허 ᄒᆞᆫᄃᆡ 두엇다가 ᄇᆡᆨ일 후 쓰면 죠흐니라 물을 적은 병 드리로 되야 브어 조흐니 ᄒᆞᆫ 병ᄋᆡ 사온 승 드ᄂᆞ니라

[현대어 역]

정월(음력 1월) 초 해일(돼지 날)에 백미 3되 백세 작말하여 정화수(이른 새벽에 기른 우물물) 2병□□□ 부어 많이 익게 개여 식히고 법제한 누룩가루 3되 밀가루 3되 한 데 섞어 넣어 항아리 입구를 봉하여 한데(찬 곳에) 두었다가 음력 2월초 해일에 백미 3말 백세 작말하여 1말에 물 3병씩 부어 익게 개여 식힌 후 밑술에 섞어 한 데(찬 곳에) 두었다가 음력 3월 초 해일에 백미 6말 백세하여 익게 쪄 말마다 물 3병씩 부어 많이 식힌 후 밑술에 버무려 넣어 한데(찬 곳에) 두었다가 100일 후 쓰면 좋으니라 물은 작은 병들이로 준비하여 사용하면 좋으니 1병에 4되가 되느니라

[술 빚기]

재료 : 멥쌀 9말 3되, 물 29병(11말 6되, 작은 병은 4되), 누룩가루 3되, 밀가루 3되

(단위 : 되)

구분	멥쌀	물	누룩가루	기타
밑술	3	8	3	밀가루 3
덧술1	30	36	-	-
덧술2	60	72	-	-
계	93	116	3	

음력 1월 첫 해일(밑술 빚기)

1. 음력 1월 첫 해일(돼지 날)에 멥쌀 3되를 깨끗이 씻어 물에 불린 후 물기를 빼고 가루 낸다.
2. 끓는 물 2병(8되)을 쌀가루에 부어 익게 개어 식힌다.
3. 식힌 쌀가루 범벅에 법제한 누룩가루 3되와 밀가루 3되를 함께 섞는다.
4. 항아리에 넣고 입구를 봉하여 차가운 곳에 둔다.

음력 2월 첫 해일(덧술 1 빚기)

1. 음력 2월 첫 해일(돼지 날)에 멥쌀 3말을 깨끗이 씻어 물에 불린 후 물기를 빼고 가루 낸다.
2. 끓는 물 9병(36되)을 쌀가루에 부어 익게 개어 식힌다.
3. 밑술과 섞어 차가운 곳에 둔다.

음력 3월 첫 해일(덧술 2 빚기)

1. 음력 3월 첫 해일(돼지 날)에 멥쌀 6말을 깨끗이 씻어 물에 불린 후 물기를 빼고 지에밥을 찐다.
2. 밥에 물 18병(72되)을 부어 충분히 식힌다.
3. 술덧에 버무려 넣고 서늘한 곳에 둔다.

100일 후(술 거르기)

1. 덧술 빚은 지 100일 후에 사용하면 좋다.

[참고]

1. 물은 작은 병으로 하고, 한 병은 4되다.

풀이

[주]

1. 『우음제방』 '삼해주'와 유사하다.

[참고 문헌]

『우음제방』 '삼해주'

[원문] 뎡월 첫 ᄒᆡ일의 ᄎᆞᆸᄊᆞᆯ 서 되 반 ᄇᆡᆨ셰 작말ᄒᆞ야 물 닐곱 되만 부어 으이쳐로 쑤어 차게 식여 국말 서 되 진말 서 되 석거 쳐 다 두ᄃᆞ려 항의 너허 한ᄃᆡ 두엇다가 이월 ᄒᆡ일의 ᄆᆡᄊᆞᆯ 서 말 ᄇᆡᆨ셰ᄒᆞ야 작말ᄒᆞ야 물 서 말 아홉 되만 ᄊᆞᆯ혀 ᄂᆡ고 ᄀᆞᄂᆞᆯ 너허 ᄊᆞᆯ혀 ᄂᆡ야 치와 술밋ᄒᆞᆫ ᄃᆡ 쳐 항의 잔득 너헛다가 삼월 첫 ᄒᆡ일의 ᄊᆞᆯ 엿 말 ᄇᆡᆨ셰ᄒᆞ야 물 닐굽 말 두 되 몬져 ᄊᆞᆯ혀 노코 밥ᄋᆞᆯ 닉게 쪄 노코 ᄂᆞᆯ물 닐곱 말 두 되ᄅᆞᆯ 다시 되야 밥의 물을 부어 밥의 물이 고로고로 다 들거든 그 밋ᄒᆡ 버무려 두면 닉ᄂᆞ니라

[현대어 역] 음력 1월 첫 돼지 날에 찹쌀 3.5되를 백세 작말하여 물 7되만 부어 죽 쑤어 차게 식힌다. 누룩가루 3되, 밀가루 3되를 함께 잘 섞어 항아리에 넣어 두었다가 음력 2월 첫 돼지 날에 멥쌀 3말 백세 작말하여, 물 3.9말에 끓여 쌀가루를 넣어 끓인 후 식혀 밑술과 함께 섞어 항아리에 넣었다가 음력 3월 첫 돼지 날에 멥쌀 6말 백세하여 물 7.2말을 먼저 끓여 놓고 밥을 익게 쪄서 끓인 물 7.2말을 밥에 부어 물이 고르게 다 들거든 밑술과 함께 버무려 두면 익는다.

구분	쌀	물	누룩	기타
첫 돼지 날	3.5(찹쌀)	7	3	밀가루 3
두 번째 돼지 날	30(멥쌀)	39	-	-
세 번째 돼지 날	60(멥쌀)	72	-	-
총량	93.5	118	3	

5/4

ᄒᆡ일쥬(해일주)

[원문]

정월초 ᄒᆡ일의 ᄇᆡᆨ미 두 말가옷 ᄇᆡᆨ세세말ᄒᆞ야 두 말 닷 되예 닐곱 되란 ᄎᆞ니로 가로 플고 말 여ᄃᆞᆲ 되란 ᄀᆞ장 ᄭᅳᆯ혀 ᄀᆞ로 닉게 ᄀᆡ야 ᄎᆡ 닉거든 ᄀᆞ로누록 진말 두 되식 섯거 비젓다가 둘ᄌᆡ ᄒᆡ일의 ᄇᆡᆨ미 서 말가옷 ᄇᆡᆨ세작말ᄒᆞ야 ᄇᆡᆨ비탕 너 말가옷 처엄과 ᄀᆞᆺ치 ᄀᆡ야 ᄎᆞ거든 슐밋히 섯거 너헛다가 셋ᄌᆡ ᄒᆡ일의 ᄇᆡᆨ미 닷 말 ᄇᆡᆨ세ᄒᆞ야 담가 밤재여 닉게 ᄶᅧ ᄭᅳᆯ힌 물 닷 말노 골나 밥이 마이 ᄎᆞ거든 밋슐의 섯거 너허 일긔 온닝을 ᄯᅡ라 과히 덥게도 말고 너므 ᄎᆞ게도 말게 두엇다가 삼월 볼음긔 드리워 쓰라

[현대어 역]

정월 초(음력 1월 초) 해일(돼지 날) 백미 2말 5되 백세세말하여 2말 5되에 7되는 찬물로 가루 풀고 1말 8되는 팔팔 끓여 가루 익게 개여 꽤 익거든 가루누룩 밀가루 2되씩 섞어 빚었다가 두 번째 해일에 백미 3말 5되 백세 작말하여 팔팔 끓는 물 4말 5되 처음과 같이 개여 식거든 밑술에 섞어 넣었다가 세 번째 해일에 백미 5말 백세하여 담가 밤이 지난 후 익게 쪄 끓인 물 5말로 밥을 불려 밥이 많이 식거든 밑술에 섞어 넣어 일기온냉(날씨)에 따라 과히 덥게도 말고 너무 차게도 말게 두었다가 음력 3월 15일경 걸러서 쓰라

[술 빚기]

재료 : 멥쌀 11말, 물 12말, 누룩가루 2되, 밀가루 2되

(단위 : 되)

구분	멥쌀	물	누룩	기타
밑술	25	25	2	밀가루 2
덧술1	35	45	-	-
덧술2	50	50	-	-
계	110	120	2	

음력 1월 첫 해일(돼지 날, 밑술 빚기)

1. 음력 1월 첫 해일에 멥쌀 2말 5되를 깨끗이 씻어 물에 불린 후 곱게 가루 낸다.
2. 쌀가루를 찬물 7되에 푼다.
3. 찬 물에 푼 쌀가루에 팔팔 끓인 물 1말 8되를 부어 익게 갠 후 식힌다.
4. 누룩가루 2되, 밀가루 2되를 함께 섞어 항아리에 넣는다.

음력 1월 두 번째 해일(돼지 날, 덧술 1 빚기)

1. 두 번째 해일에 멥쌀 3말 5되를 깨끗이 씻어 물에 불린 후 물기를 빼고 가루 낸다.
2. 쌀가루를 찬물 1말에 풀고 팔팔 끓는 물 3말 5되를 넣어 범벅으로 갠다.
3. 밑술과 혼합한다.

음력 1월 세 번째 해일(돼지 날, 쌀 불리기)

1. 세 번째 해일에 멥쌀 5말을 깨끗이 씻어 하룻밤 불린다.

다음 날(덧술 2 빚기)

1. 불린 쌀을 건져 물기를 빼고 지에밥을 찐다.
2. 끓인 물 5말과 고르게 섞어 식힌 후 전술과 섞는다.

술 거르기

1. 음력 삼월 보름쯤 걸러 사용한다.

[참고]

1. 기온에 따라 너무 덥거나 너무 찬 곳에 두지 않는다.

풀이 -[주]-

1. 음력 1월 초에 빚는 술이므로, 옛날 난방 시설이 안 좋은 상황을 고려하여 술 빚기를 해야 한다. 즉, 저온에서 발효를 해야 한다.

6/5
청명쥬(청명주)

[원문]

닷 말 비ᄌᆞ랴 ᄒᆞ면 점미 닷 되ᄅᆞᆯ 슐밋 ᄒᆞᄃᆡ 한식날 덧틀 ᄎᆞ 날을 혜아려 점미 닷 말가옷 함긔 빅세ᄒᆞ야 담가다가 이튼날 닷 되 되ᄅᆞᆯ 작말ᄒᆞ야 쥭 쓔ᄃᆡ ᄆᆡ 말의 물 두 병식 되야 쓔어 날물긔 업시 대소라의 퍼두었다가 이튼날 국말 되가옷 진말 닷 홉 헤여 너허 그 다믄 그라ᄉᆡ 동당이 마이 쳐 멀긔 ᄒᆞ거든 체로 바타 독의 붓고 그 점미 닷 말을 닉게 쪄 더운 김의 독 밋ᄒᆡ 노코 퍼브어 교합ᄒᆞ게 져어 독을 식지로 빠ᄆᆡ야 두엇다가 삼ᄉᆞ 칠 지나거든 쓰라 덧틀 쌔 섯거도 쏘 자로 동당이 처 쓰라

[현대어 역]

5말 빚으려 하면 점미 5되를 술밑(밑술) 하되 한식날(동지에서 105일째 되는 날) 덧술 할 날을 헤아려 점미 5말 5되 함께 백세하여 담갔다가 이튿날 5되를 작말하여 죽 쑤되 말마다 물 2병씩 되게끔 쑤어 날물기 없이 큰 소라에 퍼두었다가 이튿날 누룩가루 1되 5홉 밀가루 5홉으로 하여 넣어 그 담은 그릇에 동당이(내동댕이) 많이 쳐 묽게 풀어지거든 체로 받아 독에 붓고 그 점미 5말을 익게 쪄 더운 김에 독 밑에 놓고 퍼부어 함께 섞이도록 저어 독을 기름종이로 싸매어 두었다가 삼사칠(3~4주) 지나거든 쓰라 덧술 때 섞어도 또 자주 동당이 쳐 쓰라

[술 빚기]

재료 : 찹쌀 5말 5되, 물 10병(40~60되), 누룩가루 1되 5홉, 밀가루 5홉

(단위 : 되)

구분	찹쌀	물	누룩	기타
밑술	5	40~60주1	1.5	밀가루 0.5
덧술	50	-	-	-
계	55	40~60	1.5	

한식날 2일 전(쌀 불리기)

1. 덧술 빚을 양까지 찹쌀 5말 5되를 깨끗이 씻어 하룻밤 불린다.

한식날 1일 전(죽 쑤어 식히기)

1. 다음 날 찹쌀 5되 분량의 물기를 빼고 가루 낸다.
2. 물 10병(40~60되)으로 죽을 쑨다.
3. 날 물기 없는 큰 그릇에 퍼 둔다.

한식날(술 빚기)

1. 식은 죽에 누룩가루 1.5되, 밀가루 5홉을 넣어 잘 섞는다.
2. 밑술이 묽어지면 체에 걸러 항아리에 붓는다.
3. 불려두었던 찹쌀 5말을 지에밥을 쪄서 더운 김이 날 때 밑술과 섞는다.
4. 항아리를 기름종이로 싸매어 둔다.

술 거르기

1. 술 빚은 지 3~4주 지나면 사용한다.

[참고]

1. 밑술에 사용할 찹쌀과 덧술에 사용할 찹쌀을 같은 날 씻어서 불린다.
   덧술에 사용하는 찹쌀은 약 2일 정도 불려 사용하는 셈이 된다.
2. 덧술을 한식날 할 수 있도록 날을 헤아려서 술 빚기 준비를 한다.
3. 덧술 할 때 섞어도 자주 저어 준다.

풀이 -[주]-

1. 여기서 1병은 4~6되로 가정하였다. '1부 2. 고문헌 주방문의 이해' 편을 참고한다.

7/6

쳥명향(청명향)

[원문]

ᄇᆡᆨ미 서 되 ᄇᆡᆨ세작말ᄒᆞ야 쥭 쓔어 ᄎᆡ와 국말 서 되ᄅᆞᆯ 섯거 너헛다가 ᄂᆡᆨ거든 점미 서 말 ᄇᆡᆨ세ᄒᆞ야 담가다가 ᄂᆡᆨ게 ᄶᅧ 시로ᄌᆡ 노코 ᄂᆡᆼ슈로 ᄎᆞ게 밧치ᄃᆡ 너므 불으면 조치 아니ᄒᆞ니 알마ᄎᆞ ᄒᆞ야 ᄉᆞᆯ밋히 섯거 너허다가 이칠일 만의 ᄂᆡ면 비치 말고 마시 ᄆᆡ와 극히 조흐니라

[현대어 역]

백미 3되 백세 작말하여 죽 쑤어 식혀 누룩가루 3되를 섞어 넣었다가 익거든 점미 3말 백세하여 담갔다가 익게 져 시루 채 놓고 냉수로 차게 받치되 너무 불으면 좋지 못하니 알맞게 하여 밑술에 섞어 넣었다가 이칠일(14일) 만에 내면 빛이 맑고 맛이 매워 매우 좋으니라

[술 빚기]

재료 : 멥쌀 3되, 찹쌀 3말, 물 3~15, 누룩가루 3되

(단위 : 되)

구분	멥쌀	찹쌀	물	누룩	기타
밑술	3	-	9~15[주1]	3	-
덧술	-	30	-	-	-
계	33		9~15	3	

1일차(밑술 빚기)

1. 멥쌀 3되를 깨끗이 씻어 물에 불린 후 물기를 빼고 가루 낸다.
2. 끓는 물(9~15되)에 죽을 쑤어 식힌 후 누룩가루 3되를 섞는다.

익거든(덧술 빚기)

1. 찹쌀 3말을 깨끗이 씻어 물에 불린 후 물기를 빼고 지에밥을 찐다.
2. 시루 채 놓고 냉수를 부어 차게 식힌다. 밥이 너무 불면 좋지 않으니 알맞게 불린다.
3. 밑술에 섞어 넣는다.

술 거르기

1. 덧술 빚은 지 14일 만에 사용한다. 빛이 맑고 맛이 독해서 매우 좋다.

풀이 -[주]-

1. 밑술 할 때 죽에 사용되는 물의 양이 명시되지 않는 주방이다. 일반적으로 쌀양의 3~5배의 물양으로 죽을 쑨다. 하지만 전체 쌀양과 물양을 고려해 볼 때 15되로 죽을 쑤는 것이 좋다. '1부 2. 고문헌 주방문의 이해'편을 참고하길 바란다.

8/7
포도쥬(포도주)

[원문]

ᄂᆡᆨ은 포도 짜서 즙을 ᄂᆡ여 그ᄅᆞᄉᆡ 두운의 담고 점미 ᄇᆡᆨ세ᄒᆞ여 무르게 쪄 죠흔 국말을 섯거 포도즙 조ᄎᆞ 섯거 너허 비ᄌᆞ면 슐이 되야 빗과 마시 죠흐니라 산포도로도 ᄒᆞ고 빗ᄂᆞᆫ 법과 다소란 보아가며 임의로 ᄒᆞ라 슐밋 ᄒᆞ랴 ᄒᆞ면 점미로 ᄒᆞᄂᆞᆫ 방문의 처음의나 덧틀 제나 포도즙을 섯거 비ᄌᆞᄃᆡ 방문의서 물을 ᄒᆞᆫ 되나 덜나

[현대어 역]

익은 포도 짜서 즙을 내어 그릇에 두운의 담고 점미 백세하여 무르게 쪄 좋은 누룩가루를 섞어 포도즙 역시 섞어 넣어 빚으면 술이 되어 빛과 맛이 좋으니라 산포도로도 하는데 빚는 법과 (빚는 양의) 많고 적음은 임의로 하라 밑술 하려 하면 점미로 하는 주방문처럼 처음이나 덧술 때나 포도즙을 섞어 빚되 주방문에서 물을 1되나 덜라

[술 빚기]

재료 : 찹쌀 1말, 포도즙 1되, 누룩 1되

(단위 : 되)

구분	찹쌀	물	누룩	기타
단양	10주1	9주1	1주1	포도즙 1주1
계	10	9	1	

1일차(술 빚기)

1. 찹쌀 1말을 깨끗이 씻어 물에 불린 후 물기를 빼고 지에밥을 지어 식힌다.
2. 익은 포도를 짜서 즙 1되를 내어 건더기까지 그릇에 담아 둔다.
3. 지에밥과 포도즙, 누룩 1되를 섞어 항아리에 담는다.

풀이 - [주]-

1. 쌀과 포도 그리고 누룩의 양이 명시되어 있지 않다. 마지막에 물은 "방문에서 한 되나 적게 넣는다."라는 문구는 물 1되 대신 포도즙 1되를 사용하라는 의미로 해석할 수 있다. 누룩의 양은 안정적인 술 빚기가 가능한 1되로 하였다.

9/8

ᄇᆡᆨ화쥬(백화주)

[원문]

ᄇᆡᆨ미 서 되을 ᄇᆡᆨ세작말ᄒᆞ야 구무썩 살마 ᄎᆞ거든 국말 칠 홉 섯거 너허 ᄎᆡ 괴거든 ᄇᆡᆨ미 서 말 ᄇᆡᆨ세침슈ᄒᆞ얏다가 ᄆᆡ이 쪄 ᄆᆡ 말의 물 두 병 반식 ᄒᆞ나 ᄎᆡ와 섯거 ᄎᆡ와다가 ᄂᆡᆨ거든 쓰라 비치 ᄂᆡᆼ슈 ᄀᆞᆺ고 마시 소쥬 ᄀᆞᆺᄒᆞ니라

[현대어 역]

백미 3되를 백세 작말하여 구멍떡 삶아 식거든 누룩가루 7홉 섞어 넣어 채 괴거든 백미 3말을 백세 침수하였다가 매우 쪄 말에 물 2병 반씩 한 곳에 섞어 두었다가 익거든 쓰라 빛이 냉수 같고 맛이 소주 같으니라

[술 빚기]

재료 : 멥쌀 3.3말, 물 7.5병(30~45되), 누룩가루 7홉

(단위 : 되)

구분	멥쌀	물	누룩가루	기타
밑술	3		0.7	-
덧술	30	30~45주1	-	-
계	33	30~45	0.7	

1일차(밑술 빚기)

1. 멥쌀 3되를 깨끗이 씻어 물에 불린 후 물기를 빼고 가루 낸다.
2. 구멍떡을 삶아 따뜻할 때 으깨어 식힌다.
3. 누룩가루 7홉을 섞어 항아리에 담는다.

술이 고이면(덧술 빚기)

1. 멥쌀 3말을 깨끗이 씻어 물에 불린 후 물기를 빼고 지에밥을 짓는다.
2. 물 7.5병(30~45되)을 지에밥과 섞어 식힌 후 밑술과 섞는다. 쌀 1말에 물 2.5병씩 넣는다.

[참고] 1. 술 빛깔이 냉수 같고, 맛이 소주 같다.

풀이 - [주]-

1. 여기서 1병은 4~6되로 가정하였으며, '1부 2. 고문헌 주방문의 이해'편을 참고한다.

10/9
당ᄇᆡᆨ화쥬(당백화주)

[원문]

ᄇᆡᆨ미 일 두 ᄇᆡᆨ세작말ᄒᆞ야 물 ᄒᆞᆫ 말의 ᄀᆡ야 국말 되가웃 석임 ᄒᆞᆫ 되 섯거 ᄎᆡ와 버무려 너헛다가 괴거든 ᄇᆡᆨ미 이 두 ᄇᆡᆨ세침슈ᄒᆞ야 닉게 쪄 ᄒᆞᆫ 말의 물 ᄒᆞᆫ 말식 혜여 쓸혀 골나 밥이 ᄎᆞ거든 슐밋과 섯거 너헛다가 열흘 만의 쓰나니라

[현대어 역]

백미 1말 백세 작말하여 물 1말에 개여 누룩가루 되가웃(1되 5홉) 석임 1되 섞어 함께 버무려 넣었다가 괴거든 백미 2말 백세침수하여 익게 쪄 1말에 물 1말씩으로 하여 끓여 밥을 불려 식거든 밑술과 섞어 넣었다가 10일 만에 쓰나니라

[술 빚기]

재료 : 멥쌀 3말, 누룩가루 1.5되, 석임 1되

(단위 : 되)

구분	멥쌀	물	누룩가루	기타
밑술	10	10	1.5	석임 1
덧술	20	20	-	-
계	30	30	1.5	

1일차(밑술 빚기)

1. 멥쌀 1말을 깨끗이 씻어 물에 불린 후 물기를 빼고 가루 낸다.
2. 끓는 물 1말에 개어 식힌다.
3. 범벅에 누룩가루 1.5되와 석임 1되를 잘 섞어 항아리에 넣는다.

술이 고이면(덧술 빚기)

1. 멥쌀 2말을 깨끗이 씻어 물에 불린 후 물기를 빼고 지에밥을 짓는다.
2. 물 2말을 끓여 지에밥과 섞어 식으면 밑술과 섞어 넣는다.

술 거르기

1. 덧술 빚은 지 10일 만에 사용한다.

[참고]

1. 쌀 1말에 물 1말 비율로 끓여서 지에밥에 붓는다.

풀이 - [주]-

1. 석임 1되 만드는 방법은 '53. 석임'편을 참고한다.
2. 밑술이 넘칠 수 있으니 주의해야 한다.

11/10-1
빅하쥬(백하주 1)

[원문]

빅미 오 승 빅세 세말ᄒᆞ야 물 병 반의 ᄀᆡ야 치와 국말 닐 승 진말 닷 홉 석임 ᄒᆞᆫ 되 합ᄒᆞ야 버므려 너헛다가 삼일 만의 빅미 일 두 빅세침슈ᄒᆞ야 마이 뗘 염여 업시 치와 슐밋히 너허 두엇다가 칠일 후 쓰라

[현대어 역]

백미 5되 백세 세말하여 물 1병 반에 개여 식힌 후 누룩가루 1되 밀가루 5홉 석임 1되 합하여 버무려 넣었다가 3일 만에 백미 1말 백세침수하여 많이 쪄 걱정 없이 식혀 밑술에 넣어 두었다가 7일 후 쓰라

[술 빚기]

재료 : 멥쌀 1말 5되, 물 1.5병(6되~9되), 누룩가루 1되, 밀가루 5홉, 석임 1되

(단위 : 되)

구분	멥쌀	물	누룩가루	기타
밑술	5	6~9주1	1	밀가루 0.5, 석임 1
덧술	10	(　)주2	-	-
계	15	6~9+(　)	1	

1일차(밑술 빚기)

1. 멥쌀 5되를 깨끗이 씻어 물에 불린 후 물기를 빼고 가루 낸다.
2. 끓는 물 1.5병(6~9되)에 개어 식힌다.
3. 범벅에 누룩가루 1되, 밀가루 5홉, 석임 1되를 잘 섞어서 항아리에 넣는다.

4일차(덧술 빚기)

1. 3일 만에 멥쌀 1말을 깨끗이 씻어 물에 불린다.
2. 불린 멥쌀의 물기를 빼고 지에밥을 쪄서 식힌다.
3. 밑술과 섞어 둔다.

11일차(술 거르기)

1. 덧술 빚은 지 7일 후 사용한다.

풀이 -[주]-

1. 여기서 1병은 4~6되로 가정하였으며, '1부 2. 고문헌 주방문의 이해' 편을 참고한다.
2. 물의 사용량은 공란( )으로 두었다. 덧술 할 때 쌀양과 동일한 양의 물을 사용하는 것도 방법 중의 하나이다. 참고로 백하주 주방문이 있는 고문헌의 덧술 물양을 살펴보면 다음과 같다.

『주찬』	덧술 쌀 2말, 물 2말
『치생요람』	덧술 백미 2말, 물 2말
『주방문』	덧술 백미 2말 물 3.6되
『산림경제』 『농정회요』 『임원십육지』	덧술 멥쌀 2말 물 6병(2.4~3.6말 내외)

3. 석임 1되 만드는 방법은 '65/53. 석임법'편을 참조한다.
4. 덧술 할 때 물을 첨가하지 않고 술을 빚으면 이화주처럼 걸쭉한 술이 된다.

12/10-2
빅하쥬(백하주 2)

[원문]

일법은 빅미 서 말 빅세침슈ᄒᆞ야 ᄒᆞ로밤 지나거든 고처 씨서 작말ᄒᆞ야 무리 쪄 탕슈 서 말의 골나 ᄎᆞ거든 국말 일 승 진말 일 승 섯거 너헛다가 빅미 삼 두 빅세 침슈ᄒᆞ야 마이 쪄 탕슈 다ᄉᆞᆺ 병을 그 밥의 골나 ᄎᆞ거든 국말 ᄒᆞᆫ 되 진말 ᄒᆞᆫ 되 슐밋히 섯거 너헛다가 쓰라

[현대어 역]

일법(또 다른 방법)은 백미 3말 백세 침수하여 하룻밤 지나거든 다시 씻어 작말하여 무리(백설기) 쪄 탕수 3말에 밥을 불려 식거든 누룩가루 1되 밀가루 1되 섞어 넣었다가 백미 3말 백세 침수하여 많이 쪄 탕수 5병을 그 밥에 (부어) 불려 식거든 누룩가루 1되 밀가루 1되 밑술에 섞어 넣었다가 쓰라

[술 빚기]

재료 : 멥쌀 6말, 물 6말, 누룩가루 2되, 밀가루 2되

(단위 : 되)

구분	멥쌀	물	누룩가루	기타
밑술	30	30	1	밀가루 1
덧술	30	30[주1]	1	밀가루 1
계	60	60	2	

1일차(쌀 불리기)

1. 멥쌀 3말을 깨끗이 씻어 하룻밤 물에 불린다.

2일차(밑술 빚기)

1. 불린 쌀을 다시 씻어 물기를 빼고 가루 낸다.
2. 백설기를 쪄 끓는 물 3말에 섞은 후 차게 식힌다.
3. 누룩가루 1되, 밀가루 1되와 섞어 항아리에 넣어둔다.

덧술 빚기

1. 멥쌀 3말을 깨끗이 씻어 물에 불린 후 물기를 빼고 지에밥을 찐다.
2. 지에밥을 끓는 물 5병(3말)을 넣어 식힌다.
3. 누룩가루 1되, 밀가루 1되를 섞고, 밑술에 넣었다가 사용한다.

풀이 -[주]-

1. 여기서 물 5병은 『산가요록』의 기록에 근거하여 1병당 6되로 제시하였다. 즉, 5병을 3말로 제안한다.
2. 덧술 빚는 시기에 대한 언급이 없다. 통상 덧술은 밑술이 액화되어 묽어지면 한다.

13/11

졀쥬(절주)

[원문]

점미 일 두 빅미 일 승 ᄒᆞᆫ날 빅세ᄒᆞ야 담가다가 ᄆᆡᄡᆞᆯ 믄져 작말ᄒᆞ야 물 ᄒᆞᆫ 사발의 범벅 긔야 너흔 이튼날 그 점미로 밥 닉게 쪄 국말 ᄒᆞᆫ 되 섯거 너헛다가 쓰라 더위예 더욱 조흐니 일 년을 두나 맛 변치 아니 ᄒᆞ노니라

[현대어 역]

점미 1말 백미 1되 같은 날 백세하여 담갔다가 멥쌀 먼저 작말하여 물 1사발에 범벅 개여 넣은 이튿날 그 점미로 밥 익게 쪄 누룩가루 1되 섞어 넣었다가 사용하라 더위에 더욱 좋으니 1년을 두어도 맛이 변하지 아니 하나니라

[술 빚기]

재료 : 멥쌀 1되, 찹쌀 1말, 물 1사발(3되), 누룩가루 1되

(단위 : 되)

구분	멥쌀	찹쌀	물	누룩가루	기타
멥쌀	1	-	3[주1]	-	-
찹쌀	-	10	-	1	-
계	11		3	1	

1일차(찹쌀 불리기 및 멥쌀 범벅하기)

1. 찹쌀 1말, 멥쌀 1되를 같은 날 깨끗이 씻어 물에 불린다.
2. 먼저 멥쌀을 건져 물기를 빼고 가루를 내어 물 1사발[3되]에 개어 항아리에 넣는다.

2일차(술 빚기)

1. 다음 날 찹쌀을 익게 지에밥 쪄 식힌 후 누룩가루 1되와 섞는다.

[참고]

1. 더위에 더욱 좋으며 일 년을 두어도 맛이 변하지 않는다.

풀이 - [주]-

1. 여기서 물 1사발을 1되로 볼 경우 술 발효는 거의 진행이 되지 않는다. 밑술을 범벅으로 하였기에 1사발을 3되로 보았다. 1사발을 10되(1말)로 보는 경우도 있으나 이 경우, 범벅이라고 표현하기보다는 죽으로 표현하지 않았을까 하는 생각이다.

2. 이양주로도, 단양주로도 볼 수 있는 주방문이다. 멥쌀을 범벅으로 개어 하룻밤 두는 것을 밑술로 생각하면 이양주로 분류해도 될 듯하다.

14/12

시급쥬(시급주)

[원문]

조흔 탁쥬를 닝슈의 걸러 ᄒᆞᆫ 동의를 항의 너코 점미 오 승 밥을 물게 지어 국말 닷 홉 진말 닷 홉 섯거 삼일 만의 드리워 쓰라

[현대어 역]

좋은 탁주를 냉수에 걸러 한 동이를 항에 넣고 점미 5되 밥을 묽게 지어 누룩가루 5홉 밀가루 5홉 섞어 3일 만에 걸러서 쓰라

[술 빚기]

재료 : 찹쌀 5되, 누룩가루 5홉, 밀가루 5홉, (냉수에 거른 좋은) 탁주 1동이(1말)

(단위 : 되)

구분	찹쌀	탁주	누룩	기타
술 빚기	5	10[주1]	0.5	밀가루 0.5
계	5	10	0.5	

술 빚기

1. 좋은 탁주를 냉수에 걸러 1동이(1말)를 항아리에 넣는다.
2. 찹쌀 5되를 깨끗이 씻어 물에 불린 후 물기를 빼고 밥을 무르게 짓는다.
3. 누룩가루 5홉, 밀가루 5홉과 섞는다.

술 거르기

1. 술 빚은 지 3일 만에 거른다.

풀이 -[주]-

1. 주방문에 탁주와 냉수의 비율이 언급되어 있지 않다. 지게미에 거른 탁주 1동이[1말]로 빚어 본 결과 3일 만에 마실 수 있다.

15/13
일일쥬(일일주)

[원문]

조흔 슐 흔 사발과 누룩 두 되룰 물 세 사발의 섯거 노코 빅미 일 두 닉게 뼈 김나지 아냐서 전슐의 업허 너코 굿게 봉후야 더운 딕 두면 아적의 비즈 저녁의 먹누니라

[현대어 역]

좋은 술 1사발과 누룩 2되를 물 3사발에 섞어 놓고 백미 1말 익게 쪄 김나지 않아서 전술에 부어 넣고 단단히 봉하여 더운 곳에 두면 아침에 빚어 저녁에 먹나니라

[술 빚기]

재료 : 멥쌀 1말, 물 3사발(3말), 누룩 2되, 좋은 술 1사발(1되)

(단위 : 되)

구분	멥쌀	물	좋은 술	누룩	기타
술 빚기	10	30[주1]	1	2	
계	10	30	1	2	

술 빚기

1. 좋은 술 1사발(1되)과 누룩 2되, 물 3사발(3말)을 섞어 항아리에 넣는다.
2. 멥쌀 1말을 깨끗이 씻어 물에 불린 후 물기를 빼고 지에밥을 푹 찐다.
3. 멥쌀 지에밥이 따뜻한 온기가 있을 때 1.과 섞는다.
4. 항아리를 단단히 봉하여 더운 곳에 둔다.

술 거르기

1. 아침에 빚어 저녁에 먹을 수 있다.

풀이

[주]

1. 사발을 1되로 계산하여 술을 빚어 본 결과 하루 만에 술이 될 기미가 전혀 보이지 않았다. 고문헌 중 『음식디미방』 '일일주'가 가장 유사한 주방이다. 이를 참조하여 물 3사발을 3말로 기술하였다. 좋은 술의 경우, 1사발을 1되로 하여 빚어 본 결과 주방문과 같이 하루 만에 사용할 수 있어서 1되로 해석하였다. 그러나 부피 단위를 일치시켜서 1사발을 1말로 보아야 일관성이 있다고 여길 수도 있다. 술 1말과 물 3말을 써도 하루 만에 먹을 수 있을 것이다.

[참고 문헌]

『음식디미방』 '일일주'

[원문] 죠ᄒᆞᆫ 누록 두 되 죠ᄒᆞᆫ 술 ᄒᆞᆫ 사발 믈 서 말애 섯거 녀코 ᄇᆡᆨ미 ᄒᆞᆫ 말 셰정ᄒᆞ여 닉게 ᄶᅧ 김 내지 말고 다마 흐ᄐᆞ디 말고 더운 ᄃᆡ 두면 아ᄎᆞᄆᆡ 비저 나죄 ᄡᅳ고 나죄 비저 아뎍의 ᄡᅳᄂᆞ니라.

[현대어 역] 좋은 누룩 2되와 좋은 술 1사발을 물 3말에 섞어 놓는다. 백미 1말을 깨끗이 씻은 다음 쪄서 익힌 후, 김을 내지 말고(따뜻할 때) 담아 흩지 말고(쌀을 풀지 말고) 더운 곳에 두면 아침에 빚어서 저녁에 쓸 수 있고, 저녁에 빚으면 아침에 쓸 수 있다.

16/14
오호쥬(오호주)

[원문]

ᄇᆡᆨ미 칠 승 ᄇᆡᆨ세세말ᄒᆞ야 물 병 반의 ᄀᆡ야 ᄎᆡ와 국말 진말 각 ᄒᆞᆫ 되식 섯거 너헛다가 삼일 만의 ᄇᆡᆨ미 이 두 ᄇᆡᆨ세ᄒᆞ야 ᄂᆡᆨ게 쪄 ᄎᆡ와 국말 서 되 진말 ᄒᆞᆫ 되를 그 슐밋과 밥의 버므려 두엇다가 칠일 만의 쓰라

[현대어 역]

백미 7되 백세세말하여 물 1병 반에 개여 식힌 후 누룩가루 밀가루 각 1되씩 섞어 넣었다가 3일 만에 백미 2말 백세하여 익게 쪄 식힌 후 누룩가루 3되 밀가루 1되를 그 밑술과 밥에 버무려 두었다가 7일 만에 쓰라

[술 빚기]

재료 : 멥쌀 2.7말, 물 1.5병(6~9되), 누룩가루 4되, 밀가루 2되

(단위 : 되)

구분	멥쌀	물	누룩가루	기타
밑술	7	6~9[주1]	1	밀가루 1
덧술	20	( )[주2]	3	밀가루 1
계	27	6~9+( )	4	

1일차(밑술 빚기)

1. 멥쌀 7되를 깨끗이 씻어 물에 불린 후 물기를 빼고 가루 낸다.
2. 물 1.5병(6~9되)에 개어 식힌 후 누룩가루 1되와 밀가루 1되를 섞어 항아리에 넣는다.

4일차(덧술 빚기)

1. 3일 후 멥쌀 2말을 깨끗이 씻어 물에 불린 후 물기를 빼고 지에밥을 지어 식힌다.
2. 밑술에 지에밥, 누룩가루 3되와 밀가루 1되를 섞어 둔다.

11일차(술 거르기)

1. 덧술 빚은 지 7일 만에 사용한다.

풀이

[주]

1. 여기서 1병은 4~6되로 가정하였으며, '1부 2. 고문헌 주방문의 이해'편을 참고한다.

2. 덧술에 물이 들어가지 않으면 물양이 부족하여 발효가 더디다. 실제 술을 빚어 보면 7일 만에 술이 완성되지 않아 사용할 수가 없다. 따라서 덧술에 물양이 누락되어 있다고 가정할 경우 쌀양과 동량의 물 20되를 넣으면 무난한 술 빚기가 될 것이다.

3. 『온주법』과 『임원십육지』의 '오호주'에는 덧술에 물이 들어간다. 제조법이 꽤 달라서 같은 종류의 술이라고 볼 수는 없다.

[참고 문헌]

『온주법』 '오호주'

[원문] ᄇᆡᆨ미 일두 ᄇᆡᆨ셰 작말ᄒᆞ여 물 세병 부어 의이 쑤어 ᄎᆡ와 국말 일승 이 ᄀ로 일승 진말 일승 고로 쳐 여허 사흘 만의 뎜미 일승 ᄇᆡᆨ셰 작말ᄒᆞ여 물 한 병의 쥭 쑤어 ᄎᆡ와 밋ᄒᆡ 여흐면 사흘 만의 드리워 □□ 됴흐니라

[현대어 역] 백미 1말을 백세 작말하여 물 3병에 부어 죽 쑤어 식혀 누룩가루 1되, 밀가루 1되, 함께 섞어 항아리에 넣고 3일 만에 찹쌀 1되 백세 작말하여 물 1병에 죽 쑤어 식혀 밑술에 넣으면 3일 만에 걸러 사용해도 좋다.

『임원십육지』 '오호주방(五壺酒方)'

[원문] 白米一斗 百洗作末 以水五瓶煮糊 待冷 麴末真麪各一升半 腐本五合 調和入瓮. 次日 又以粘米一升 搗末打糊 候冷 入本釀酒 中以物十分攪勻 密封 待熟上槽. 味甚甘烈 飲醉即醒

[현대어 역] 백미 1말을 백세 작말 하여 물 5병으로 죽 쑤어 식힌 후 누룩가루 1.5되, 밀가루 1.5되, 석임 5홉을 섞어 항아리에 넣는다. 이튿날 찹쌀 1되 가루 내어 죽 쑤어 식혀 밑술에 넣고 막대기나 주걱으로 골고루 저어준 후 밀봉하여 술이 익으면 거른다. 맛이 아주 달고 독하나 마시고 취해도 금방 깬다.

17/15

삼일쥬(삼일주)

[원문]

쓸힌 물 ᄒᆞᆫ 말의 국말 두 되 너허 하로밤 재여 밧타 ᄇᆡᆨ미 ᄒᆞᆫ 말 ᄇᆡᆨ세세말ᄒᆞ야 닉게 쪄 누룩 물의 너허 삼일 후 쓰라 더위예도 조흐니라

[현대어 역]

끓인 물 1말에 누룩가루 2되 넣어 하룻밤 지난 후 거르고 백미 1말 백세 세말하여 익게 쪄 누룩 물에 넣어 3일 후 사용하라 더위에도 좋으니라

[술 빚기]

재료 : 멥쌀 1말, 물 1말, 누룩가루 2되

(단위 : 되)

구분	멥쌀	물	누룩가루	기타
술 빚기	10	10	2	-
계	10	10	2	

1일차(수곡 만들기)

1. 끓여 식힌 물 1말에 누룩가루 2되를 넣어 하룻밤 재운다.

2일차(술 빚기)

1. 수곡을 걸러 누룩 물만 받아 놓는다.
2. 멥쌀 1말을 깨끗이 씻어 물에 불린 후 물기를 빼고 가루 내어 백설기를 찐 후 식힌다.
3. 식힌 백설기와 누룩 물을 혼합하여 항아리에 넣는다.

술 거르기

1. 술 빚은 지 3일 후에 사용한다.

[참고]

1. 더위에도 좋다.

18/16

뉵병쥬(육병주)

[원문]

ᄇᆡᆨ미 일 두 ᄇᆡᆨ세세말ᄒᆞ야 물 여ᄉᆞᆺ 병의 ᄀᆡ야 국말 이 승 진말 칠 홉 섯거 너허다가 정히 괴야 거픔 일 제 ᄇᆡᆨ미 삼 승 혹 니 승 쥭 쓔어 ᄎᆡ와 누룩 마초 버므려 슐밋ᄒᆡ 버무려 고로고로 저어 두엇다가 닉ᄂᆞᆫ ᄃᆡ로 쓰라 심히 넘ᄂᆞ니 ᄌᆞ로 보라

[현대어 역]

백미 1말 백세 세말하여 물 6병에 개여 누룩가루 2되 밀가루 7홉 섞어 넣었다가 정히 (술이) 괴어 거품이 일 때 백미 3되 혹 2되 죽 쑤어 식혀 누룩 알맞게 버무려 밑술에 버무려 고루고루 저어 두었다가 익는 대로 사용하라 많이 넘으니 자주 보라

[술 빚기]

재료 : 멥쌀 1말 2~3되, 물 6병(24~26되 + 4~9되), 누룩가루 2.5되, 밀가루 7홉

(단위 : 되)

구분	멥쌀	물	누룩가루	기타
밑술	10	24~36[주1]	2	밀가루 0.7
덧술	2~3	4~9[주2]	0.5[주3]	-
계	12~13	28~45	2.5	

1일차(밑술 빚기)

1. 멥쌀 1말을 깨끗이 씻어 불린 후 물기를 빼고 가루 낸다.
2. 끓는 물 6병(24~36되)에 개어 식힌다.
3. 누룩가루 2되와 밀가루 7홉을 섞어 항아리에 넣는다.

깨끗하게 고이고 거품이 일 때(덧술 빚기)

1. 멥쌀 2~3되를 물 4~9되로 죽을 쑨다. 죽을 식힌 후, 누룩을 알맞게 넣고 섞어 골고루 저어 준다.

술 거르기

1. 익는 대로 사용한다.

[참고]

1. 심하게 넘치니 자주 봐야 한다.

풀이

[주]

1. 물양이 많은 편이다. 1병에 4되로 하여도 총 물양이 28~33되가 되어 쌀양의 2배가 넘는 술로 맛이 좋은 술을 기대하기는 힘들다. 소주 내리기용 술로 적합한 주방문이다.
2. 죽을 쑬 때 물양은 오병주 2의 원문에 점미 2되에 물 1병(4~6되)을 사용하라는 문구를 참조하였다.
3. 『음식방문』 '오병주'를 참조하여 덧술에 누룩가루를 5홉 넣을 것을 제안한다. 오병주에 육병주와 한 가지로 한다는 문구에 따르면, 오병주와 비슷한 방식으로 빚는 주방문이다.

[참고 문헌]

『음식방문』 '오병주'

[원문] 빅미 ᄒᆞᆫ 말 ᄒᆞ여 물 네 병에 쥭 쑤어 시겨 곡말 ᄒᆞᆫ 되 섯거 너허싸가 삼 일 만의 졈미 두 되 쥭 쓔어 곡말 다솝을 너허 쓰라

[현대어 역] 백미 1말을 물 4병에 죽을 쑤어 식힌 후 누룩가루 1되를 섞어 넣었다가 3일 만에 찹쌀 2되를 죽 쑤어 누룩가루 5홉을 넣어 쓰라

19/17-1
오병쥬(오병주 1)

[원문1]

오병쥬도 흔가지로되 쌀 흔 말의 물 오 병 노코 물 되게 ᄒᆞ려면 일 두의 세 병도 놋ᄂᆞ니라

[현대어 역]

오병주도 한 가지로되 쌀 1말에 물 5병 넣고 물 되게 하려면 1말에 3병도 넣나니라

[술 빚기]

재료 : 멥쌀 1말 2~3되, 물 5병 또는 3병, 누룩가루 2.6~2.8되, 밀가루 0.7

(쌀 1말에 5병을 사용할 경우 / 단위:되)

구분	멥쌀	물	누룩가루	기타
밑술	10	20~30[주1]	2	밀가루 0.7
덧술	2~3	4~9[주2]	0.5[주4]	-
계	12~13	24~39	2.5	

(쌀 1말에 3병을 사용할 경우 / 단위:되)

구분	멥쌀	물	누룩가루	기타
밑술	10	12~18[주1]	2	밀가루 0.7
덧술	2~3	4~9[주2]	0.5[주3]	-
계	12~13	14~27	2.5	

1일차(밑술 빚기)

1. 멥쌀 1말을 깨끗이 씻어 물에 불린 후 물기를 빼고 가루 낸다.
2. 끓는 물 5병(20~30되)을 넣어 갠다. 되게 하려면 쌀 1말에 물 3병(12~18되)을 넣는다.
3. 누룩가루 2되, 밀가루 7홉을 섞어 항아리에 넣어 둔다.

깨끗하게 고이고 거품이 일 때(덧술 빚기)

1. 멥쌀 2~3되로 죽을 쑤어 식힌다.
2. 누룩을 알맞게 넣고 섞어 골고루 저어 준다.

술 거르기

1. 익는 대로 사용한다.

[참고]

1. 오병주도 한가지로 한다. 즉 육병주 주방문의 술 빚는 과정을 그대로 따른다.

풀이

[주]

1. 육병주보다는 덜 하지만 역시 물양이 많은 편이다. 되게 하려면 물을 3병으로 줄이라는 언급이 있긴 하나 워낙 물양이 많은 주방문이라 의미를 부여하기 힘들다. 육병주와 마찬가지로 소주 내리기용 술로 적합한 주방문으로 보여진다.
2. 죽을 쑬 때 물양은 오병주 2의 원문에 점미 2되에 물 1병을 사용하라는 문구를 참조하였다.
3. 『음식방문』 '오병주'를 참조하여 덧술에 사용하는 누룩가루는 5홉으로 하였다.

[참고 문헌]

『음식방문』 '오병주'

[원문] 빅미 훈 말 ᄒᆞ여 물 네 병에 쥭 쑤어 시겨 곡말 훈 되 섯거 너허싸가 삼 일 만의 졈미 두 되 쥭 쓔어 곡말 다솝을 너허 쓰라

[현대어 역] 백미 1말 하여 물 4병에 죽 쑤어 식힌 다음 누룩가루 1되 섞어 넣었다가 3일 만에 찹쌀 2되 죽 쑤고 누룩가루 5홉을 넣어 쓰라.

20/17-2
오병쥬(오병주 2)

[원문]

우일방은 빅미 일 두 빅세작말ᄒᆞ야 탕슈 오 병의 쳐 ᄎᆞ거든 국말 진말 석임 각 ᄒᆞᆫ 되식 버무려 너허 ᄉᆞ일 만의 점미 이 승의 물 ᄒᆞᆫ 병의 쥭 쓔어 너허 칠일 만의 드리우라

[현대어 역]

우일방(또 다른 방법)은 백미 1말 백세 작말하여 탕수 5병에 섞어 식거든 누룩가루 밀가루 석임 각 1되씩 버무려 넣어 4일 만에 점미 2되에 물 1병에 죽 쑤어 넣어 7일 만에 드리워라

[술 빚기]

재료 : 멥쌀 1말, 찹쌀 2되, 물 6병, 누룩가루 1되, 밀가루 1되, 석임 1되

(단위 : 되)

구분	멥쌀	찹쌀	물	누룩가루	기타
밑술	10	-	20~30	1	밀가루 1, 석임 1
덧술	-	2	4~6	-	-
계	12		24~36	1	

1일차(밑술 빚기)

1. 멥쌀 1말을 깨끗이 씻어 물에 불린 후 물기를 빼고 가루 낸다.
2. 끓는 물 5병(20~30되)을 넣고 치대어 식힌다.
3. 누룩가루, 밀가루, 석임을 각각 1되씩 넣고 섞어 항아리에 넣는다.

5일차(덧술 빚기)

1. 4일 만에 찹쌀 2승(2되)으로 물 1병(4~6되)에 죽을 쑤어 밑술과 혼합한다.

12일차(술 거르기)

1. 덧술 빚은 지 7일 만에 거른다.

풀이 - [주]-

1. 육병주, 오병주와 마찬가지로 쌀양에 비해 물양이 많을 경우 개인차가 있긴 하겠지만 입에 맞는 술맛은 기대하기가 힘들며, 소주 내리기용 술로 적합하다.

2. 석임 1되 만드는 방법은 '65/53. 석임법' 편을 참고한다.

21/18-1
부의쥬(부의주 1)

[원문]

빅미 이 두 빅세작말ᄒᆞ야 물리 쪄 탕슈 서 말노 마다락 업시 쳐 차거든 죠흔 국말 서 되 섯거 항의 너허 두엇다가 ᄉᆞ일 만의 빅미 오 승 밥 쪄 누룩 ᄒᆞᆫ 쥼 진말 ᄒᆞᆫ 되 섯거 덧터 여룸이면 칙와 두고 쓰라

[현대어 역]

백미 2말 백세 작말하여 무리(백설기) 쪄 탕수 3말로 멍울 없도록 섞어 식거든 좋은 누룩가루 3되 섞어 항에 넣어 두었다가 4일 만에 백미 5되 밥 쪄 누룩 한 줌 밀가루 1되 섞어 덧하여 여름이면 찬 곳에 두고 쓰라

[술 빚기]

재료 : 멥쌀 2.5말, 물 3말, 누룩가루 3되+한 줌, 밀가루 1되

(단위 : 되)

구분	멥쌀	물	누룩	기타
밑술	20	30	3	-
덧술	5	-	한줌	밀가루 1
계	25	30	3+한줌	

1일차(밑술 빚기)

1. 멥쌀 2말을 깨끗이 씻어 물에 불린 후 물기를 빼고 가루 낸다.
2. 백설기를 찐 후 끓는 물 3말로 멍울 없이 치대어 식힌다.주1
3. 좋은 누룩가루 3되를 섞어 항아리에 넣는다.

5일차(덧술 빚기)

1. 밑술 빚은 지 4일 후 멥쌀 5되로 지에밥을 짓는다.
2. 지에밥에 누룩 한 줌(한 손으로 쥘 수 있는 양)과 밀가루 1되를 섞은 후 밑술에 섞는다.

[참고]

1. 여름에는 차가운 곳에 두고 사용한다.

풀이 - [주]-

1. 'ᄆᆞᄃᆞ락'을 'ᄆᆞᆼᄋᆞᆯ(멍울)'의 방언으로 추정한다. 이선영, 「음식디미방과 주방문의 어휘 연구」, 어문학 제84호 (2004. 6.) pp. 123~150.

22/18-2
부의쥬(부의주 2)

[원문]

일법은 점미롤 빅세침슈ᄒᆞ야 밥을 닉게 쩌 치오고 국말 일 승을 밥 찐 물의 치와 누룩을 타서 밥과 섯거 너허 세 밤 지나면 닉ᄂᆞ니 묽은 후의 귀덕이 씌워 쓰면 마시 ᄃᆞᆯ고 믜우니라 정히 여롬의 빗ᄂᆞᆫ 슐이니 만히 뇌고저 ᄒᆞ거든 쥬ᄌᆞ의 드리오ᄃᆡ 졍화슈 두 병만 부어 드리우라

[현대어 역]

일법(또 다른 방법)은 점미를 백세 침수하여 밥을 익게 쪄 식히고 누룩가루 1되를 밥 찐 물에 섞어 누룩 찌꺼기를 걸러 내고 밥과 섞어 넣어 3밤 지나면 익나니 맑은 후에 밥알이 뜨면 맛이 달고 맵다 반드시 여름에 빚는 술이니 많이 내리고자 하거든 주자(술 거르는 기구)에 거를 때 정화수 2병만 부어 드리워라

[술 빚기]

재료 : 찹쌀 1말, 밥 찐 물 1말, 누룩가루 1되

(단위 : 되)

구분	찹쌀	물	누룩가루	기타
단양	10[주1]	10[주1]	1	-
계	10	10	1	

술 빚기

1. 찹쌀 1말을 깨끗이 씻어 물에 불린 후 물기를 빼고 지에밥 쪄서 차게 식힌다.
2. 지에밥 찔 때 사용한 물 1말을 식힌 후 누룩가루 1되와 섞는다.
3. 지에밥과 누룩, 물을 모두 섞는다.

술 거르기

1. 술 빚은 지 3일이 지나면 익는다.
2. 밥알이 뜰 때 먹으면 맛이 달고도 맵다.
3. 술을 많이 내리려면 술을 거를 때 정화수 2병(8~12되)을 부어 거른다.

[참고]

1. 여름에 빚는 술이다.

풀이

[주]

1. 쌀과 물의 양에 대한 언급이 없어 『치생요람』 '부의주'에 근거해서 양으로 기술하였다. 주방문에 제시된 누룩의 양이 일치하며 술이 익는 데 걸리는 시간도 같다.

2. 술양을 늘리기 위해서 물을 탈 때 물 2병을 추가하라고 하는데, 1병은 4되로 산정하였다. 『리생원책보 주방문』 '삼해주'의 '혼 병이 사온 승 드느니라'를 참고하여 1병을 4되로 기술하였다.

[참고 문헌]

『치생요람』 '부의주'

[원문] 粘米一斗蒸飯 冷之 水一斗 湯沸 冷之 曲末一升 先調於水 與飯調釀 三宿乃熟 澄清後 以醅少許浮而用

[현대어 역] 찹쌀 1말을 지에밥을 쪄서 식힌다. 물 1말을 팔팔 끓여 식힌다. 누룩가루 1되를 식힌 물에 잘 섞는다. 지에밥과 섞어서 술을 빚는데 3일 지나면 익는다. 술이 맑게 고이고 거르지 않은 술(밥알)을 조금 띄워 사용한다.

23/18-3
부의쥬(부의주 3)

[원문]

일법은 점미 오 승 빅세ᄒᆞ야 밥 닉게 쪄 식거든 국말 ᄒᆞᆫ 되와 실빅자 되가옷슬 눌은이 두드려 밥의 섯거 칠 일 만의 죠흔 청쥬 두 병을 부어 삼일 후 쓰라

[현대어 역]

일법은 점미 5되 백세하여 밥 익게 쪄 식거든 누룩가루 1되에 실백자(껍질 벗긴 잣) 1되 5홉을 얇게 두드려 밥에 섞어 7일 만에 좋은 청주 2병을 부어 3일 후 쓰라

[술 빚기]

재료 : 찹쌀 5되, 누룩가루 1되, 잣 1.5되, 청주 2병

(단위 : 되)

구분	찹쌀	청주	누룩가루	기타
밑술	5	-	1	잣 1.5
덧술	-	8[주1]	-	-
계	5	8[주1]	1	

1일차(밑술 빚기)

1. 찹쌀 5되를 깨끗이 씻어 물에 불린 후 물기를 빼고 지에밥을 쪄서 식힌다.
2. 누룩가루 1되에 부드럽게 찧은 잣 1.5되를 밥과 섞어 항아리에 넣는다.

8일차(청주로 덧술 빚기)

1. 밑술 빚은 지 7일 만에 좋은 청주 2병(8되)을 부어 준다.

술 거르기

1. 덧술 빚어 3일 후 사용한다.

풀이 - [주]-

1. 『리생원책보 주방문』 '삼해주'의 'ᄒᆞᆫ 병이 사온 승 드ᄂᆞ니라'를 참고하여 1병을 4되로 기술하였다.

■ 계량 도구

통나무를 파서 만든 되

가로 17.2~26.2cm , 세로 6.5~12.5cm, 높이 6~9cm
전북대학교 박물관, 한양대학교 박물관,
국립민속박물관 소장
용적은 0.5~14ℓ 로 대략 한 되 내지 두 되에 해당한다.

말

윗지름 305cm, 높이 25cm, 온양민속박물관 소장
통나무 속을 파서 만든 것으로 손잡이도 통나무 자체에서 깎아 만든 것이다. 용적은 대략 9ℓ 에 해당된다.

24/19-1

무술쥬(무술주 1)

[원문]

죠흔 황구 잡아 ᄉᆞ각 써 잘 달하 농난이 살마 살믄 물이 서 말 못ᄒᆞ거든 국 프고 물 곳처 부어 난만이 살마 살믄 물의 쓴 기롬을 죄건저 ᄇᆞ리고 그 물의 법으로 점미 서 말을 비저 닉거든 드리워 먹으면 보ᄒᆞᄂᆞ니 노인의게 더 조흐니라 개국 기롬 거른 후 쑥 ᄒᆞᆫ 가지 너허 ᄃᆞ저 술 비ᄌᆞ면 온듕ᄒᆞ고 개ᄅᆞᆯ 죄 씻지 아니ᄒᆞ면 더 유익ᄒᆞ되 술 정ᄒᆞ기 씨ᄉᆞ니만 못ᄒᆞ니라

[현대어 역]

좋은 황구(누런 개) 잡아 네 토막 내어 잘 달아 농란히(잘 익게) 삶아 삶은 물이 3말이 못 되거든 국 푸고 물 다시 부어 난만이(충분히) 삶아 삶은 물에 뜬 기름을 모두 건져 버리고 그 물에 술 빚는 방법으로 점미 3말을 빚어 익거든 걸러서 먹으면 몸에 좋다 노인에게 더 좋다 개 끓인 국에 뜬 기름 거른 후 쑥 한 가지 넣어 다져 술 빚으면 속을 따뜻하게 하고 개를 매우 씻지 않으면 더 유익하나 술 맑기는 씻는 것만 못하니라

[술 빚기]

재료 : 찹쌀 3말, 누룩 3되, 황구 1마리

(단위 : 되)

구분	찹쌀	물	누룩	기타
단양	30	30[주1]	3[주2]	황구 1마리
계	30	30	3	

술 빚기

1. 좋은 황구를 네 조각으로 잘라서 푹 삶는다.
2. 개 삶은 국물을 3말 준비한다. 개 삶은 국물이 부족해서 3말이 안 되면 국물을 퍼내고 다시 물을 부어서 고아 낸다.
3. 개 삶은 물에 뜨는 기름은 모두 건져 낸다.
3. 찹쌀 3말을 깨끗이 씻어 물에 불린 후 물기를 빼고 지에밥을 지어 식힌다.
4. 개 삶은 국물 3말, 지에밥 그리고 누룩을 섞어서 항아리에 넣는다.

[참고]

1. 몸을 보하는 술이다. 노인에게 더 좋다.
2. 개 삶은 국물에 뜨는 기름을 걷어낸 후 쑥을 넣으면 술맛이 온중하다.
3. 개를 깨끗이 씻지 않으면 몸에는 더 유익하지만 술맛은 깨끗이 씻은 것만 못하다.

풀이

[주]

1. 황구 한 마리를 삶은 국물이 총 3말 필요하다. 삶기 전에 물을 얼마나 넣을지는 언급되어 있지 않다. 삶아 낸 국물이 부족하면 물을 보충해서 더 삶아 내서 사용하면 된다. 그러므로 처음에 물을 얼마나 넣을지를 정확하게 정할 필요는 없다. 보통 절반이나 3분의 1이 되도록 고아 내므로 황구 삶을 물은 3말의 2~3배 정도 잡으면 된다.

2. 다른 고문헌의 무술주 주방문 중에서 누룩양이 기록되어 있는 것을 살펴보면, 찹쌀 3말에 누룩 2~3냥을 사용한다. 조선 시대 1냥은 40g 내외이므로 2~3냥은 80~120g이 된다. 누룩 600mℓ 1되는 360g 내외이므로 2~3냥은 약 2.2~3.3홉이 된다. 하지만 안정적인 술 빚기를 위해 5~10%를 넣는 것이 좋을 듯하다.

[참고 문헌]

『산림경제』 '무술주'

[원문] 糯米三斗蒸熟 黃雄犬一隻去皮 ·중략· 用白麴三兩 和勻釀之

[현대어 역] 찹쌀 3말을 푹 찐다. 누런 수캐 한 마리는 가죽을 벗긴다. ·중략· 백국 3냥(兩)을 잘 섞어서 술을 빚는다.

25/19-2
무술쥬(무술주 2)

[원문]

우일방 진황구ᄅᆞᆯ ᄒᆞ나ᄒᆞᆯ 거피ᄒᆞ야 미리 ᄂᆡ장만 ᄇᆞ리고 ᄉᆞ각 ᄡᅥ 알마ᄌᆞᆫ 독의 왼 ᄀᆡ고기ᄲᅧ조차 싱으로 독의 정여 너코 점미 일 두 혹 일 두반 ᄇᆡᆨ세ᄒᆞ야 담갓다가 ᄂᆡᆨ게 ᄡᅥ 조흔 국말 알마초 물 말고 마ᄅᆞ니로 밥의 고로 고로 섯거 고기 우ᄒᆡ 펴 너허 조ᄎᆞᆫ ᄯᅡᄒᆞᆯ 파ᄃᆡ 그 독이 뭇치일 만치 파 독을 드려 노코 독 부리에 마치 마ᄌᆞᆫ 질 소ᄅᆞ로 식지 우ᄒᆞᆯ 덥고 독이 ᄊᆡ여지기 쉬우니 빈 독 적의 삿기로 독 몸이 나지 아니ᄒᆞ게 얽어 ᄃᆞᆫᄃᆞᆫ이 ᄒᆞ얏다가 슐 비저 ᄡᅡᄒᆡ 무드ᄃᆡ 흙 니겨 ᄇᆞ라고 흙 쳐 므드ᄃᆡ 독 밧글 ᄉᆞ면의 긴 작슈 ᄡᅡ 밧거 박아 ᄇᆞ롬 ᄒᆞ얏다가 명년 므더던 돌시 고기 다 녹아 슐이 되야 ᄆᆞᆰ아ᄒᆞ고 맛시 청열ᄒᆞ거든 냥ᄃᆡ로 두고 먹으라 개 세 마리가 ᄒᆞᆫ 제니 미리 황구ᄅᆞᆯ 또 어더 두엇다가 즉시 ᄌᆡ 슌 비저 뭇고 ᄒᆞᆺᄒᆡ예 또 ᄒᆞ야 연 세 마리만 먹으면 ᄇᆡᆨ병이 다 물너지고 긔운을 극히 보ᄒᆞᄂᆞ니라 독 무든 일월을 긔록 ᄒᆞ얏다가 돌시 되거든 파뇌라

[현대어 역]

우일방은 진황구(눈까지 누런 개)를 한 마리를 껍질을 벗기고 미리 내장만 버리고 사각 등분하여 알맞은 독에 개고기 뼈조차 생으로 독에 차곡차곡 넣고 점미 1말 혹 1말 5되 백세하여 담았다가 익게 쪄 조흔 누룩가루 알맞게 물 넣지 말고 마른 상태로 밥에 고루고루 섞어 고기 위에 펴 넣어 적당한 땅을 파되 그 독이 묻일 만큼 파서 독을 들여 놓고 독 입구에 딱 맞은 질 소라로 기름종이 위를 덮고 독이 깨어지기 쉬우니 빈 독일 때 새끼로 독 몸이 들어나지 않도록 얽어 단단히 해 두었다가 술 빚어 땅에 묻되 흙을 이겨 바르고 흙을 다져 묻되 독 밖을 4면에 긴 막대기로 둘러싸도록 박아 바람막이 하였다가 다음 해 묻었던 날에 고기 다 녹아 술이 되어 맑고 맛이 청열하거든 양대로 두고 먹으라 개 3마리가 한 제이니 미리 황구를 또 얻어 두었다가 즉시 제 때 빚어 묻고 다음 해에 또 하여 연 3마리만 먹으면 백병이 다 사라지고 기운을 극히 보한다 독 묻은 날짜를 기록하였다가 다음 해 같은 날이 되거든 파내라

[술 빚기]

재료 : 찹쌀 1말 또는 1.5말, 누룩가루 1/1.5되, 황구 1마리

(단위 : 되)

구분	찹쌀	물	누룩	기타
단양	10/15	-	1/1.5[주1]	황구 1마리
계	10/15	-	1/1.5	

술 빚기

1. 눈까지 누런 개 한 마리를 껍질을 벗기고 내장은 버리고 네 조각을 낸다.
2. 크기가 알맞은 항아리에 개고기를 뼈까지 생으로 항아리에 재어 넣는다.

3. 찹쌀 1말 혹은 1.5말을 깨끗이 씻어 물에 불린 후 물기를 빼고 지에밥을 짓는다.
4. 좋은 누룩가루 1되 혹은 1.5되를 물 없이 지에밥과 고루고루 섞는다. 고루 섞은 것을 고기 위에 펴 넣는다.
5. 항아리 입구를 기름종이로 싸매 밀봉한다.

술 항아리 땅에 묻기

1. 항아리가 깨지지 않도록 빈 항아리일 때 새끼로 감싼다. 새끼로 항아리 몸체가 드러나지 않도록 단단히 얽어매고 흙을 짓이겨 바른다.
2. 물기 없고 깨끗한 땅을 항아리가 묻힐 만큼 판다.
3. 항아리를 파낸 땅속에 들여놓는다. 항아리 입구를 기름 종이로 봉하고, 딱 맞는 질 소래기(질그릇 뚜껑)로 덮는다.
4. 흙을 치대어 항아리를 묻는다.
5. 항아리 주위로 긴 작대기를 땅에 박아 바람막이를 만든다.

술 빚은 지 1년 후(술 거르기)

1. 항아리 묻은 날을 기록했다가 꼭 1년이 되는 날 항아리를 파낸다.
2. 고기가 다 녹아서 술이 되어 맛이 맑고 청열하면(맛이 맑고 톡 쏘면) 양대로 두고 사용한다.

[참고]

1. 개 3마리가 한 제다. 술 거를 때 미리 황구를 구해 두었다가 다시 빚어서 땅에 묻고, 그다음 해에 또 한다. 연속 3마리만 빚어 먹으면 온갖 병이 다 없어지고 기운을 지극히 보한다.

풀이 - [주]-

1. 누룩의 양이 언급되지 않아 쌀양의 10%를 넣을 것을 제안한다.

26/20

삼합쥬(삼합주)

[원문]

점미 목미 당미 국말 각 일 두를 합ᄒᆞ야 술 비ᄌᆞ되 소쥬 술노 비저 되게 고아 ᄇᆡᆨ소쥬로 바든 후 ᄇᆡᆨ청 일 승 호초와 건강을 ᄀᆞᄂᆞ리 작말ᄒᆞ야 각 서 돈을 ᄇᆡᆨ청 한가지로 쇼쥬의 타 듕탕ᄒᆞ야 ᄀᆞᄂᆞᆫ 체로 바타 거ᄌᆡᄒᆞᆫ 후 사병의 너허 더운 ᄃᆡ 두고 냥ᄃᆡ로 먹으면 냥긔와 습을 다ᄉᆞ리고 긔운을 ᄂᆞ리휘고 비위를 도으니 가장 조흐니라

[현대어 역]

점미 목미(메밀) 당미(수수) 누룩가루 각 1말을 합하여 술 빚되 소주 술로 빚어 푹 고아 백소주로 받은 후 백청 1되 호초(후추)와 건강(말린 생강)을 가늘게 작말하여 각 3돈을 백청 한가지로 소주에 타 중탕하여 가는 체로 받아 거른 후 사기병에 넣어 더운 곳에 두고 양대로 먹으면 양기와 습을 다스리고 기운을 내게 하고 비위를 도우니 가장 좋으니라

[술 빚기]

재료 : 찹쌀 1말, 메밀 1말, 수수 1말, 물 6말, 누룩 1말, 백청(흰꿀) 1되, 후추 3돈(11.25g), 건강 3돈(11.25g)

(단위 : 되)

구분	찹쌀	메밀	수수	물	누룩 가루	백청	후추	건강
단양	10	10	10	60[주1]	10	-	-	-
중탕	-	-	-	-	-	1	3돈	3돈
계	30			60	10			

술 빚기

1. 찹쌀, 메밀, 수수 각 1말로 지에밥을 찐다.
2. 끓여 식힌 물 6말, 지에밥, 누룩가루를 섞어 항아리에 담는다.

소주 내리고 중탕하기

1. 술이 익으면 소주를 내린다.
2. 후추와 말린 생강을 곱게 가루 내어 3돈씩, 백청(흰 꿀) 1되를 소주에 타 중탕한다.[주2]

3. 중탕한 후 가는 체에 내려 찌꺼기는 버리고 사기병에 넣는다. 따뜻한 곳에 두고 양대로 마신다.

[참고]

양기와 습을 다스리고 기운을 나게 하고 비위를 돋우니 매우 좋다.

풀이

[주]

1. 술 빚기에서 물양에 대한 언급이 없다. 백소주를 고아야 하는 주방문이기 때문에 『음식디미방』 '소주'를 참고하여 곡물 대비 물양을 2배로 하였다.
2. '1부 2. 고문헌 주방문의 이해'편을 참조하기 바란다.

[참고 문헌]

『음식디미방』 '소주'

[원문] ᄡᆞᆯ ᄒᆞᆫ 말을 빅셰ᄒᆞ여 ᄀᆞ장 닉게 ᄶᅧ 글힌 믈 두 말애 ᄃᆞᆷ가 ᄎᆞ거든 누록 닷되 섯거 녀헛다가 닐웨 지내거든 고ᄒᆞᄃᆡ 믈 두 사발을 몬져 쓸힌 후에 술 세 사발을 그 믈에 부어 고로고로 저으라. 불이 셩ᄒᆞ면 술이 만이 나ᄃᆡ ᄂᆡ 긔운이 구무 가온드로 나ᄂᆞᆫ ᄃᆞᆺᄒᆞ고 불이 쓰면 술이 듯듯고 볼이 듕ᄒᆞ면 노긋ᄒᆞ여 긋디 아니ᄒᆞ면 마시 심히 덜ᄒᆞ고 ᄯᅩ 우희 믈을 ᄌᆞ로 ᄀᆞ라 이 법을 일치 아니ᄒᆞ면 ᄆᆡ온 술이 세 병 나ᄂᆞ니라.

[현대어 역] 쌀 1말을 백세하여 잘 익게 쪄 끓인 물 2말에 담가 식거든 누룩 5되 섞어 넣었다가 7일 지나거든 고으되 물 2 사발을 먼저 끓인 후에 술 3 사발을 그 물에 부어 고로고로 저으라. 불이 성하면 술이 많이 나되 내 기운이 구멍 가운데로 나는 듯하고 불이 뜨면 술이 뜻뜻하고 불이 중하면 노갓하여 긋디 아니하면 맛이 심히 덜하고 또 위의 물을 자주 갈아라 이 법을 잊지 아니하면 매운 술이 3병 나온다.

27/21
져엽쥬(저엽주)

[원문]

ᄇᆡᆨ미 일 두 비ᄌᆞ랴 ᄒᆞ면 ᄇᆡᆨ미 일 승 ᄇᆡᆨ세작말ᄒᆞ야 구무떡 비저 ᄉᆞᆱ마 국말 칠 홉 섯거 마이 쳐 열박의 닥닙 ᄭᆞᆯ고 다믄 후 덥허 서ᄂᆞᆯᄒᆞᆫ ᄃᆡ 두엇다가 삼일 후 ᄇᆡᆨ미 일 두 ᄇᆡᆨ세ᄒᆞ야 담갓다가 ᄶᅧ ᄂᆡᆼ슈 두 동ᄒᆡ나 ᄃᆞ려 밥을 마이 ᄲᅵ서 ᄎᆞ거든 박의 담앗던 술밋ᄎᆞᆯ ᄂᆡᆼ슈의 걸너 물과 밥이 갓게 ᄒᆞ야 너허 삼칠일 만의 쓰면 조흐ᄃᆡ 날이 마이 더워야 조흐ᄃᆡ 서ᄂᆞᆯᄒᆞ면 단맛 잇ᄂᆞ니라

[현대어 역]

백미 1말 빚으려 하면 백미 1되 백세 작말하여 구멍떡 빚어 삶아 누룩가루 7홉 섞어 많이 치대어 바가지에 닥나무 잎을 깔고 담은 후 덮어 서늘한 곳에 두었다가 3일 후 백미 1말 백세하여 담았다가 쪄 냉수 2동이나 사용하여 밥을 많이 씻어 식거든 바가지에 담았던 밑술을 냉수에 걸러 물과 밥이 같게 하게끔 넣어 삼칠일(21일) 만에 쓰면 좋되 날이 많이 더워야 좋되 서늘하면 단맛 있나니라

[술 빚기]

재료 : 멥쌀 1.1말(11되), 물 1말, 누룩가루 7홉, 닥나무 잎

(단위 : 되)

구분	멥쌀	물	누룩가루	기타
밑술	1	-	0.7	닥나무잎
덧술	10	10[주1]	-	-
계	11	10	0.7	

1일차(밑술 빚기)

1. 멥쌀 1되를 깨끗이 씻어 물에 불린 후 물기를 빼고 가루 낸다.
2. 구멍떡을 빚어 삶은 뒤 으깨어 식힌다.
3. 누룩 7홉과 섞어서 많이 치댄다.
4. 바가지에 닥나무 잎을 깔고 밑술을 담고 닥나무 잎으로 덮는다.
5. 서늘한 곳에 둔다.

4일차(덧술 빚기)

1. 3일 후 멥쌀 1말로 지에밥을 짓는다.
2. 냉수 2동이(2말)를 뿌려 지에밥을 충분히 씻어 식힌다.
3. 바가지에 담아 둔 밑술을 냉수 1말과 섞은 후 거른다. 즉, 덧술에 사용한 냉수와 쌀양을 같게 한다.
4. 지에밥과 냉수에 거른 밑술을 항아리에 넣는다.

25일차(술 거르기)

1. 덧술 빚은 지 21일 만에 사용하면 좋다.

[참고]

1. 날이 많이 더워야 좋고, 서늘하면 단맛이 있다.

풀이 -[주]-

1. "술밋촐 닝슈의 걸너 물과 밥이 갓게 ᄒᆞ야"라는 문구로 미루어 밑술을 냉수와 함께 거를 때 사용하는 물의 양은 덧술 쌀의 양과 같은 1말로 기술하였다. 냉수 2말로 지에밥을 씻을 경우 지에밥에 흡수되는 물양은 '1부 2. 고문헌 주방문의 이해' 편을 참고한다.
2. 물은 끓여 식힌 후 사용한다.

28/22
합엽쥬(합엽주)

[원문]

년닙 다 ᄌᆞ란 후 크고 구멍 업ᄉᆞᆫ 닙 골희여 겻ᄒᆡ 장ᄃᆡ ᄀᆞᆺᄒᆞᆫ 긴 나므 솟발ᄀᆞ치 셋만 박고 정ᄒᆞᆫ 점미ᄅᆞᆯ 밥 지어 안날 섬누룩 ᄒᆞ고 녓기름 씨흔 것 ᄒᆞ고 담갓다 ᄀᆞᄂᆞᆫ 체예 걸너 지은 밥을 더운 김의 그 물을 버므려 식전의 그 년닙희 싸 부리ᄅᆞᆯ 쥬 프려 ᄆᆡ야 작슈의 단단이 마야 두엇다가 이튼날 ᄂᆡ면 향긔롭니라 쏠 다소란 임으로 ᄒᆞ고 누룩은 쏠 ᄒᆞᆫ 되예 너 홉 너흐면 조흐니 식전 ᄒᆞ야 너허 종일 볏ᄒᆡ 닉혀 ᄂᆡ일 식전 ᄂᆡ면 조흐니라

[현대어 역]

연잎 다 자란 후 크고 구멍 없는 잎 골라서 곁에 장대 같이 긴 나무 솥발(옛날 솥 밑에 달린 세 개의 발) 같이 셋만 박고 깨끗한 점미를 밥 지어 안날 섬누룩 하고 엿기름 찧은 것 하고 담아 가는 체에 걸러 지은 밥을 더운 김에 그 물을 버무려 아침식사 전에 그 연잎을 싸 입구를 주 풀어 매야 작수(장대)에 단단히 매여 두었다가 이튿날 내면(거르면) 향기롭니라 쌀 많고 적음은 임의로 하고 누룩은 쌀 1되에 4홉 넣으면 좋으니 아침식사 전에 해 넣어 종일 볕에 익혀 내일 아침식사 전에 내면(거르면) 조흐니라

[술 빚기]

재료 : 찹쌀 1되, 물 1되, 누룩 4홉, 엿기름 1홉

(단위 : 되)

구분	찹쌀	물	섬누룩	기타
밑술	1	1[주1]	0.4	엿기름 0.1[주2]
계	1	1	0.4	

사전 준비

1. 다 자란 연잎 중 크고 구멍이 없는 연잎을 고른다.
2. 연잎 옆에 나무 장대 3가지를 박아서 솥발같이 연잎 지지대를 만든다.

1일차(밑술 빚기)

1. 섬누룩 4홉과 엿기름 1홉을 찧어, 끓여 식힌 물 1되에 불려 가는 체에 거른다.
2. 찹쌀 1되를 깨끗이 씻어 물에 불린 후 밥을 짓는다.
3. 밥이 따뜻할 때 누룩 거른 물과 함께 섞는다.

4. (아침)식사 전에 연잎에 올려 싸매고, 지지대에 단단히 매어 둔다.

2일차(술 거르기)

1. 이튿날 술을 내면 향기롭다.

[참고]

1. 빚고자 하는 총 쌀양은 임의로 하고 누룩은 쌀 1되에 4홉씩 넣으면 좋다.
2. 아침 식사 전에 술 빚기를 하여 종일 볕에 익혀 다음 날 식사 전에 내면 좋다.

풀이

[주]

1. 아래 『산가요록』 '유감주'처럼 하루 만에 마시는 술의 경우 일반적으로 물양(죽 가공)이 많이 들어간다. 위의 분량대로 술을 빚어 연잎에 싸서 하루 뒤 걸러서 음용해 본 바 알코올은 낮고 마치 걸쭉한 요구르트 같은 느낌이었다. 물양이 더 많은 술 빚기도 도전해 볼 만하다. 연잎을 이용한 주방문 중 하루 만에 먹는 주방문은 보기 드물다.
2. 『산가요』 '유감주'에서 멥쌀 1되에 엿기름가루 2숟가락을 사용한다. 2숟가락은 1홉 내외이므로 엿기름의 양은 1홉으로 기술하였다.

[참고 문헌]

『산가요록』 '유감주'

[원문] 白米一升 洗浸作末 以沸湯水 作粥待冷 麥蘖末二匕許 和均 合盛小缸 翌日乃成 用之. 好匊半匕 兼和 則甘苦適中

[현대어 역] 멥쌀 1되를 깨끗이 씻어 불린 후 가루 내어 팔팔 끓는 물에 죽을 쑤어 차게 식힌다. 엿기름가루 2숟가락 정도를 넣어 골고루 섞어 작은 항아리에 넣으면 다음 날 사용할 수 있다. 좋은 누룩 반 숟가락을 더 넣어 섞어 주면 달고 쌉쌀한 맛이 알맞게 된다.

29/23
쟈쥬(자주)

[원문]

청쥬 흔 병의 황납 두 돈 호초 세말흐야 흔 돈 너허 든든이 싸미고 그 우희 물 저즌 쏠 흔 자밤은 지버노코 솟희 너허 듕탕흐야 그 쏠이 닉어 밥 되면 술도 다 되여ᄂᆞ니 뇌여 ᄎᆞ거든 쓰라

[현대어 역]

청주 1병에 황납(벌집) 2돈 후추 세말하여 1돈 넣어 단단히 싸매고 그 위에 물 젖은 쌀 한 자밤[주1] 집어놓고 솥에 넣어 중탕하여 그 쌀이 익어 밥 되면 술도 다 되었나니 (술을) 꺼내어 식거든 쓰라

[술 빚기]

재료 : 청주 1병(4되), 황납(벌집) 2돈(7.5g), 후춧가루 1돈(3.75g), 불린 쌀 한 자밤

(단위 : 되/돈)

구분	청주	벌집	후춧가루	기타
중탕	4[주2]	2돈	1돈	-
계	4	2돈	1돈	

중탕하기

1. 단지에 청주 1병(4되), 황납(벌집) 2돈(7.5g)과 후춧가루 1돈(3.75g)을 넣어 단단히 봉한다.
2. 봉한 뚜껑 위에 물에 불린 쌀 한 자밤을 올려놓는다.
3. 솥에 넣고 중탕하여 뚜껑 위의 쌀이 다 익어 밥이 되면 술도 다 된 것이다.
4. 식으면 사용한다.

풀이 -[주]-

1. 자밤 : 나물이나 양념 따위를 손가락을 모아서 그 끝으로 집을 만한 분량을 세는 단위
2. 『리생원책보 주방문』 '삼해주'의 "흔 병의 사온 승 드ᄂᆞ니라."를 참고하여 1병을 4되로 기술하였다.

30/24-1

녹파쥬(녹파주 1)

[원문]

ᄇᆡᆨ미 ᄒᆞᆫ 말 ᄇᆡᆨ세작말ᄒᆞ야 물 서 말노 쥭 쓔어 ᄀᆞ로누룩 ᄒᆞᆫ 되 진말 오 홉 ᄒᆞᆫᄃᆡ 버무려 독의 너허 삼일 후 점미 두 말 ᄇᆡᆨ세ᄒᆞ야 담갓다가 밤재여 ᄂᆡᆨ게 쪄 마이 ᄎᆡ와 밋슐의 버므려 너허 온ᄂᆡᆼ을 알마츠 두엇다가 열이틀 만의 ᄂᆡ면 비치 거울 곳ᄒᆞ니라

[현대어 역]

백미 1말 백세 작말하여 물 3말로 죽 쑤어 가루누룩 1되 밀가루 5홉 한 곳에 버무려 독에 넣어 3일 후 점미 2말 백세하여 담았다가 밤이 지난 후 익게 쪄 많이 식혀 밑술에 버무려 넣어 온냉(따뜻함과 차가움)을 알맞게 두었다가 12일 만에 내면 술 빛이 거울 같으니라

[술 빚기]

재료 : 멥쌀 1말, 찹쌀 2말, 물 3말, 누룩 1되, 밀가루 5홉

(단위 : 되)

구분	멥쌀	찹쌀	물	누룩	기타
밑술	10	-	30	1	밀가루 0.5
덧술	-	20	-	-	-
계	30		30	1	

1일차(밑술 빚기)

1. 멥쌀 1말을 깨끗이 씻어 물에 불린 후 물기를 빼고 가루 낸다.
2. 끓는 물 3말로 죽을 쑤어 식힌다.
3. 죽과 누룩가루 1되, 밀가루 5홉을 함께 섞어 항아리에 넣는다.

4일차(찹쌀 불리기)

1. 밑술 빚은 지 3일 후 찹쌀 2말을 깨끗이 씻어 하룻밤 물에 불린다.

5일차(덧술 빚기)

1. 불린 쌀을 건져 물기를 빼고 지에밥을 지어 충분히 식힌다.
2. 밑술과 함께 항아리에 버무려 넣고 온도가 알맞은 곳에 둔다.

술 거르기

1. 덧술 빚은 지 12일 만에 내면 술 빛이 거울 같다.

31/25
세심쥬(세심주)

[원문]

ᄇᆡᆨ미 ᄒᆞᆫ 말 ᄇᆡᆨ세 작말ᄒᆞ야 물 말 가옷 ᄀᆞ장 ᄭᅳᆯ혀 ᄂᆡᆨ게 ᄀᆡ야 마이 ᄎᆡ와 빗 조흔 국말 ᄒᆞᆫ 되로 고로 섯거 너허 막 괼 적의 삼ᄉᆞ일이나 될 거시니 ᄇᆡᆨ미 두 말을 ᄇᆡᆨ세침슈ᄒᆞ야 밤ᄌᆡ여 ᄂᆡᆨ게 ᄯᅧ 물을 마이 ᄭᅳᆯ혀 밥의 골나 두엇다가 물이 다 들거든 여러 그ᄅᆞ싀 ᄎᆡ와 ᄀᆞ장 ᄎᆞ거든 슐밋ᄒᆡ 섯거 너허 두라 겨울의 빗ᄂᆞᆫ 슐이니 열ᄒᆞᆯ 후 ᄀᆞ라안거든 쓰라

[현대어 역]

백미 1말 백세 작말하여 물 1말 5되 팔팔 끓여 익게 개여 많이 식혀 빛 좋은 누룩가루 1되로 고루 섞어 넣어 막 (술이) 괼 적에 3~4일이나 될 것이니 백미 2말을 백세 침수하여 밤이 지나 익게 쪄 물을 많이 끓여 밥에 부어 불려 두었다가 물이 다 들거든(불거든) 여러 그릇에 식혀 많이 식거든 밑술에 섞어 넣어 두라 겨울에 빚는 술이니 10일 후 가라앉거든 쓰라

[술 빚기]

재료 : 멥쌀 3말, 물 3.5말, 누룩가루 1되

(단위 : 되)

구분	멥쌀	물	누룩가루	기타
밑술	10	15	1	-
덧술	20	20[주1]	-	-
계	30	35	1	

1일차(밑술 빚기)

1. 멥쌀 1말을 깨끗이 씻어 물에 불린 후 물기를 빼고 가루 낸다.
2. 물 1.5말을 팔팔 끓여 쌀가루에 부어 갠 후 식힌다.
3. 빛이 좋은 누룩가루 1되를 섞어 항아리에 넣는다.

4~5일차(덧술 준비)

3~4일이 지나면 술이 고이기 시작한다. 이때 멥쌀 2말을 깨끗이 씻어 하룻밤 물에 불린다.

다음 날 5~6일차(덧술 빚기)

1. 불린 쌀을 건져 물기를 빼고 지에밥을 짓는다.
2. 물 2말을 팔팔 끓여 밥에 뿌려 둔다.
3. 밥이 충분히 불거든 여러 그릇에 나누어 넣는다. 충분히 차게 식힌 다음 밑술과 섞는다.

15~16일차(술 거르기)

1. 10일 후 가라앉거든 사용한다.

[참고]

1. 겨울에 빚는 술이다.

풀이 - [주]-

1. 멥쌀 1kg을 씻어 불려 지에밥을 찐 후 무게를 측정한다. 그러고 나서 충분한 양의 탕수에 담가 둔다. 밥이 충분히 불은 후 체에 내려 무게를 측정해 보면 추가로 흡수된 물양은 약 1.15kg가량이 된다. 따라서 쌀양과 동량의 물을 사용하여 술 빚기를 하면 된다.

32/26
소ᄇᆡᆨ쥬(소백주)

[원문]

ᄇᆡᆨ미 ᄒᆞᆫ 말을 ᄇᆡᆨ세작말ᄒᆞ야 물 두 병만 ᄭᅳᆯ혀 ᄀᆞ장 닉게 ᄀᆡ야 마이 ᄎᆞ거든 국말 오 홉 진말 칠 홉 서김 섯거 너허 삼일 만의 ᄇᆡᆨ미 두 말 ᄇᆡᆨ세ᄒᆞ야 닉게 ᄶᅧ 마이 ᄎᆡ와 물 네 병으로 고로 나두엇다가 ᄎᆞ거든 국말 오 홉 진말 칠 홉 서김 섯거 너헛다가 ᄌᆞ로 보아 닉거든 쓰라

[현대어 역]

백미 1말을 백세 작말하여 물 2병만 끓여 충분히 익게 개여 많이 식거든 누룩가루 5홉 밀가루 7홉 석임 섞어 넣어 3일 만에 백미 2말 백세하여 익게 쪄 많이 식혀 물 4병으로 밥을 불려 나두었다가 식거든 누룩가루 5홉 밀가루 7홉 석임 섞어 넣었다가 자주 보아 익거든 쓰라

[술 빚기]

재료 : 멥쌀 3말, 물 6병(3말), 누룩가루 1되, 밀가루 1.4되, 석임 1되

(단위 : 되)

구분	멥쌀	물	누룩가루	기타
밑술	10	10주1	0.5	밀가루 0.7 석임 0.5주2
덧술	20	20주1	0.5	밀가루 0.7 석임 0.5
계	30	30	1	

1일차(밑술 빚기)

1. 멥쌀 1말을 깨끗이 씻어 물에 불린 후 물기를 빼고 가루 낸다.
2. 물 2병(10되)을 끓여 쌀가루에 붓고 충분히 익게 개어 식힌다.
3. 범벅에 누룩가루 5홉, 밀가루 7홉, 석임 5홉을 함께 섞어 항아리에 넣는다.

4일차(덧술 빚기)

1. 3일 만에 멥쌀 2말을 깨끗이 씻어 물에 불린 후 물기를 빼고 지에밥을 쪄 식힌다.
2. 지에밥을 물 4병(20되)에 넣고 차게 식힌다.
3. 밑술에 지에밥, 누룩가루 5홉, 밀가루 7홉과 석임 5홉을 섞어 넣는다.

술 거르기

1. 자주 확인해서 술이 익으면 사용한다.

풀이 -[주]-

1. 병의 크기는 다양하여 정확히 정의할 수 없다. 여기에서 1병을 5되로 가정하면, 밑술에 들어가는 물양과 덧술에 들어가는 물양이 쌀양과 동일하게 된다. 따라서 밑술 덧술 모두 쌀양과 물양을 동일하게 빚는 것으로 기술하였다.
2. 주방문에 석임의 양에 대한 언급은 없다. 『리생원책보 주방문』의 주방문 중, 석임을 사용하는 주방문을 살펴보면 쌀 1~3말에 보통 1되의 석임을 사용하고 있다. 두 번에 걸쳐서 넣기 때문에 한 번에 넣는 양을 5홉으로 산정한다. 석임 만드는 방법은 '53. 석임' 편을 참고한다.

33/27
빅단쥬(백단주)

[원문]

빅미 흔 말 빅세작말흐야 그르싀 담고 물 세 병 쓸혀 기야 추거든 국말 되가웃 진말 되가웃 서김 흔 되 섯거 항의 너허 삼일 만의 빅미 두 말 빅세흐야 이튼날 물 여솟 병을 밥의 섯거 물이 줄거든 밋술 닉야 국말 흔 되를 버므려 너허다가 칠팔일 되거든 심지블 혀 너허 보아 쓰라

[현대어 역]

백미 1말 백세 작말하여 그릇에 담고 물 3병 끓여 개여 식거든 누룩가루 1되 5홉 밀가루 1되 5홉 서김 1되 섞어 항에 넣어 3일 만에 백미 2말 백세하여 이튿날 물 6병을 밥에 섞어 물이 줄어들거든 밑술 내여 누룩가루 1되를 버무려 넣었다가 7~8일 되거든 심지 불 붙여 넣어 보아 쓰라

[술 빚기]

재료 : 멥쌀 3말, 물 9병(30되), 누룩 2.5되, 밀가루 1.5되, 석임 1되

(단위 : 되)

구분	멥쌀	물	누룩	기타
밑술	10	10[주1]	1.5	밀가루 1.5, 석임 1
덧술	20	20[주1]	1	-
계	30	30	2.5	

1일차(밑술 빚기)

1. 멥쌀 1말을 깨끗이 씻어 물에 불린 후 물기를 빼고 가루 낸다.
2. 물 3병(10되)을 끓여 가루에 개어 식힌다.
3. 범벅에 누룩가루 1.5되, 밀가루 1.5되, 석임 1되를 섞어 항아리에 넣는다.

4일차(덧술 준비)

1. 3일 만에 멥쌀 2말을 깨끗이 씻어 하룻밤 불린다.

5일차(덧술 빚기)

1. 불린 쌀의 물을 빼고 지에밥을 짓는다.
2. 지에밥에 끓인 물 6병(20되)을 부어 밥을 불리며 식힌다.
3. 물에 불려 식힌 지에밥과 누룩가루 1되를 함께 밑술에 섞어 넣는다.

12~13일차(술 거르기)

1. 덧술 빚은 지 7~8일 후에 초 심지에 불을 붙여 넣어본다. 불이 꺼지지 않으면 사용한다.

풀이 -[주]-

1. 본 주방문의 3병을 1말(10되)로 가정하면, 밑술에 들어가는 물의 양과 덧술에 들어가는 물양이 쌀양과 동일하게 된다. 따라서 밑술 덧술 모두 쌀양과 물양을 동일하게 빚는 것으로 기술하였다.
2. 석임 1되 만드는 방법은 '53. 석임' 편을 참고한다.
3. 예로부터 초 심지에 불을 붙여 항아리에 넣어 보아 술이 익었는지를 판단하였다. 이산화탄소의 영향으로 불이 꺼지면 아직 발효 중이고, 꺼지지 않으면 술이 다 익은 것으로 판단한 것이다.

34/28
벽향쥬(벽향주)

[원문]

빅미 점미 각 닷 되식 작말ᄒᆞ야 물 다ᄉᆞᆺ 사발노 쥭 쑤어 누룩 두 되 진말 닷 홉 섯거 너허 츈츄난 오일이오 겨울은 십일 만의 빅미 이 두 빅세ᄒᆞ야 닉게 ᄶᅧ 탕슈 여ᄉᆞᆺ 사발노 골나 식여 밋슐의 섯거 쓰라 칠일 후 쓰라

[현대어 역]

백미 점미 각 5되씩 작말하여 물 5사발로 죽 쑤어 누룩 2되 밀가루 5홉 섞어 넣어 춘추(봄가을)에는 5일이오 겨울은 10일 만에 백미 2말 백세하여 익게 쪄 탕수 6사발로 불려 식거든 밑술 섞어 쓰라 7일 후 쓰라

[술 빚기]

재료 : 멥쌀 2.5말, 찹쌀 5되, 물 11사발(33되), 누룩 2되, 밀가루 5홉

(단위 : 되)

구분	멥쌀	찹쌀	물	누룩	기타
밑술	5	5	5사발(15되)[주1]	2	밀가루 0.5
덧술	20	-	6사발(18되)[주1]	-	-
계	30		11사발(33되)	2	

1일차(밑술 빚기)

1. 멥쌀 5되, 찹쌀 5되를 깨끗이 씻어 물에 불린 후 물기를 빼고 가루 낸다.
2. 물 5사발(15되)로 죽을 쑤어 식힌다.
3. 죽에 누룩 2되와 밀가루 5홉을 섞어 항아리에 넣는다.

6일차 또는 11일차(덧술 빚기)

1. 봄가을은 5일, 겨울은 10일 만에 덧술을 한다.
2. 멥쌀 2말을 깨끗이 씻어 물에 불린 후 물기를 빼고 지에밥을 짓는다.
3. 지에밥에 끓인 물 6사발(18되)을 부어 불리며 식힌 후 밑술과 섞는다.

술 거르기

1. 덧술 빚은 지 7일 후 사용한다.

풀이

[주]

1. 밑술에서 물 5사발을 5되로 볼 경우 총 쌀양이 1말인데 물 5되로는 죽을 쑬 수가 없다. 이에 가장 유사한 『산림경제』 '벽향주'를 참고하여 물양을 제안하였다. 즉 1사발을 3되로 가정하여 물양을 계산해 보면 밑술을 할 때 5사발은 15되로 죽을 쑬 수 있으며, 덧술 할 때 6사발은 18되가 된다. 이렇게 하면 쌀양과 물양이 적당한 술이 된다.
2. 다른 고문헌의 '벽향주'를 살펴보면, 쌀양보다 물양이 많은 경향이 있다.

[참고 문헌]

『산림경제』 '벽향주'

[원문] 白米一斗百洗作末 用湯水二斗作粥 候冷真麴二升和合釀之 七日後 白米二斗百洗濃蒸 湯水二斗均調 候冷真麴二合合釀 待熟上槽 法雖如此 麴必少加方好

[현대어 역] 백미 1말을 백세 작말하여 끓는 물 2말로 죽을 쑨다. 죽이 식은 후 누룩 2되와 함께 섞는다. 7일 후 백미 2말을 백세하여 찐 후 끓는 물 2말을 넣고 골고루 버무린다. 밥이 식은 후 누룩 2홉을 함께 밑술과 섞는다. 익으면 걸러서 사용한다. 술 빚는 법은 비록 이와 같으나 누룩은 반드시 적게 넣는 편이 좋다.

(단위 : 되)

구분	멥쌀	물	누룩	기타
밑술	10	20	2	
덧술	20	20	0.2	-
계	30	40	2.2	

35/29

쥭엽쥬(죽엽주)

[원문]

빅미 ᄒᆞᆫ 말 빅세작말ᄒᆞ야 닉게 쪄 치오고 쓸힌 물 세 병을 치와 국말 되가옷과 섯거 독의 너코 ᄃᆞᆫᄃᆞᆫ이 싸ᄆᆡ야 두엇다가 닉거든 빅미 닷 말 빅세ᄒᆞ야 닉게 쪄 ᄎᆞ거든 밋슐의 버므려 너허 ᄃᆞᆫᄃᆞᆫ이 싸ᄆᆡ야 두엇다가 칠일 후 ᄆᆞᆰ은 거ᄉᆞᆫ 다란 그ᄅᆞ싀 쓰고 밋히 처진 거ᄉᆞᆫ 물의 타 먹으면 니화쥬 곳ᄒᆞᆫ 마시 오라도록 변치 아니 ᄒᆞᄂᆞ니라

[현대어 역]

백미 1말 백세 작말하여 익게 쪄서 끓인 물 3병을 넣어 식혀 누룩가루 1되 5홉과 섞어 독에 넣고 단단히 싸 매여 두었다가 익거든 백미 5말 백세하여 익게 쪄 식거든 밑술에 버무려 넣어 단단히 싸 매여 두었다가 7일 후 맑은 것은 다른 그릇에 뜨고 밑에 처진 것(앙금)은 물에 타 먹으면 이화주 같은 맛이 오래도록 변치 아니 하나니라

[술 빚기]

재료 : 멥쌀 6말, 물 3병(10~18되), 누룩가루 1.5되

(단위 : 되)

구분	멥쌀	물	누룩가루	기타
밑술	10	10~18[주1]	1.5	-
덧술	50	-	-	-
계	60	10~18	1.5	

1일차(밑술 빚기)

1. 멥쌀 1말을 깨끗이 씻어 물에 불린 후 물기를 빼고 가루 낸다.
2. 백설기를 쪄서 식힌다.
3. 물 3병(10~18되)을 끓여 식혀 누룩가루 1.5되와 백설기를 섞어 항아리에 넣고 단단히 입구를 봉한다.

밑술이 익으면(덧술 빚기)

1. 멥쌀 5말을 깨끗이 씻어 물에 불린 후 물기를 빼고 지에밥을 지어 식힌다.
2. 밑술과 버무려 넣고 단단히 입구를 봉한다.

술 거르기

1. 7일 후주2 맑은 것은 다른 그릇에 따라 사용한다.
2. 밑에 가라앉은 것은 물에 타 먹으면 이화주 같은 맛이 오래도록 변하지 않는다.주3

풀이

[주]

1. 3병을 1말로, 1병을 4~6되로 볼 수 있으므로 사용되는 물양을 10~18되로 제안하였다.
2. 유사 주방문인 『산가요록』 '죽엽주', 『조선무쌍신식요리제법』 '죽엽춘'에는 사칠일(28일), 네이레(28일) 후에 맑은 술을 뜨라고 되어 있다.
3. 조하주(앙금처럼 가라앉은 술)를 먹으라는 언급이 있는 주방문이다. 지에밥으로 덧술을 하더라도 조하주는 생기지만 조하주에 좀 더 중점을 두려고 한다면 덧술 할 때 지에밥보다는 백설기로 가공하는 쪽을 권한다. 『산가요록』 '죽엽주', 『조선무쌍신식요리제법』 '죽엽춘'의 덧술 가공 방법이 백설기임을 참고하였다.
4. 『조선무쌍신식요리제법』 '죽엽춘'와 『양주방』 '댓잎술', 『산가요록』 '죽엽주', 『조선무쌍신식요리제법』 '죽엽춘'을 비교해 보자.
   ① 『양주방』 '댓잎술'의 덧술은 지에밥이고, 『산가요록』 '죽엽주', 『조선무쌍신식요리제법』 '죽엽춘'의 덧술은 백설기를 이용하였다.
   ② 술을 사용하는 시점이 『양주방』 '댓잎술'에는 7일, 『산가요록』 '죽엽주', 『조선무쌍신식요리제법』 '죽엽춘'은 28일로 명시한 점이 다르다. 맑은 술을 7일 만에 뜨기 힘들고, 술을 빚어 봤을 때 28일은 되어야 맑은 술이 고인다. 그러므로 28일 후 맑은 술을 떠내는 것이 좀 더 현실적이다.
   ③ 『조선무쌍신식요리제법』 '죽엽춘'의 문구 가운데 "빛이 항상 댓잎과 같다"는 문구로 죽엽주라는 이름이 생긴 배경을 짐작해 볼 수 있다.

[참고 문헌]

■ 『뿌리 깊은 나무』 1977.10월 호에 실린 『양주방』의 '댓잎술'

[현대어 역] 희게 쓴 멥쌀 한말을 깨끗이 씻고 또 씻어 빻아 익게 쪄서 채워라. 끓인 물 세 병을 채워, 가루누룩 되가웃 섞어 독에 넣어 단단히 싸매어 두어라. 익거든 희게 쓴 멥쌀 닷 말을 깨끗이 씻고 또 씻어 익게 쪄서 차게 식거든 술밑에 버무려서 단단히 매어 두어라. 이레 뒤에 가장 맑은 것은 다른 그릇에 뜨고, 중간으로 맑은 것은 또 딴 그릇에 뜨고, 밑에 처진 것은 물에 타 먹으면 배꽃술 같은 맛이 오래도록 변하지 않는다

■ 『산가요록』 '죽엽주'

[원문] 細末作餠熟蒸待冷 以米匊末一升五合 湯水三瓶待冷 和入待熟 白米五斗 細末蒸之 和前酒入瓮堅封 不令泄氣 四七日後 上淸取貯別器 又淸又取貯 其滓和水飮之 雖久不變其味

[현대어 역] 멥쌀 1말을 가루를 내어 찐 후 차게 식힌다. 쌀누룩가루 1되 5홉과 끓는 물 3병을 식혀 함께 섞은 후 익기를 기다린다. 멥쌀 5말을 고운 가루로 내어 찌고 밑술과 함께 섞어 항아리에 넣고 단단히 봉하여 기운이 새어 나가지 않도록 한다. 28일이 지나 맑은 술을 떠내어 다른 그릇에 담고 다시 맑아지면 또 떠내어 담는다. 가라앉은 앙금은 물에 타서 마신다. 오래 두어도 맛이 변하지 않는다.

■ 『조선무쌍신식요리제법』 '죽엽춘'

[원문] 흔쌀 한 말을 세말하야 썩만 드러 쩌서 누룩가루 한 되 닷 홉과 끌는 물 세 병을 석거 익거든 흔쌀 닷 말을 세말하야 싸서 익은 밋헤 느코 둑거운 종희로 단단이 봉하야 긔운을 통치 못하게 한 지 네이레 만에 우로 맑은 걸 한 그릇 쓰고 가운데 맑은 걸 쏘 한그릇 쓰고 밋헤 씩기는 리화주가티 물을 처먹으면 향기롭고 아름다우니라 이 술이 오래되야도 맛이 변치 안고 빗이 항상 댓닙과 가트니라

[현대어 역] 멥쌀 1말을 세말하여 떡 만들어 쪄서 누룩가루 1되 5홉과 끓는 물 3병을 섞어 익거든 멥쌀 5말을 세말하여 쪄서 익은 밑술에 넣고 두꺼운 종이로 단단히 봉하여 기운을 통하지 못한 지 4주(네 이레) 만에 위로 맑은 것을 한 그릇 뜨고 가운데 맑은 것을 또 한 그릇 뜨고 밑에 찌꺼기는 이화주 같이 물을 타서 먹으면 향기롭고 아름답다. 이 술이 오래되어도 맛이 변하지 않고 빛이 항상 댓잎과 같다.

▪ 계량 도구

섬

가로 64.3cm 세로 64.3cm 높이 44cm, 1900년대 선교장 소장
용적은 181.9cm³로 181ℓ이다 광무 9년(1말=18ℓ, 1섬=10말)의 도령형법에 준한 섬에 해당한다.

말

가로 27~28.5cm, 세로 27~28.7cm, 높이 14~15cm, 윗면 가로 25.5~26cm, 세로 24.7~26cm
한양대학교빅물관, 강원대학교박물관, 한남대학교 박물관 소장
용적은 7.94ℓ, 8.29ℓ, 8.73ℓ로 1902년(광무 6)에 1말의 용적이 6ℓ임을 감안한다면 약 1.4배 정도 크다

36/30

송엽쥬(송엽주 1)

[원문]

싱송엽을 잘게 싸흐라 ᄒᆞᆫ 되만 굵은 븨자로에 너허 독밋히 너코 빅미 ᄒᆞᆫ 말 빅세작말ᄒᆞ야 닉게 쪄 누록 ᄒᆞᆫ 되를 섯거 그 독의 너허 닉거든 점미 닷 되를 닉게 밥 쪄 식거든 누록 서 홉 ᄒᆞ고 전슐과 섯거 너허 닉거든 쓰라

[현대어 역]

생송엽을 잘게 썰어라 1되만 굵은 베자루에 넣어 독 밑에 넣고 백미 1말 백세 작말하여 익게 쪄 누룩 1되를 섞어 그 독에 넣어 익거든 점미 5되를 익게 밥 쪄 식거든 누룩 3홉 하고 전술(밑술)과 섞어 넣어 익으면 쓰라

[술 빚기]

재료 : 멥쌀 1말, 찹쌀 5되, 누룩 1되 3홉, 생솔잎 잘게 썬 것 1되

(단위 : 되)

구분	멥쌀	찹쌀	물	누룩	기타
밑술	10	-	-	1	생 솔잎 1
덧술	-	5	-	0.3	-
계	15		-	1.3	

1일차(밑술 빚기)

1. 생 솔잎을 잘게 썰어 1되를 준비하여 베자루에 담아 항아리 밑에 넣는다.
2. 멥쌀 1말을 깨끗이 씻어 물에 불린 후 물기를 빼고 가루 낸다.
3. 백설기를 쪄서 식힌 후 누룩 1되와 섞어 솔잎 넣은 항아리에 넣는다.

익거든(덧술 빚기)

1. 찹쌀 5되를 깨끗이 씻어 물에 불린 후 물기를 빼고 지에밥을 찌고 식힌다.
2. 밑술에 지에밥과 누룩 3홉을 섞어 넣고 술이 익으면 사용한다.

풀이 - [주]-

1. 주방문대로 빚어 본 결과 달고 독한데, 술을 거를 수는 없어 떠먹어야 했다. 덧술에 지에밥이 들어가므로 진밥처럼 되었다. 덧술에도 백설기로 가공하여 술을 빚으면 식감이 더 좋을 듯하다.

2. 덧술 시기는 밑술이 이화주처럼 걸쭉하게 된 시점으로 보았다.

3. 물 없이 빚을 경우에는 달고 이화주 형태이지만, 물을 밑술이나 덧술에 넣을 경우 또 다른 형태의 술이 된다.

37/31
도화쥬(도화주)

[원문]

ᄇᆡᆨ미 서 되ᄅᆞᆯ ᄇᆡᆨ세작말ᄒᆞ야 ᄭᅳᆯ힌 물 엿 되예 ᄀᆡ야 ᄎᆞ거든 국말 ᄒᆞᆫ 되 섯거 너허 삼일 만의 ᄇᆡᆨ미 ᄒᆞᆫ 말을 무ᄅᆞ게 ᄶᅧ ᄎᆡ와 도화 마른 것 ᄒᆞᆫ 되와 밋술의 섯거 너헛다가 괴ᄂᆞᆫ ᄃᆡ로 드리우라

[현대어 역]

백미 3되를 백세 작말하여 끓인 물 6되에 개여 식거든 누룩가루 1되 섞어 넣어 3일 만에 백미 1말을 무르게 쪄 식혀 도화(복숭아꽃) 마른 것 1되와 밑술에 섞어 넣었다가 괴는 대로 드리우라(걸러 사용하라)

[술 빚기]

재료 : 멥쌀 1말 3되, 물 6되, 누룩가루 1되, 말린 복숭아꽃 1되

(단위 : 되)

구분	멥쌀	물	누룩가루	기타
밑술	3	6	1	
덧술	10			말린 복숭아꽃 1되
계	13	6	1	

1일차(밑술 빚기)

1. 멥쌀 3되를 깨끗이 씻어 물에 불린 후 물기를 빼고 가루 낸다.
2. 쌀가루를 끓인 물 6되에 개어 식힌다.
3. 누룩가루 1되와 함께 섞어 항아리에 넣는다.

4일차(덧술 빚기)

1. 3일 만에 멥쌀 1말을 깨끗이 씻어 물에 불린 후 물기를 빼고 무르게 쪄 식힌다.
2. 식힌 밥과 말린 복숭아꽃 1되를 밑술에 섞는다.

술 거르기

1. 술이 고이는 대로 걸러 사용한다.

풀이 - [주]-

1. 복숭아꽃의 경우, 1000㎖ 용기에 담기는 건조된 복숭아꽃의 무게는 45g 내외이다. 즉, 1되를 1000㎖로 볼 경우 본 주방문에서는 복숭아꽃을 45g 넣으면 되고, 1되를 600㎖로 볼 경우, 27g(45g×0.6=27g) 내외를 넣으면 된다.

2. 복숭아 꽃이 피면, 꽃을 따서 그늘에서 말린다. 여러 겹 둘러싸인 꽃은 사용하지 못한다.

38/32

ᄆᆡ화쥬(매화주)

[원문]

누룩 두 되ᄅᆞᆯ 명지 줌치의 너허 물 두 병의 담가 두엇다가 이튼날 점미 ᄒᆞᆫ 말 빅세ᄒᆞ야 닉게 쪄 다믄 누룩을 쥐물너 ᄀᆞᄂᆞᆫ 체예 그 누룩 물의 밥을 고로고로 섯거 서김도 체예 바타 ᄒᆞᆫ ᄃᆡ 섯거 너허다가 닉거든 보면 우희 ᄆᆡ화ᄀᆞᆺ흔 거시 쯔거든 쓰라

[현대어 역]

누룩 2되를 명주 줌치(주머니)에 넣어 물 2병에 담아 두었다가 이튿날 점미 1말 백세하여 익게 쪄 담은 누룩을 주물러 가는 체에 (걸러) 그 누룩 물에 밥을 고루고루 섞어 석임도 체에 밭아 한 곳에 섞어 넣었다가 익거든 (항아리를) 보면 위에 매화꽃 같은 것이 뜨거든 쓰라

[술 빚기]

재료 : 찹쌀 1말, 물 2병(8~12되), 누룩가루 2되, 석임 1되

(단위 : 되)

구분	찹쌀	물	누룩	기타
수곡	-	8~12[주1]	2	-
술빚기	10	-	-	석임 1
계	10	8~12	2	

1일차(수곡 만들기)

1. 누룩 2되를 명주 주머니에 담아 물 2병(8~12되)에 넣어 둔다.

2일차(술 빚기)

1. 이튿날 찹쌀 1말을 깨끗이 씻어 물에 불린 후 물기를 빼고 지에밥을 지어 식힌다.
2. 담가 두었던 누룩을 주물러 가며 가는 체에 거른다.
3. 석임 1되를 체에 내려 거른다.
4. 거른 누룩 물과 석임을 지에밥과 고루고루 섞어 항아리에 넣는다.

술 거르기

1. 술이 익어 위에 매화꽃처럼 밥알이 뜨거든 사용한다.

풀이

[주]

1. 물 1병은 4되에서 6되 사이로 제안하였다.

[참고 문헌]

■ 『박해통고』 '소서주'

[원문] 精鑿粘米一斗 朝浸活水 別以麯末二升分浸二瓶水 同日夕蒸熟 和水半瓶 待其盡漬 置瓶就井 注蒸飯 以冷為度 去水氣後 以浸麯水用篩除滓拌勻 翌日夕盛冷水於大器 以釀瓮安其中 日易水再三 六七日上槽 常以盛酒瓶浸水用之 此方只宜暑月

[현대어 역] 찹쌀 1말을 곱게 찧어 아침에 활수에 담근다. 따로 누룩가루 2되를 물 2병에 나누어 담근다. 그날 저녁 무렵에 쪄서 물 반 병과 함께 섞어 물이 다 흡수되기를 기다려 찐 밥을 항아리에 넣고 항아리를 우물에 넣고 식힌 다음 꺼내 물기를 제거하고 불렸던 누룩 물을 체에 걸러 찌꺼기는 걸러내 버리고 골고루 섞는다. 다음 날 저녁 무렵에 냉수를 담은 큰 그릇에 술을 빚어 놓은 항아리를 넣고 물을 여러 번 바꿔준다. 6~7일이 지나 술을 걸러낸다. 항상 술을 담은 항아리는 물에 담가 사용한다. 이 법은 여름철에만 적합하다.

■ 『조선무쌍신식요리제법』 '청서주'

[원문] 찹쌀을 정이 씨여 한 말을 생물에 당그고 싸로 누룩가루 두 되를 두 병 물에 당가 노코 그 저녁에 당근 물을 써서 물 반 병을 붓고 물을 다 쌀이 먹거든 시루를 쪠여노코 샘물을 드러 부어 몃 번 이든지 차기싸지 하고 물기가 다 업거든 누룩 당근 물을 체에 밧처 씨씨는 버리고 그 물에 찐 밥을 석근 지 그 이튼 날 저녁에 큰 그릇에 랭수를 붓고 술 비진 그릇을 그 가운데 노코 매일 찬물을 두 세 번식 박구어는 지 륙칠일 만에 주조에 올리되 술 담은 병을 물에 채여 먹나니 이것은 여름달에 맛당하니라

[현대어 역] 찹쌀을 깨끗하게 찧어 1말을 물에 담가 두고 누룩가루 2되도 물 2병에 따로 담가 놓는다. 저녁에 찹쌀을 찌고 물 반병을 붓되 물을 다 먹으면 찹쌀을 찐 시루를 떼어 놓고 밥이 차게 될 때까지 물을 붓는다. 물기가 다 없어지면 누룩 담은 물을 체에 밭쳐 찌끼는 버리고 그 물에 찐 밥을 섞는다. 이튿날 저녁에 큰 그릇에 냉수를 붓고 술 빚은 그릇을 그 가운데 놓되 매일 찬물을 두세 번씩 갈아주어 6~7일 만에 술주자에 올린다. 술 담은 병을 물에 담가 두고 먹으며 여름에 더욱 적합한 술이다.

39/33

층층지쥬(층층지주)

[원문]

누룩 되가오솔 닝슈 세 사발의 풀어 항의 너허 우물의 담갓다가 명일의 빅미 일 두롤 빅세작말ᄒᆞ야 마조 쪄 시기지 말고 누룩 다믄 믈 조ᄎᆞ 버무려 너허다가 삼일 만의 쓰라 조흔 누룩을 비만콤 ᄶᅡ저 독 속의 드려 처 두면 아모리 오릐여도 변파 아니 ᄒᆞᄂᆞ니라

[현대어 역]

누룩 1되 5홉을 냉수 3사발에 풀어 항에 넣어 우물물에 담갔다가 명일(다음 날) 백미 1말을 백세작말하여 마저 쪄 식히지 말고 누룩 담은 물조차(담은 물로) 버무려 넣었다가 3일 만에 쓰라 좋은 누룩을 배만큼 쪼개어 독 속에 드려 처 두면(독 속에 넣어 두면) 아무리 오래여도 변파(변하고 상하지) 아니 하나니라

[술 빚기]

재료 : 멥쌀 1말, 물 3사발(9~10되), 누룩가루 1.5되

(단위 : 되)

구분	멥쌀	물	누룩	기타
수곡	-	9~10주1	1.5	-
술빚기	10	-	-	-
계	10	9~10	1.5	

1일차(수곡 만들기)

1. 누룩 1.5되를 냉수 3사발(9~10되)에 풀어 항아리에 넣어 우물에 담가 놓는다.

2일차(술 빚기)

1. 다음 날 멥쌀 1말을 깨끗이 씻어 불린 후 물기를 빼고 가루 낸다.
2. 무르게 백설기를 쪄 따뜻한 김에 누룩 담은 물과 버무려 항아리에 넣는다.

술 거르기

1. 술 빚은 지 3일 만에 사용한다.

[참고]

배만한 크기의 좋은 누룩 한 덩어리를 항아리 속에 넣어 두면 시간이 지나도 변하지 않는다.

풀이 - [주]-

1. 사발을 1되나 3되, 간혹 10말로도 볼 수 있다. 3일 만에 술이 되므로 1사발을 1되로 볼 경우, 3일 만에 술이 되기는 힘들다. 무르게 백설기를 찌라고 하였고, 백설기에도 수분이 추가로 들어가기에 물양을 쌀양과 1 : 1에 근접하게 넣으면 알코올 발효가 완벽하게 끝난 것은 아니지만 3일 만에 마실 수 있는 술이 된다.

40/34
황금쥬(황금주)

[원문]

빅미 ᄉᆞ 승을 빅세ᄒᆞ야 작말ᄒᆞ고 물 스므 복ᄌᆞ롤 마이 쓸혀 ᄀᆞ로롤 놋동희예 담고 쓸는 물을 부으며 ᄀᆡ되 ᄀᆞ장 닉게 ᄀᆡ야 ᄒᆞᆫ 업시 ᄎᆡ와 국말 두 되 섯거 항의 너허다가 삼일 만의 점미 이 두 빅세ᄒᆞ야다가 이튼날 밥 씨ᄃᆡ 쥬걱으로 뒤고 물 쑤려 밥이 느러지게 ᄶᅧ 무한 ᄎᆡ와 밋술의 섯거 ᄎᆞᆫ ᄃᆡ 노하두면 여름은 칠일 겨울은 십일 만의 쓰ᄂᆞ니라

[현대어 역]

백미 4되를 백세하여 작말하고 물 20복자를 많이 끓여 가루를 놋동이에 담고 끓는 물을 부으며 개되 아주 많이 익게 개여 한없이 식혀 누룩가루 2되 섞어 항에 넣었다가 3일 만에 점미 2말 백세하여 이튿날 밥 찌되 주걱으로 뒤적이고 물 뿌려 밥이 무르게 쪄 충분히 식혀 밑술에 섞어 찬 곳에 놓아두면 여름은 7일 겨울은 10일 만에 쓰나니라

[술 빚기]

재료 : 멥쌀 4되, 찹쌀 2말, 물 20복자(20되), 누룩가루 2되

(단위 : 되)

구분	멥쌀	찹쌀	물	누룩가루	기타
밑술	4	-	20주1	2	-
덧술	-	20	-	-	-
계	24		20	2	

1일차(밑술 빚기)

1. 멥쌀 4되를 깨끗이 씻어 물에 불린 후 물기를 빼고 가루 낸다.
2. 물 20복자(20되)를 끓여 쌀가루에 부어가며 아주 잘 익게 개어 충분히 식힌다.
3. 누룩가루 2되를 섞어 항아리에 넣는다.

4일차(쌀 불리기)

1. 밑술 빚은 지 3일 만에 찹쌀 2말을 깨끗이 씻어 하룻밤 물에 불린다.

5일차(덧술 빚기)

1. 다음 날 쌀의 물기를 빼고 주걱으로 뒤적이고 물을 뿌려가며 무르게 찐다.
2. 지에밥을 아주 차게 식힌 후에 밑술과 섞어 찬 곳에 놓아 둔다.

술 거르기

1. 덧술 빚은 지 여름이면 7일, 겨울이면 10일 만에 사용한다.

풀이

[주]

1. 『산가요록』에서 1복자를 2되라고 하였으나 2되로 할 경우, 물양이 너무 많아 술맛이 떨어질 수 있다. 복자의 크기가 시대와 집안마다 달랐을 것이므로, 모든 고문헌에 나온 복자라는 단위를 2되로 획일화할 수 없으며, 1복자를 1되로 해석해야 술맛의 균형을 찾을 수 있는 주방문도 있다.

   『리생원책보 주방문』 '황금주' 주방문은 밑술에 멥쌀 4되, 덧술에 찹쌀 2말, 누룩 2되이다. 『음식디미방』 '황금주'는 밑술에 멥쌀 2되, 덧술에 찹쌀 1말로 『리생원책보 주방문』 '황금주' 재료의 반이다. 따라서 『음식디미방』 '황금주' 물양의 2배를 하게 되면 밑술에 물 2말이 사용되는 셈이며, 2말을 20복자로 가정해 볼 수 있다. 따라서 『리생원책보 주방문』 '황금주'에서 1복자는 1되로 가정해 볼 수 있다.
2. 석탄주 만드는 방법과 매우 유사하며, 덧술 시 찹쌀 지에밥을 무르게 찌는 것이 다른 점이다.

[참고 문헌]

『음식디미방』 '황금주'

[원문] 빅미 두 되 빅셰ᄒᆞ여 믈에 ᄃᆞᆷ가 밤 자여 작말ᄒᆞ여 탕슈 ᄒᆞᆫ 말애 쥭 수워 ᄎᆞ거든 국말 ᄒᆞᆫ 되 섯거 녀헛다가 녀룸이어든 사흘 츈취어든 닷쇄 동졀이어든 닐웬 만애 ᄎᆞᆸᄡᆞᆯ ᄒᆞᆫ 말 빅셰ᄒᆞ여 쪄 식거든 섯거 녀헛다가 칠 일 후 ᄡᅳ라.

[현대어 역] 백미 2되를 깨끗이 씻어 물에 담가 둔 후, 다음 날 가루 내어 끓는 물 1말에 죽 쑤어 식거든 누룩가루 1되 섞어 넣었다가 여름에는 4일, 봄가을이면 5일, 겨울이면 7일 만에 찹쌀 1말을 깨끗이 씻어 찐 후 식거든 밑술과 섞어 넣었다가 7일 후 사용한다.

41/35
ᄉᆞ절쥬(사절주)

[원문]

빅미 ᄒᆞᆫ 말 빅세작말ᄒᆞ야 물 너 말노 쥭 쓔어 차거든 국말 넉 되 너허 닉거든 빅미 서 말을 빅세ᄒᆞ야 닉게 쪄 설힌 물 두 말가옷 골나 식거든 전 밋히 너허 닉거든 쓰라

[현대어 역]

백미 1말 백세 작말하여 물 4말로 죽 쑤어 식거든 누룩가루 4되 넣어 익거든 백미 3말을 백세하여 익게 쪄 끓인 물 2말 5되에 골나 식거든 전 밑술에 넣어 익거든 쓰라

[술 빚기]

재료 : 멥쌀 4말, 물 6.5말, 누룩가루 4되

(단위 : 되)

구분	멥쌀	물	누룩	기타
밑술	10	40	4	-
덧술	30	25	-	-
계	40	65	4	

1일차(밑술 빚기)

1. 멥쌀 1말을 깨끗이 씻어 물에 불린 후 물기를 빼고 가루 낸다.
2. 쌀가루를 물 4말로 죽을 쑤어 식힌다.
3. 누룩가루 4되를 넣고 함께 섞어 항아리에 넣는다.

밑술이 익으면(덧술 빚기)

1. 밑술이 익으면, 멥쌀 3말을 깨끗이 씻어 물에 불린 후 물기를 빼고 지에밥을 찐다.
2. 끓인 물 2.5말에 지에밥을 넣어 불린 후 식힌다.
3. 불린 지에밥을 밑술에 넣고 술이 익으면 사용한다.

풀이

[참고 문헌]

『요록』 '하일주

[원문] 白米一斗百洗細末 熟水七鉢作醅待冷 麯四升真末四合交合三日後 白米三斗百洗令蒸 水二斗五升和之 待冷出前本合造 七日後用之

[현대어 역] 백미 1말을 백세 세말하여 끓인 물 7사발을 부어 식기를 기다린다. 누룩 4되 밀가루 5홉을 함께 섞는다. 3일 후 백미 3말을 백세한 후 쪄서 물 2말 5되와 섞는다. 식은 후 앞서 만들어 놓은 술과 섞는다. 7일 후 사용한다.

42/36
오두쥬(오두주)

[원문]

빅미 ᄒᆞᆫ 말 빅세 작말ᄒᆞ야 ᄭᅳᆯ힌 물 두 말의 쥭 쓔어 ᄎᆞ거든 누룩ᄀᆞ로 두 되로 섯거 너흔 삼일 만의 빅미 ᄉᆞ 두 빅세ᄒᆞ야 닉게 쎠 ᄭᅳᆯ힌 물 엿 말노 골나 ᄎᆞ거든 누록ᄀᆞ로 넉 되를 밋술의 섯거 너흐라 열흘 만의 조흔 술 다ᄉᆞᆺ 동희 나ᄂᆞ니라

[현대어 역]

백미 1말 백세 작말하여 끓인 물 2말에 죽 쑤어 식거든 누룩가루 2되를 섞어 넣은 지 3일 만에 백미 4말 백세하여 익게 쪄 끓인 물 6말로 골나(물을 부어 밥이 불고) 식거든 누룩가루 4되를 밑술에 섞어 넣어라 10일 만에 좋은 술 5동이 나오니라

[술 빚기]

재료 : 멥쌀 5말, 물 6말, 누룩가루 6되

(단위 : 되)

구분	멥쌀	물	누룩가루	기타
밑술	10	20	2	-
덧술	40	60	4	-
계	50	80	6	

1일차(밑술 빚기)

1. 멥쌀 1말을 깨끗이 씻어 물에 불린 후 물기를 빼고 가루 낸다.
2. 쌀가루를 끓인 물 2말에 죽을 쑤어 차게 식힌다.
3. 죽에 누룩가루 2되를 섞어 항아리에 넣는다.

4일차(덧술 빚기)

1. 3일 만에 멥쌀 4말을 깨끗이 씻어 물에 불린 후 물기를 빼고 지에밥을 짓는다.
2. 지에밥에 끓인 물 6말을 섞어 넣고 차게 식힌다.
3. 밑술에 지에밥과 누룩가루 4되를 섞어 넣는다.

[참고]

1. 10일 만에 좋은 술 5동이[주1]가 나온다.

풀이 -[주]-

1. 주방문대로 술을 빚게 되면 술이 약 9.8말 내외가 나온다. 즉, 9.8말이 5동이이므로, 여기서 1동이는 1.96말 가량임을 추측할 수 있다.

43/37

과하쥬(과하주)

[원문]

소쥬 스무 대야만 ᄒᆞ면 점미 ᄒᆞᆫ 말을 ᄇᆡᆨ세ᄒᆞ야 쪄 마이 식이고 누록을 차되로 ᄒᆞᆫ 되만 ᄒᆞ야 밥의 고로 섯거 마이 칠 ᄉᆞ이예 밥이 숀의 뭇거든 밥 찐 물을 손의 적셔 가며 치면 그 물노 반쥭ᄒᆞᄂᆞᆫ 작시니 나조의 그리ᄒᆞ야 너허두면 이튼날 아적의 분명 괴ᄂᆞᆫ 긔척이 이실 거시니 먹어보면 단맛 니시리니 그제야 소쥬ᄅᆞᆯ 부어 두면 혹 보롬 스무날이나 ᄒᆞᆫ ᄃᆞᆯ이나 ᄒᆞ면 비치 ᄆᆞᆰ아ᄒᆞ고 먹으면 닙의 청밀 먹음은 ᄃᆞᆺ 소쥬 마시 업ᄉᆞᆫ 후 ᄂᆡ여 쓰ᄂᆞ니 점미 닷 되면 누록 칠 홉이나 혹 과히 괴거든 소쥬ᄅᆞᆯ 부으면 마시 이ᄉᆞ니 그ᄅᆞᆯ 아라 ᄒᆞ라 혹 누록 만ᄒᆞ도 비치 불ᄭᅩ 소쥬가 적어도 조치 아니ᄒᆞ고 만하도 맛 업ᄂᆞ니라 소쥬 부은 후ᄂᆞᆫ 더운 ᄃᆡ 두어도 무태ᄒᆞ니라

[현대어 역]

소주 20대야만 하면 점미 1말을 백세하여 쪄 많이 식히고 누룩을 차되(작은 되)로 1되만 하여 밥에 고루 섞어 많이 치댈 때 밥이 손에 묻거든 밥 찐 물을 손에 적셔 가며 치대면 그 물로 반죽하는 셈이니 저녁에 그리하여 넣어 두면 이튿날 아침에 분명 괴는 기척이 있을 것이니 먹어 보면 단맛 있으니 그제야 소주를 부어 두면 혹 15일이나 20일이나 1달이 되면 빛이 맑고 먹으면 입에 청밀(꿀) 먹은 듯 소주 맛이 없어진 후 걸러 쓰나니 점미 5되면 누룩 7홉이나 혹 과히 괴거든 소주를 부으면 맛이 있으니 그를 알아 하라 혹 누룩 많아도 빛이 붉고 소주가 적어도 좋지 아니하고 많아도 맛 없나니라 소주 부은 후에는 더운 곳에 두어도 무태하니라.

[술 빚기]

재료 : 찹쌀 1말, 물 10되, 누룩 1되(작은되), 소주 20대야(20되)

(단위 : 되)

구분	찹쌀	물	누룩	기타
밑술	10	10주1	1	-
덧술	-	-	-	소주 20
계	10	10	1	

1일차(밑술 빚기)

1. 찹쌀 1말을 깨끗이 씻어 물에 불린 후 물기를 빼고 지에밥을 지어 식힌다.
2. 밥 찐 물(10되)을 손에 적셔가며 밥과 누룩을 고르게 충분히 치대어 항아리에 넣는다. 누룩은 차되로 1되 넣는다.

2일차(소주 붓기)

1. 다음 날 아침에 소주 20대야(20되)를 붓는다.

술 거르기

1. 소주를 붓고 15일, 20일, 30일 후면 빛이 맑고, 마시면 입에 꿀을 머금은 듯이 달다. 소주 맛이 사라진 후에 사용한다.

[참고]

1. 밑술을 빚어 저녁에 항아리에 넣어 두면 아침에 술이 고이는 기미가 보이고 단맛이 있을 때 소주를 붓는다.
2. 찹쌀 5되에 누룩 7홉을 넣거나, 술이 많이 고이거든 소주를 넣어도 맛이 좋으니 알아서 하라.
3. 누룩을 많이 사용하면 색깔이 붉다.
4. 소주가 적어도 좋지 않고, 많아도 맛이 없다.
5. 소주를 부은 후에는 더운 곳에 두어도 괜찮다.

풀이 - [주]-

1. 밥 찐 물을 손에 묻혀 가며 치대면 밥 찐 물로 반죽하는 셈이라는 표현이 있다. 밥 찐 물을 손에 묻혀 가며 치대본 결과 다음날 괴는 기척이 전혀 없었다. 약간의 물이 들어가서는 주방문과 같은 현상을 기대하기가 힘들다. 쌀양과 물양을 동일하게 하여 빚어 본 결과 다음날 술이 고이는 부분이 있었기에 10되로 기술하였다.

2. 차되는 일반 되보다 작은 되를 말한다.

44/38
셔초향(선초향, 석탄주)

[원문]

ᄇᆡᆨ미 두 되 작말ᄒᆞ야 물 ᄒᆞᆫ 되예 쥭 쓔어 국말 ᄒᆞᆫ 되예 섯거 두엇다가 츈츄의ᄂᆞᆫ 오일이오 겨울은 칠일이오 여름은 삼일 만의 점미 ᄒᆞᆫ 말 닉게 ᄢᅧ ᄎᆡ와 전술의 비저 두엇다가 칠일 후 드리워 쓰라 마시 ᄃᆞᆯ고 ᄆᆡ와 ᄎᆞ마 닙의 먹음엇지 못 ᄒᆞᄂᆞ니라

[현대어 역]

백미 2되 작말하여 물 1되(말)에 죽 쑤어 누룩가루 1되에 섞어 두었다가 춘추(봄가을)에는 5일이오 겨울은 7일이오 여름은 3일 만에 점미 1말 익게 쪄 식힌 후 전 술에 빚어 두었다가 7일 후 드리워 쓰라 맛이 달고 매와 차마 입에 머금지 못 하나니라

[술 빚기]

재료 : 멥쌀 2되, 찹쌀 1말, 물 1말, 누룩 1되

(단위 : 되)

구분	멥쌀	찹쌀	물	누룩가루	기타
밑술	2	-	10[주1]	1	-
덧술	-	10	-	-	-
계	12		10	1	

1일차(밑술 빚기)

1. 멥쌀 2되를 깨끗이 씻어 물에 불린 후 물기를 빼고 가루 낸다.
2. 쌀가루를 물 10되에 죽을 쑤어 식힌다.
3. 누룩가루 1되에 섞어 항아리에 넣는다.

6일차(덧술 빚기)

1. 찹쌀 1말을 깨끗이 씻어 물에 불린 후 물기를 빼고 지에밥을 지어 식힌다.
2. 밑술과 섞어 항아리에 넣는다.

13일차(술 거르기)

1. 덧술 하고 나서 7일 후에 걸러서 사용한다.

[참고]

1. 덧술 시기는 봄가을에는 5일, 겨울에는 7일, 여름에는 3일 만에 한다.
2. 차마 입에 머금지 못할 만큼 맛이 달고 독하다.

풀이 - [주]-

1. 『뿌리 깊은 나무』 1977.10에 실린 『양주방』의 '석탄향'과 동일한 술을 기술한 것으로 여겨진다. 여기에서는 밑술의 물양이 1말로 기술되어 있다. 원문에는 "빅미 두 말 작말ᄒᆞ야 물ᄒᆞᆫ 되예 쥭 쑤어"로 썼다가 '말'을 긋고 '되'로 고쳐 써 놓았다. 쌀 2되를 물 1되로 죽을 쑬 수가 없다. 쌀과 물의 계량 단위가 필사 중에 바뀐 듯하다. 『주방문』 '석탄주'에는 '백미 2되, 물 1말', 『주찬』 '석탄향'에는 '백미 2되, 물 2병(1말 내외)', 『조선무쌍신식요리제법』 '석탄향'에는 '흰쌀 두 되, 물 한 말' 등으로 되어 있다. 이를 참고하여 '멥쌀 2되와 물 1말'로 기술하였다.
2. 선초향이라는 이름이지만 석탄주(석탄향)의 별칭인 듯하다. "ᄎᆞ마 닙의 먹음엇지 못 ᄒᆞᄂᆞ니라."라는 표현은 대부분의 석탄주(석탄향) 주방문에 등장한다.

45/39-1

니화쥬(이화곡 1)

[원문]

정월 망일 점미 오 두 ᄇᆡᆨ세ᄒᆞ야 담가 밤재와 작말ᄒᆞ야 두벌 처 물을 알마ᄎᆞ 마라 ᄇᆞ을의 알만치 ᄃᆞᆫᄃᆞᆫ이 쥐여 띄우ᄃᆡ 물이 눅으면 잘못 쓰ᄂᆞ니 쥐기 어려울 지라도 물을 마ᄅᆞ게 ᄒᆞ야 여러히 쥐여 집흐로 ᄇᆡ 싸드시 싸 공석의 집흘 격지 두어 너허 더운 방의 노코 공석으로 덥허다가 이칠일의 뒤여 노코 삼칠일의 즉시 ᄂᆡ야 더러운 겁질 벗기고 ᄒᆞ나흘 서너 조각의 싸려 섥의 다마다 볏ᄒᆡ 말ᄂᆡ야 두엇다가

[현대어 역]

정월 망일(음력 1월 15일) 점미 5말 백세하여 담가 밤이 지난 후 작말하여 두벌 처(두번 체에 내려) 물을 알맞게 넣어 바을(닭이나 오리) 알만하게 단단히 쥐여 띄우되 물이 눅으면(눅눅하면) 잘못 뜨나니 쥐기 어려울 지라도 물을 마르게 하여 여러 번 쥐여 짚으로 배 싸듯이 싸 공석(빈 섬)에 짚을 격지(여러 겹으로 쌓아 붙은 켜) 두어 넣어 더운 방에 놓고 공석으로 덮었다가 이칠일(14일)에 뒤여(뒤집어) 놓고 삼칠일(21일)에 즉시 꺼내어 더러운 껍질 벗기고 한 개를 서너 조각으로 내어 석(섬)에 담아 볕에 말리어 두었다가

[이화곡 디디기]

재료 : 찹쌀 5말, 물 1말 내외, 짚, 섬

(단위 : 되)

구분	찹쌀	물	누룩	기타
이화곡	50	10 내외[주1]	-	-
계	50	10 내외	-	

사전 준비물

짚, 섬

이화곡 만들기

1. 음력 정월 보름에 찹쌀 5말을 깨끗이 씻어 하룻밤 불린 후 물기를 빼고 가루 낸다.
2. 두 번 체에 친 후 물을 알맞게 넣고 오리알 크기로 단단히 뭉쳐 띄운다.
3. 뭉치기 어렵더라도 물을 적게 넣고 단단히 뭉쳐서 짚으로 배 싸듯이 싼다. 물이

눅눅하면 잘 안 뜬다.

4. 빈 섬에 짚을 격지 모양으로 깔고 넣어 더운 방에 놓고 빈 섬으로 덮어 두었다가 14일 후에 뒤집어 놓는다.

5. 21일이 되면 바로 누룩을 꺼내 더러운 껍질을 벗기고 누룩 한 개를 서너 개로 조각내서 설기(대, 싸리 채, 버들 채 따위로 엮어서 만든 네모꼴의 큼직한 상자)에 담아 볕에 말려 둔다.

풀이 - [주]-

1. 누룩을 반죽할 때 사용하는 물양은 일반적으로 쌀양의 20% 내외이다. 반죽을 한 손으로 쥐어 뭉쳐진다는 느낌 정도의 물양을 사용하면 된다. 반죽을 쉽게 한다고 물을 많이 넣으면 초기 반죽은 쉬우나 치대면 치댈수록 반죽이 물러져서 성형 후 형태를 유지하기 어려우므로 주의한다. 힘들어도 많이 치대어 쌀가루에 물이 고르게 섞일 수 있도록 한다.

2. 섬은 열 말들이의 짚으로 엮어 만든 저장용 도구를 말한다. 가마니라는 일본어가 널리 통용되기 이전에 쓰인 우리말이다.

3. 원문에 이칠일(14일)과 삼칠일(21일)이라는 표현이 있고, 일칠일(7일)에 행할 내용은 누락되어 있다. 『뿌리 깊은 나무』(1977.10월호)에 수록된『양주방』'이화주(배꽃술)'에 "한 이레에 뒤집어 놓고"라는 문구가 있다. 필사 과정 중에 누락된 것으로 보인다.

46/39-1

니화쥬(이화주 1)

[원문]

니화 필 ᄣᅢ예 ᄀᆞᄂᆞ리 작말ᄒᆞ고 ᄇᆡᆨ미ᄅᆞᆯ ᄇᆡᆨ세 작말ᄒᆞ야 구무ᄯᅥᆨ 비저 마이 닉게 ᄉᆞᆯ마 식거든 누룩ᄀᆞ로와 ᄒᆞᆫᄃᆡ 처 그ᄅᆞᄉᆡ 담고 갓금 덥흐라 아니 덥흐면 마ᄅᆞᄂᆞ니 작작 뇌야 누룩을 섯그ᄃᆡ ᄡᆞᆯ ᄒᆞᆫ 말의 누룩ᄀᆞ로 닷 되식 섯거 치기를 서너 번이나 ᄒᆞᄃᆡ 너므 말나 어우지 아니커든 ᄯᅥᆨ 삼던 물을 ᄎᆡ와 ᄲᅮ려 다시 처 손바닥만치 ᄆᆡᆫ드러 ᄎᆡ우ᄃᆡ 의심 업시 ᄎᆞ거든 독의 너흐ᄃᆡ ᄀᆞ흐로 너코 ᄀᆞ온ᄃᆡᄂᆞᆫ ᄇᆡ게 ᄒᆞ야 삼ᄉᆞ일 후 독을 여러 보아 더운 김 잇거든 도로 ᄂᆡ야 ᄎᆡ와 다시 너허 서늘ᄒᆞᆫ ᄃᆡ 두엇다가 오월 열흘씌브터 ᄂᆡ여 쓰면 마시 달고 ᄆᆡ와 향긔로오니라

[현대어 역]

이화(배꽃) 필 때에 (이화곡을) 가늘게 작말하고 백미를 백세 작말하여 구멍떡 빚어 많이 익게 삶아 식거든 누룩가루와 한 곳에 그릇에 담고 가끔 덮어라 덮지 않으면 마르나니 작작(조금씩) 내여 누룩을 섞되 쌀 1말에 누룩가루 5되씩 섞어 치대기를 서너 번이나 하되 너무 말라 잘 섞이지 않거든 떡 삶던 물을 함께 뿌려 다시 치대어 손바닥만큼 만들어 식히되 의심 없이 차거든 독에 넣되 (항아리) 안에 넣고 가운데는 비게 하여 3~4일 후 독을 열어 보아 더운 김 있거든 다시 내여(꺼내어) 식혀 다시 넣어 서늘한 곳에 두었다가 음력 5월 10일경부터 내어 쓰면 맛이 달고 매와 향기로우니라

[술 빚기]

재료 : 멥쌀 1말, 이화곡 5되, 구멍떡 삶은 물 약간

(단위 : 되)

구분	멥쌀	물	이화곡	기타
단양	10	-	5	-
계	10	-	5	

이화주 빚기

1. 배꽃이 필 무렵 이화곡을 가루 내어 5되 준비한다.
2. 멥쌀 1말을 깨끗이 씻어 물에 불린 후 물기를 빼고 가루 낸다.
3. 쌀가루에 끓는 물을 조금씩 넣고 익반죽을 하여 구멍떡을 빚어 익게 삶는다.
4. 삶은 구멍떡이 뜨거울 때 으깨어 식히고 마르지 않게 덮어 둔다.
5. 구멍떡 으깬 것을 조금씩 꺼내어 누룩가루를 섞어가며 치대기를 3~4회 한다. 너

무 말라서 잘 어우러지지 않으면 구멍떡 삶은 물을 뿌려가며 다시 치댄다.

6. 구멍떡과 누룩 치댄 것을 손바닥 크기로 만들어 차게 식힌다.
7. 충분히 차게 식은 반죽을 항아리의 가장자리에 넣고 가운데는 비워 둔다.
8. 3~4일 후 항아리를 열어 본다. 더운 김이 있으면 다시 꺼내 식힌 후 다시 넣어 서늘한 곳에 둔다.

술 거르기

1. 음력 5월 10일경부터 내어 마시면 맛이 달고 독하고 향기롭다.

47/39-2
니화쥬(이화곡 2)

[원문]

우일방 ᄇᆡᆨ미 ᄒᆞᆫ 말 ᄇᆡᆨ세ᄒᆞ야 이틀이나 담가다가 ᄡᅵ 붓거든 마이 ᄀᆞ늘게 작말ᄒᆞ야 ᄎᆞᄂᆞᆫ 죽죽 달걀만치 ᄃᆞᆫᄃᆞᆫ이 쥐여 송엽의 격지 두어 실ᄂᆡ 재여 칠일 후 노ᄅᆞ게 썻거든 쓰더 쥬야로 ᄇᆞ라여

[현대어 역]

우일방 백미 1말 백세하여 이틀이나 담가 두었다가 많이 불거든 매우 가늘게 작말하여 체에 치는 대로 달걀만한 크기로 단단히 쥐여 솔잎에 격지 두어 실내에 두어 7일 후 노랗게 뜨거든 조각내어 주야(밤낮)로 바래여(법제하여)

[이화곡 디디기]

재료 : 멥쌀 1말, 물 2되 내외[주1], 솔잎

(단위 : 되)

구분	멥쌀	물	누룩	기타
밑술	10	2 내외[주1]	-	-
계	10	2 내외	-	

이화곡 빚기

1. 멥쌀 1말을 깨끗이 씻어 2일 동안 불려 곱게 가루 내어 물을 뿌려가며 반죽한다.
2. 달걀 크기로 단단히 뭉쳐 솔잎을 깔고 이화곡이 서로 닿지 않게 사이사이에 솔잎을 넣고 실내에 둔다.
3. 7일 후 누룩이 노랗게 뜨면 조각내어 밤낮으로 햇볕에 말려 법제한다.

풀이 - [주]-

1. 반죽할 때 사용하는 물양은 일반적으로 쌀양의 20% 내외로 한다. 물양을 조절해 가면서 나누어 넣어 반죽이 완성되었을 때 이화곡 형태가 변함이 없어야 한다.

48/39-2
니화쥬(이화주 2)

[원문]

여름 되거든 점미와 ᄇᆡᆨ미를 반절ᄒᆞ야 ᄇᆡᆨ세세말ᄒᆞ야다가 구무썩 비저 닉게 ᄉᆞᆱ마 더운 김의 그 누룩을 ᄀᆞᄂᆞᆯ게 작말ᄒᆞ야다가 ᄒᆞᆫᄃᆡ 버므려 알마즌 항의 ᄃᆞᆫᄃᆞᆫ이 눌너 너허 ᄡᆞ미야 서ᄂᆞᆯᄒᆞᆫ ᄃᆡ 노핫다가 칠일 후 먹으라 더운 김의 버무려 ᄎᆡ와 너흐면 삼칠일의 먹으ᄃᆡ ᄆᆡᆸ고 다니라 누룩을 ᄒᆞᆫ 말만 ᄆᆡᆫ드ᄅᆞ시면 ᄡᆞᆯ ᄒᆞᆫ 말 빗ᄂᆞ니라

[현대어 역]

여름 되거든 점미와 백미를 반반하여 백세세말하여 구멍떡 빚어 익게 삶아 더운 김에 그 누룩을 가늘게 작말하여 한 곳에 버무려 알맞은 항에 단단히 눌러 넣어 싸매어 서늘한 곳에 놓았다가 7일 후 먹어라 더운 김에 버무려 식힌 후 넣으면 삼칠일(21일)에 먹되 맵고 달다 누룩을 1말만 만들었으면 쌀 1말 빚나니라

[술 빚기]

재료 : 멥쌀 5되, 찹쌀 5되, 이화곡 1말

(단위 : 되)

구분	멥쌀	찹쌀	물	이화곡	기타
밑술	5	5	-	10	-
계	10		-	10	

이화주 빚기

1. 여름이 되거든 찹쌀과 멥쌀을 반씩 준비해 깨끗이 씻어 물에 불린 후 물기를 빼고 가루 낸다.
2. 쌀가루로 구멍떡을 빚어 잘 익게 삶아서 따뜻할 때 가루 낸 이화곡과 함께 버무린다. 알맞은 항아리에 단단히 눌러 넣어 입구를 봉해 놓는다.

술 거르기

1. 서늘한 곳에 놓았다가 7일 후 사용한다.
2. 따뜻할 때 버무려 차게 식혀 넣으면 21일 후에 마시는데 독하고 달다.

[참고]

1. 누룩 1말을 만들면 쌀 1말을 빚을 수 있다.

풀이 - [주]-

1. 원문에 술 빚기에 사용되는 쌀양에 대한 구체적인 언급은 없다. 원문의 이화곡 빚기가 1말이고, 쌀 1말에 이화곡 1말의 비율로 빚으라는 기술에 근거하여 쌀 1말로 산정하였다. 멥쌀과 찹쌀의 비율에 대한 내용은 기술되어 있기에 멥쌀 5되, 찹쌀 5되로 한다.
2. 이화주의 경우 구멍떡을 익힌 후에 추가되는 물양이 없으나 치댈 때 손에 묻히는 물양이 사람마다 다를 수 있다. 이에 따라 최종 술의 상태가 달라질 수 있으므로, 물양에 대한 자기만의 감각이 필요하다.

49/40

신도쥬(신도주)

[원문]

히쏠 훈 말을 빅세작말ᄒᆞ야 무리썩 쪄 쓸힌 물 두 말만 독의 붓고 무리 찐 거솔 물의 퍼부어 더운 김의 고로 프러 덩이 써 두엇다가 이튼날 조흔 힛누룩 서 되 진말 서 홉 섯거 버무려 너허 삼일 만의 힛쏠 이 두 빅세ᄒᆞ야 담가 밤지와 물 훈 식긔 쓔려가며 밥을 닉게 쪄 치오고 쓸힌 물 훈 말을 추게 시켜 밥과 훈가지로 밋술의 버무려 너헛다가 열흘 후 묽거든 드리워 먹으면 마시 밉고 둔이라

[현대어 역]

햅쌀 1말을 백세 작말하여 무리떡(백설기) 쪄 끓인 물 2말만 독에 붓고 무리(백설기) 찐 것에 물을 퍼부어 더운 김이 있을 때 고루 풀어 덩이 꺼(덩어리 없이) 두었다가 이튿날 좋은 햇누룩 3되 밀가루 3홉 섞어 버무려 넣어 3일 만에 햅쌀 2말 백세하여 담가 밤이 지난 후 물 1식기 뿌려가며 밥을 익게 쪄 식히고 끓인 물 1말을 차게 식혀 밥과 한가지로(함께) 밑술에 버무려 넣었다가 10일 후 맑아지면 드리워(걸러) 먹으면 맛이 맵고 다니라

[술 빚기]

재료 : 멥쌀 3말, 물 3말, 누룩 3되, 밀가루 3홉

(단위 : 되)

구분	멥쌀	물	누룩	기타
밑술	10	20	3	밀가루 0.3
덧술	20	10	-	-
계	30	30	3	

1일차(밑술 준비)

1. 햅쌀 1말을 깨끗이 씻어 물에 불린 후 물기를 빼고 가루 내어 백설기를 찐다.
2. 끓인 물 2말을 항아리에 담고 백설기를 퍼부어 더운 김에 멍울 없게 풀어 준다.

2일차(밑술 빚기)

1. 다음 날, 백설기 반죽에 햇누룩 3되와 밀가루 3홉을 섞어 항아리에 넣는다.

5일차(덧술 준비)

1. 밑술 빚은 지 3일 만에 햅쌀 2말을 깨끗이 씻어 하룻밤 물에 불린다.

6일차(덧술 빚기)

1. 불린 쌀에 물 1사발(1~3되)을 뿌려가며 지에밥을 지은 후 식힌다.
2. 물 1말을 끓여 차게 식힌다.
3. 밑술에 지에밥과 식힌 물을 함께 섞는다.

16일차(술 거르기)

1. 덧술 빚은 지 10일 후 맑아졌을 때 걸러 마시면 맛이 독하고 달다.

50/41-1
방문쥬(방문주 1)

[원문]

ᄇᆡᆨ미 서 되ᄅᆞᆯ ᄇᆡᆨ세작말ᄒᆞ야 무ᄅᆡ ᄶᅧ ᄭᅳᆯ힌 물 서 되예 쥭ᄀᆞᆺ치 덩이 프러 ᄎᆡ와 조흔 국말 늌 홉 ᄆᆞᆺ촘 너허 버무려 항을 일긔ᄅᆞᆯ ᄯᅡ라 알마즌 방의 덥허 두엇다가 ᄆᆡᆺ치 쾌히 닉어야 마시 쥰ᄒᆞ고 술이 되ᄂᆞ니 닉어 ᄆᆞᆰ근 후 ᄇᆡᆨ미 ᄒᆞᆫ 말을 ᄇᆡᆨ세ᄒᆞ야 담가 이튼날 일ᄌᆞᆨ 밥 ᄶᅵᄃᆡ 쥬걱 뒤고 물 ᄲᅳ려 흐시우 ᄶᅧ 큰 그ᄅᆞᄉᆡ 모도 프고 ᄭᅳᆯ힌 물 ᄒᆞᆫ 말을 날물긔 업시 ᄭᅳᆯᄂᆞᆫ 물을 밥의 퍼부어 덥허두면 물이 밥의 드러 밥낫치 지은 밥쳐로 붓거든 여러 그ᄅᆞᄉᆡ 난화 노화 온긔 업시 ᄎᆞ거든 진말 서 홉과 술밋ᄒᆡ 버므려 ᄃᆞᆫᄃᆞᆫ이 ᄡᆞ미야 더운 방의 덥허두ᄃᆡ 너므 더운 방의 두어도 달치고 찬 ᄃᆡ 두어도 얼괴여 못 되ᄂᆞ니 술 덧ᄂᆞᆫ 날은 밥을 범연이 더퍼 예ᄉᆞ로이 더운 ᄃᆡ 두엇다가ᄂᆞᆫ 얼ᄀᆡ 쉬오니 이런 념여 업시 두엇다가 닉어 가ᄂᆞᆫ ᄃᆡ로 챠챠 맛가즌 ᄃᆡ ᄂᆞᆫ하 두엇다가 삼칠일 후 우히 ᄆᆞᆰ어지거든 드리워 쓰라 얼괴면 술이 ᄃᆞᆯ고 걸고 설 ᄶᅵ나 덜 ᄎᆞ나 ᄒᆞ면 술마시 싀고 물이 만하도 조치 아니ᄒᆞ노니 ᄀᆞ장 샹심ᄒᆞ고 누룩도 마이 조흔 누룩을 약간 ᄶᅵ어 쥬야로 ᄇᆞ라여 작말ᄒᆞ면 죠코 서 말 비ᄌᆞ랴 ᄒᆞ면 ᄡᆞᆯ ᄒᆞᆫ 말을 밋ᄒᆞ면 조흐니라 누룩ᄀᆞ로ᄅᆞᆯ ᄒᆞᆫ 말의 너홉 넉넉 너흐라

[현대어 역]

백미 3되를 백세 작말하여 무리(백설기) 쪄 끓인 물 3되에 죽같이 덩이(덩어리) 풀어 식힌 후 좋은 누룩가루 6홉 맞춤(맞추어) 넣어 버무려 항을 일기(날씨)를 따라 알맞은 방에 덮어 두었다가 밑술이 잘 익어야 맛이 준하고(좋고) 술이 되나니 익어 묽은 후 백미 1말을 백세하여 담아 이튿날 일찍 밥 찌되 주걱으로 뒤적이고 물 뿌려 흐시우 쪄 큰 그릇에 모두 풀고 끓인 물 1말을 날 물기 없이 끓는 물을 밥에 퍼부어 덮어두면 물이 밥에 들어 밥알이 지은 밥처럼 불거든 여러 그릇에 나눠놓아 온기 없이 식거든 밀가루 3홉과 밑술에 버무려 단단히 싸매어 더운 방에 덮어 두되 너무 더운 방에 두어도 달아지고 찬 곳에 두어도 덜 괴어 못 되나니 덧술 하는 날은 밥을 범연이 덮어 예사로이 더운 곳에 두었다가는 덜 괴기 쉬우니 이런 걱정 없이 두었다가 익어 가는 대로 차차 알맞은 곳에 나눠 두었다가 3칠일(21일) 후 위가 맑아지거든 드리워(걸러) 쓰라 덜 괴면 술이 달고 걸쭉하고 설 찌거나 덜 차거나 하면 술맛이 쉬고 물이 많아도 좋지 아니하오니 가장 상심하고(신경 써서) 누룩도 매우 좋은 누룩을 약간 찧어 주야(밤낮)로 바래여 작말하면 좋고 3말 빚으려 하면 쌀 1말을 밑술하면 좋으니라 누룩가루를 1말에 4홉 넉넉히 넣어라

[술 빚기]

재료 : 멥쌀 1말 3되, 물 1말 3되, 누룩가루 6홉, 밀가루 3홉

(단위 : 되)

구분	멥쌀	물	누룩가루	기타
밑술	3	3	0.6	-
덧술	10	10	-	밀가루 0.3
계	13	13	0.6	

1일차(밑술 빚기)

1. 멥쌀 3되를 깨끗이 씻어 물에 불린 후 물기를 빼고 가루 낸다.
2. 백설기를 쪄서 끓인 물 3되에 죽처럼 멍울 없이 풀어 식힌다.
3. 좋은 누룩가루 6홉을 넣고 버무려 항아리에 넣는다.
4. 항아리를 날씨에 따라 온도가 알맞은 방에 덮어 둔다.

밑술이 익어 묽게 된 후(덧술 준비)

1. 멥쌀 1말을 깨끗이 씻어 하룻밤 물에 불린다.

다음 날(덧술 빚기)

1. 다음 날 일찍 쌀을 건져 물을 뺀 후 주걱으로 뒤적이면서 물 뿌려 가며 무르게 찐다.
2. 밥을 큰 그릇에 퍼 놓고 여기에 끓인 물 1말을 넣고 덮어 둔다.
3. 밥알이 그냥 지은 밥처럼 불거든 여러 그릇에 나누어서 온기가 없도록 식힌다.
4. 밑술에 밥과 밀가루 3홉을 섞고 항아리 입구를 단단히 싸매 더운 방에 두었다가 익는대로 술을 나누어 둔다.

술 거르기

1. 덧술 빚은 지 21일 후 맑은 술이 뜨면 걸러서 사용한다.

[참고]

1. 밑술이 잘 익어야 맛이 좋은 술이 제대로 된다.
2. 너무 더운 방에 두어도, 찬 곳에 두어도 좋지 않다.
3. 덧술 빚을 때 어중간한 온도에서는 발효가 잘 안 되기 십상이다. 그러므로 그런 염려 없도록 더운 곳에 잘 놓아두고 술이 익어가는 대로 알맞은 곳으로 옮겨 놓는다.
4. 발효가 잘 안 되면 술이 제대로 괴지 않으며, 술이 달고 걸쭉하다.
5. 밥을 설익게 찌거나 덜 식히면 술맛이 시다.
6. 물이 많아도 좋지 않으니 신경을 많이 써야 한다.
7. 좋은 누룩을 약간 찧어 밤낮으로 법제하여 가루 내어 사용하면 좋다.
8. 누룩가루는 쌀 1말에 4홉을 넉넉히 넣는다.
9. 3말 빚으려면 쌀 1말로 밑술을 하면 좋다.

■ 계량 도구

말(斗)

가로 35.5cm, 세로 35.5cm, 높이 19.7cm, 손잡이 9cm, 1905(광무9) 국립민속박물관 소장
앞면에 '穀用一斗', '平', '主馬課'의 명문이 있고, 사용하기 편하게 두 개의 손잡이가 달려 있다.
용적은 18.1ℓ에 해당한다. 1905년(광무 9)에 통일된 1말(18ℓ)의 규격에 준하는 것이다.

화인 火印(穀用一斗)

가로 4.2cm, 세로 6.7cm, 길이 36cm, 국립기술품질원 소장

도판 252의 세부 (穀用一斗)

51/42

향노쥬(향로주)

[원문]

ᄇᆡᆨ미 일 두 ᄇᆡᆨ세ᄒᆞ야 삼일을 담가 작말ᄒᆞ야 물 너 되예 ᄂᆡᆨ게 ᄀᆡ야 ᄎᆞ거든 국말 되 너 홉 진말 뉵 홉 섯거 날물긔 업시 집뇌 ᄡᅬ여 너허 항부리 봉ᄒᆞ야다가 칠일 만의 ᄇᆡᆨ미 이 두 ᄇᆡᆨ세ᄒᆞ야 담갓다가 건저 ᄂᆡᆨ게 밥 ᄧᅧ 설힌 물 말 엿 되만 골나 녀ᄅᆞ 그ᄅᆞ싀 치와 영영 온긔 업ᄉᆞᆫ 후 쏘 국말 ᄒᆞ고 술밋ᄒᆡ 버므려 마이 쳐 항의 너허 ᄃᆞᆫᄃᆞᆫ이 봉ᄒᆞ야다가 이칠일 후 드리우라 마이 훈향ᄒᆞ야 긔특ᄒᆞ고 법대로 ᄒᆞ면 너므 세여 일ᄇᆡ예 장ᄇᆡ 어리고 골절이 녹ᄂᆞᆫ ᄃᆞᆺ ᄒᆞ야 사ᄅᆞᆷ이 상ᄒᆞᄂᆞ니 물을 짐작ᄒᆞ야 너흐 이 술법과 다르니라 겨울에 빗ᄂᆞᆫ 술이니라

[현대어 역]

백미 1말 백세하여 3일을 담가 작말하여 물 4되에 익게 개여 식거든 누룩가루 1되 4홉 밀가루 6홉 섞어 날 물기 없이 짚 태워 향을 쏘여 넣어 항아리 입구 봉하였다가 7일 만에 백미 2말 백세하여 담갔다가 건져 익게 밥 쪄 끓인 물 1말 6되에 불린 후 여러 그릇에 식혀 전혀 온기 없이 한 후 또 누룩가루 하고 밑술에 버무려 많이 치대어 항에 넣어 단단히 봉하였다가 2칠일(14일) 후 드리워라 많이 훈향(훈훈한 향기)하여 기특하고 방법대로 하면 너무 독해 한 잔에 장부 어리고(장이 아프고) 골절이 녹는 듯하여(골절이 쑤시고 아픔) 사람이 상하게 되니 물을 짐작하여 넣어 이 술 빚는 법과 다르니라 겨울에 빚는 술이니라

[술 빚기]

재료 : 멥쌀 3말, 물 3말, 누룩가루 2.4되, 밀가루 6홉

(단위 : 되)

구분	멥쌀	물	누룩가루	기타
밑술	10	14주1	1.4	밀가루 0.6
덧술	20	16	1주2	-
계	30	30	2.4	

1일차(밑술 준비)

1. 멥쌀 1말을 깨끗이 씻어 3일 동안 물에 불린다.

4일차(밑술 빚기)

1. 쌀을 건져 물기를 빼고 가루 낸다.
2. 쌀가루를 끓는 물 1.4말(14되)에 익게 개어 식힌다.

3. 범벅에 누룩가루 1.4되와 밀가루 6홉을 섞어 항아리에 넣고 입구를 봉한다.

11일차(덧술 빚기)

1. 밑술 빚은 지 7일 만에 멥쌀 2말을 깨끗이 씻어 물에 불린 후 물기를 빼고 지에밥을 찐다.
2. 끓인 물 1.6말을 부어 밥이 불면 여러 그릇에 나누어 온기가 전혀 없게 식힌다.
3. 밑술에 밥과 누룩가루 1되를 섞고 많이 치대어 넣고 항아리 입구를 단단히 봉한다.

25일차(술 거르기)

1. 덧술 빚은 지 14일 후 걸러서 사용한다.

[참고]

1. 향이 매우 훈훈하고 향기로우며 기특하다.
2. 법대로 하면 너무 독해서 한 잔에 장부(臟腑)가 어지러워지고, 뼈마디가 녹는 듯하여 사람이 상하니 물을 짐작하여 낸다.
3. 겨울에 빚는 술이다.

풀이 -[주]-

1. 밑술 빚을 때 쌀 1말을 4되의 물로 익게 개기는 어렵다. '말 너 되'에서 '말'이 필사 중에 누락된 것으로 보인다. 『뿌리 깊은 나무』(1970.10) 『양주방』에도 물양이 1.4말로 되어 있다.
2. 덧술 빚을 때 누룩가루의 양이 언급되어 있지 않다. 이 역시 정양완 역 『양주방』을 참고로 1되로 기술하였다.

52/43
하향쥬(하향주)

[원문]

점미 일 두 비ᄌᆞ랴 ᄒᆞ면 몬저 ᄇᆡᆨ미 서 되ᄅᆞᆯ ᄇᆡᆨ세 작말ᄒᆞ야 구무 썩 ᄉᆞᆯ마 식거든 조흔 누룩ᄀᆞ로 ᄒᆞᆫ 되ᄅᆞᆯ 고로 쳐 니화쥬 빗드시 항의 너허 닉거든 점미 일 두 ᄇᆡᆨ세ᄒᆞ야 닉게 ᄧᅧ 물 ᄭᅳᆯ혀 식여 골으ᄃᆡ 술밋치 ᄀᆞ장 달거든 물을 병 반의 고ᄅᆞ고 마시 쓰거든 두 병을 골나 너흐ᄃᆡ ᄯᅩ ᄀᆞ로누룩 ᄒᆞᆫ 되ᄅᆞᆯ 섯거 너허 두엇다가 삼칠일 후 녀러 보면 마시 긔특ᄒᆞ니 오직 날 물긔ᄅᆞᆯ 금ᄒᆞ여야 마시 변치 아니 ᄒᆞᄂᆞ니라

[현대어 역]

점미 1말 빚으려 하면 먼저 백미 3되를 백세 작말하여 구멍떡 삶아 식거든 좋은 누룩가루 1되를 고루 치대어 이화주 빚듯이 항에 넣어 익거든 점미 1말 백세하여 익게 쪄 물 끓여 식혀 밥에 부어 불리되 밑술이 매우 달거든 물을 1병 반에 불리고 맛이 쓰거든 2병에 불려 넣되 또 가루누룩 1되를 섞어 넣어 두었다가 삼칠일 후 열어 보면 맛이 기특하니 오직 날 물기를 금하여야 맛이 변하지 아니 하나니라

[술 빚기]

재료 : 멥쌀 3되, 찹쌀 1말, 물 1.5~2병(6~12되), 누룩가루 2되

(단위 : 되)

구분	멥쌀	찹쌀	물	누룩가루	기타
밑술	3	-	-	1	-
덧술	-	10	6~12[주1]	1	-
계	13		6~12	2	

1일차(밑술 빚기)

1. 멥쌀 3되를 깨끗이 씻어 물에 불린 후 물기를 빼고 가루 낸다.
2. 구멍떡을 삶아 식으면 누룩가루 1되와 고루 치대 이화주 빚듯이 항아리에 넣는다.

밑술이 익으면(덧술 빚기)

1. 익으면, 찹쌀 1말을 깨끗이 씻어 물에 불린 후 물기를 빼고 지에밥을 짓는다.
2. 밑술이 매우 달면 물 1.5병(6~9되)을 끓여 식힌 후 지에밥과 밑술과 함께 섞는다. 술이 쓰면 물 2병(8~12되)과 누룩가루 1되를 섞어 넣는다.

술 거르기

1. 덧술 빚은 지 21일 후 열어 보면 맛이 기특하다.

[참고]

1. 날 물기 없이 해야 맛이 변하지 않는다.

풀이 -[주]-

1. 1병을 4~6되 사이로 볼 경우, 물의 총량은 6~12되 사이가 된다. 기호에 맞춰 물양을 조절하길 권한다.
2. '이화주 빚듯이'란 반죽을 항아리의 가장자리에 붙여 넣고 가운데는 비워 두는 걸 뜻한다.
3. 밑술이 이화주(요구르트 상태)처럼 되면 덧술을 한다.

53/44
졈쥬(점주)

[원문]

졈미 두 되를 빅세작말ᄒᆞ야 물 서 되로 쥭 쑤어 마이 ᄎᆡ와 국말 ᄒᆞᆫ 되 섯거 너허 마ᄎᆞ 더운 ᄃᆡ 두엇다가 이틀 만의 졈미 ᄒᆞᆫ 말 빅세하야 담가 밤재와 밥 찌ᄃᆡ 물 ᄒᆞᆫ 복ᄌᆞ 쑤려 마이 쪄 ᄎᆡ와 그 밋출 ᄀᆞ는 체예 걸너 밥의 고로고로 섯거 너허 극열의는 ᄎᆞᆫ ᄃᆡ 두고 츈추의는 너므 덥지 아닌 ᄃᆡ 노핫다가 삼칠일 후 쏠낫 뜬 후 ᄂᆡ여 쓰라

[현대어 역]

점미 2되를 백세 작말하여 물 3되로 죽 쑤어 충분히 식혀 누룩가루 1되 섞어 넣어 마차(맞춰) 더운 곳에 두었다가 이틀 만에 점미 1말 백세하여 담가 밤 지난 후 밥 찌되 물 1복자 뿌려 많이 쪄 식힌 후 그 밑술을 가는 체에 걸러 밥에 고루고루 섞어 넣어 극열(매우 더울 때)에는 찬 곳에 두고 춘추에는 너무 덥지 않은 곳에 놓았다가 삼칠일(21일) 후 밥알이 뜬 후 내여(걸러) 쓰라

[술 빚기]

재료 : 찹쌀 1말 2되, 물 3되, 누룩가루 1되

(단위 : 되)

구분	찹쌀	물	누룩가루	기타
밑술	2	3	1	-
덧술	10	-	-	-
계	12	3	1	

1일차(밑술 빚기)

1. 찹쌀 2되를 깨끗이 씻어 물에 불린 후 물기를 빼고 가루 낸다.
2. 물 3되로 죽을 쑤어 충분히 식힌다.
3. 누룩가루 1되를 섞어 항아리에 넣고 적당히 더운 곳에 둔다.

3일차(덧술 준비)

1. 2일 후 찹쌀 1말을 깨끗이 씻어 하룻밤 불린다.

4일차(덧술 빚기)

1. 불린 쌀을 물을 1복자(1~2되)주1 뿌려 가며 충분히 무르게 쪄서 식힌다.
2. 밑술을 가는 체에 거른다.
3. 체로 거른 밑술과 찹쌀 지에밥을 함께 골고루 섞어 항아리에 넣는다.

25일차(술 거르기)

1. 덧술 빚은 지 21일 후 밥알이 뜨면 내어 쓴다.

[참고]

1. 한여름에는 찬 곳에 두고 봄가을에는 너무 덥지 않은 곳에 놓아둔다.

풀이 - [주]-

1. 지에밥을 찔 때 뿌리는 물양이 기술된 주방문이다.

54/45

감향쥬(감향주)

[원문]

점미 ᄒᆞᆫ 말 ᄇᆡᆨ세작말ᄒᆞ야 ᄭᅳᆯ힌 물 서 되로 죽 쑤어 식거든 누룩ᄀᆞ로 ᄒᆞᆫ 되예 버무려 너코 그날 점미 ᄒᆞᆫ 말 ᄇᆡᆨ세ᄒᆞ야 밤재와 닉게 ᄶᅧ 밋술 버무려 두라 여롬이라도 더운 김의 버무려 더운 ᄃᆡ 두ᄂᆞ니 마시 ᄭᅮᆯ ᄀᆞᆺ고 홀홀ᄒᆞ여야 먹ᄂᆞ니라

[현대어 역]

점미 1말 백세 작말하여 끓인 물 3되로 죽 쑤어 식거든 누룩가루 1되에 버무려 넣고 그날 점미 1말 백세하여 밤 지난 후 익게 쪄 밑술 버무려 두라 여름이라도 더운 김에 버무려 더운 곳에 두나니 맛이 꿀 같고 홀홀하여야 먹나니라

[술 빚기]

재료 : 찹쌀 1.1말, 물 3되, 누룩가루 1되

(단위 : 되)

구분	찹쌀	물	누룩가루	기타
밑술	1[주1]	3	1	-
덧술	10	-	-	-
계	11	3	1	

1일차(밑술 빚기 및 덧술 준비)

1. 찹쌀 1되를 깨끗이 씻어 물에 불린 후 물기를 빼고 가루 낸다.
2. 끓인 물 3되로 죽을 쑤어 식힌다.
3. 누룩가루 1되를 죽과 혼합하여 항아리에 넣는다.
4. 찹쌀 1말을 깨끗이 씻어 하룻밤 물에 불린다.

2일차(덧술 빚기)

1. 불린 쌀을 잘 익게 쪄 더운 김이 날 때 밑술과 함께 섞어 항아리에 넣는다.

[참고]

1. 여름에도 더운 김에 버무리고 더운 곳에 두고 익힌다.
2. 맛이 꿀 같고 훌훌해지면 마신다.

풀이 - [주]-

1. 밑술 시 찹쌀 1말을 3되의 물로 죽을 쑬 수 없다. 『뿌리 깊은 나무』(1977.10) 『양주방』의 '감향주' 밑술에 찹쌀 1되라고 되어 있는 문구를 참고하여 찹쌀 1되에 물 3되로 기술하였다.

55/46
ᄇᆡᆨ슈환동쥬(백수환동곡)

[원문]

원월 샹슌 전의 녹두 ᄒᆞᆫ 말을 ᄆᆡ예 타 거피ᄒᆞ야 계유 닉을 만치 찌고 점미 닷 되를 ᄇᆡᆨ세말ᄒᆞ여 녹두 ᄶᅵᆫ 거ᄉᆞᆯ 방하의 ᄶᅵᄒᆞ며 ᄎᆞᆯᄀᆞ로ᄅᆞᆯ 켜켜 너허 교합ᄒᆞ거든 니화쥬 누룩 ᄀᆞᆺ치 쥐여 송엽의 재와 일칠일의 되재와 이칠일의 거풍ᄒᆞ야 삼칠일의 아조 말뇌여 두엇다가

[현대어 역]

원월 상순 전에 녹두 1말을 맷돌에 타서 거피(껍질을 벗김)하여 겨우 익을 만큼 찌고 점미 5되를 백세말(백세세말)하여 녹두 찐 것을 방아에 찧되 찹쌀가루를 켜켜이 넣어 교합(잘 섞음)하거든 이화주 누룩 같이 쥐여(만들어) 솔잎에 재와(솔잎을 깔고 놓음) 일칠일에 다시 재와 이칠일에 거풍(바람이 통하게 함)하여 삼칠일(21일)에 아주 말려 두었다가

[백수환동곡 디디기]

재료 : 찹쌀 5되, 녹두 1말, 솔잎 약간

(단위 : 되)

구분	찹쌀	녹두	물	기타
누룩	5	10	-	솔잎 약간
계	5	10	-	

백수환동곡 만들기

1. 음력 1월 초순 전에 녹두 1말을 맷돌에 타서 물에 담갔다가 껍질을 제거하고 겨우 익을 만큼 찐다.
2. 찹쌀 5되를 깨끗이 씻어 물에 불린 후 물기를 빼고 가루 낸다.
3. 녹두 찐 것을 방아에 찧는다. 이때 찹쌀가루를 켜켜이 넣으면서 섞이도록 찧는다.
4. 녹두와 찹쌀가루를 섞어서 이화곡처럼 손으로 단단히 쥐어 뭉친다.
5. 뭉친 누룩은 솔잎에 재운다.
6. 7일 후 뒤집어 준다.
7. 14일이 되면 바람을 쐬어 준다.
8. 21일이 되면 햇볕에 바짝 말려 둔다.

풀이 - [주]-

1. '맷돌에 탄다'는 말은 콩 따위가 반쪽이 되도록 간다는 의미다.

56/46

ᄇᆡᆨ슈환동쥬(백수환동주)

[원문]

하월의 점미 ᄒᆞᆫ 말을 ᄇᆡᆨ세ᄒᆞ야 담갓다가 ᄂᆡᆨ게 쪄 시로재 체ᄃᆞ리 우희 노코 ᄂᆡᆼ슈 두 동희나 언져 온긔 업시 저어가며 씨서 그 누룩 작말ᄒᆞ야 두 되식 너허 비ᄌᆞᄃᆡ ᄀᆡᆨ수란 일절 드리지 말고 잘 버무려 너허 항부리 굿게 싸ᄆᆡ야 ᄎᆞᆫ ᄃᆡ 두엇다가 삼칠일 후 드리우ᄃᆡ 누룩 ᄆᆡᆫ둘며 술빗기 다소란 임의로 ᄒᆞ라
이 술 일명 샹텬삼원츈이라니 텬상의 세 가지 웃듬 봄이라 ᄒᆞ니 술마시 닙의 먹음은 후ᄂᆞᆫ 삼키기 앗갑고 사ᄅᆞᆷ의게 극히 보익ᄒᆞ야 ᄇᆡᆨ병을 물니치고 골수ᄅᆞᆯ ᄎᆞ게 ᄒᆞ니 허약ᄒᆞᆫ 사ᄅᆞᆷ의게 조흐니 긔 허ᄒᆞᆫ 사ᄅᆞᆷ의 엇지 못ᄒᆞᆯ 큰 약이라 일 두의 일 수ᄅᆞᆯ 긔식ᄒᆞ라 ᄒᆞ야시니 일긔는 열두 ᄒᆡ라 상텬의도 비밀ᄒᆞᆫ 방문이라 너므 헛되이 뎐ᄒᆞ여 세상 부정ᄒᆞᆫ 사ᄅᆞᆷ으로 ᄒᆞ여곰 ᄇᆡ호게 말나

[현대어 역]

여름에 점미 1말을 백세하여 담갔다가 익게 쪄 시루 채 쳇다리 위에 놓고 냉수 2동이나 얹어 온기 없이 저어가며 씻어 그 누룩 작말하여 2되씩 넣어 빚되 객수(날물)란 일절 드리지 말고 잘 버무려 넣어 항아리 입구를 굳게 싸매어 찬 곳에 두었다가 삼칠일(21일) 후 드리우되 누룩 만들며 술 빚기의 다소(양)는 임의로 하라
이 술 일명 상천삼원춘이라니 천상의 세 가지 으뜸 봄이라 하니 술맛이 입에 머금은 후에는 삼키기 아깝고 사람에게 극히 보익(유익)하여 백병을 물리치고 골수를 차게(채움) 하니 허약한 사람에게 좋으니 기가 허한 사람이 얻지 못할 큰 약이라 1말에 1수를 기식하라(더한다) 하였으니 1기는 12해라 상천에도 비밀한 방문이라 너무 헛되이 전하여 세상의 부정한 사람으로 하여금 배우게 말라

[술 빚기]

재료 : 찹쌀 1말, 백수환동곡가루 2되

(단위 : 되)

구분	찹쌀	물	백수환동곡가루	기타
단양	10	-	2	-
계	10	-	2	

백수환동주 빚기

1. 여름에 찹쌀 1말을 깨끗이 씻어 물에 불린 후 물기를 빼고 지에밥을 짓는다.
2. 시루 채 쳇다리 위에 놓고 냉수 2동이(2말 이상)를 끼얹어 온기가 없도록 저어 가

며 씻는다.

3. 지에밥과 백수환동곡을 한 데 버무려 항아리에 넣고 입구를 단단히 봉한다. 찹쌀 1말에 백수환동곡가루 2되의 비율로 섞는다.
4. 항아리는 찬 곳에 둔다.

술 거르기

1. 술 빚은 지 21일 후 거른다.

[참고]

1. 물은 일절 추가하지 않는다.
2. 누룩을 만들고 술을 빚는 양은 임의대로 한다. 찹쌀 1말에 누룩가루 2되의 비율로 잡는다.
3. 이 술은 일명 상천삼원춘이라고 하는데 '천상의 세 가지 으뜸가는 봄'이라는 뜻이다.
4. 술맛이 술을 입에 머금은 후에는 삼키기 아깝다.
5. 사람에게 매우 유익하여 온갖 병을 물리치고 골수를 채워 주니 허약한 사람에게 좋다. 기가 허한 사람에게 큰 도움이 되는 약이다.
6. 1말 마시면 1수(1기)를 더하는데 1수는 12년이다.
7. 천상에서도 비밀스런 방문이니 너무 헛되게 전해서 세상의 부정한 사람이 배우지 못하게 해야 한다.

57/47
경향옥외쥬(경향옥액주)

[원문]

이월 초싱의 빅미 두 말을 빅세작말ᄒᆞ야 니화쥬 누룩 민드ᄅᆞ 두고 동월 념후 점미 두 말 빅세ᄒᆞ야 닉게 쪄 물 두 말 남즉 부어 예ᄉᆞ 술 빗듯 서늘ᄒᆞ게 치와 ᄀᆞ로누룩 두 말을 밥의 섯거 빗고 삼칠일 지나 삼월 슌전이나 되거든 빅미 두 말을 빅세작말 두레썩 민드러 닉게 쪄 더운 김의 니화쥬 누룩 두 말 작말ᄒᆞ야 숑슌을 아ᄒᆡ 짐으로 반짐만 ᄒᆞ고 니화쥬 누룩 작말ᄒᆞᆫ 거술 그 더운 두레썩의 버므려 마이 처 항의 너흐며 숑슌을 격지노하 정여 노코 단단이 싸ᄆᆡ야 일칠일 지나면 숑슌의 물이 날 거시니 점미 술을 덩이 쌔 퍼부어가며 숑슌물을 버므려 술을 걸너 여러 그ᄅᆞ시 녹말 안치듯 일야 지나거든 웃물 ᄯᆞ로고 녹말ᄀᆞᆺ치 쳐진 거술 박희판의 박아 당양ᄒᆞ야 잘 말뇌야 두고 먹을 제 닝슈의 써 너허 타 먹으라

[현대어 역]

음력 2월 초순에 백미 2말을 백세 작말하여 이화주 누룩 만들어 두고 같은 달 20일 후 점미 2말 백세하여 익게 쪄 물 2말 남짓 부어 예사(보통의) 술 빚듯 서늘하게 식혀 가루누룩 2말을 밥에 섞어 빚고 삼칠일(21일 후)이 지나 3월 10일전이 되거든 백미 2말을 백세 작말 두레떡(도래떡) 만들어 익게 쪄 더운 김이 있을 때 이화주 누룩 2말 작말하여 송순(솔순)을 아이 짐으로 반 짐만 하고 이화주 누룩 작말한 것을 그 더운 두레떡에 버무려 많이 치대어 항에 넣으며 송순을 격지 놓아 정여(가지런히) 놓고 단단히 싸매어 일칠일(7일) 지나면 송순에 물이 날 것이니 점미 술을 덩어리 째 퍼부어가며 송순물을 버무려 술을 걸러 여러 그릇에 녹말 앉히듯 일야(하룻밤) 지나거든 윗물 따르고 녹말같이 처진(가라앉은) 것을 박희판(떡살판이나 다식판처럼 모양을 내는 판)에 박아 당양(햇볕에 말림)하야 잘 말려 두고 먹을 때 냉수에 떠 넣어 타서 먹으라

[술 빚기]

재료 : 찹쌀 2말, 멥쌀 2말, 물 2말, 누룩가루 2말, 이화곡가루 2말, 송순 아이 짐으로 반 짐(3.6kg 내외, 약 12되)

(단위 : 되)

구분	멥쌀	찹쌀	물	누룩	기타
찹쌀술	-	20	20	가루 20	-
멥쌀술	20	-	-	이화곡 20	송순 약 12[주1]
계	40		20		

이화곡 만들기

1. 음력 2월초에 멥쌀 2말을 깨끗이 씻어 물에 불린 후 물기를 빼고 가루 낸다.
2. 이화곡을 만들어 둔다. '39. 이화주' 주방문의 이화곡 만들기를 참조한다.

음력 2월 20일 이후(찹쌀술 빚기)

1. 찹쌀 2말을 깨끗이 씻어 물에 불린 후 물기를 빼고 지에밥을 짓는다.
2. 물을 2말 남짓 부어 일반적인 술 빚듯이 차게 식힌다.
3. 누룩가루 2말을 찹쌀 지에밥과 섞어 항아리에 넣는다.

21일 후나 음력 3월 10일 전(멥쌀 술 빚기)

1. 멥쌀 2말을 깨끗이 씻어 물에 불린 후 물기를 빼고 가루 낸다.
2. 이화곡을 가루 내어 2말 준비한다.
3. 멥쌀가루로 도래떡주2을 만들어 익게 찐다.
4. 도래떡이 더운 김이 날 때 이화곡 가루 2말과 섞어 많이 치대어 놓는다.
5. 멥쌀 술을 항아리에 넣고 송순을 격지 놓기로 층층이 쌓는다. 송순은 어린이 짐으로 반 짐 정도 준비한다.
6. 항아리 입구를 단단히 봉하여 둔다.

멥쌀 술 빚은 지 7일 후(술 거르기)

1. 7일 지나 멥쌀 술로 빚은 항아리의 송순에서 물이 생기면 술을 거른다.
2. 먼저 빚은 찹쌀 술을 덩이째 부어가며 송순에서 생긴 물로 주물러 술을 거른다. 거른 술은 여러 그릇에 나누어 담는다.
3. 하룻밤 지나 위에 뜬 물을 따라 놓는다.
4. 녹말같이 가라앉은 것은 밝은 햇볕에 잘 말려 두었다가 냉수에 넣어 타서 마신다.

풀이 - [주]-

1. 송순 600㎖(1되)의 무게는 약 300g이다. 따라서 아이 짐을 3.6kg 내외로 볼 경우, 약 12되 가량이 되는 셈이다.
2. 원문의 두레떡은 도래떡을 뜻한다. 혼례 때 초례상에 놓는 두둑하고 둥글넓적하게 치는 떡으로 멥쌀가루를 물에 축여 절구나 안반에 매우 쳐서 만든 신성하고 원만하자는 의미가 담긴 떡이다. 『한국음식대관』, 95쪽
3. 두 종류의 누룩을 사용하고 두 가지 술을 혼합하는 주방문이다. 술 앙금을 말려 두었다가 물에 타서 먹는 건주법이 기술되어 있다. 말리면 오래 보관할 수 있기에 먼 길을 갈 때 사용하지 않았을까 하는 추측을 해 본다. 빚어 본 결과 송순의 향이 다소 강했다. 햇빛에 말려 두었다가 냉수에 타니 잘 녹지 않았고, 알코올도 말리는 과정에서 다 날아가 술이라고 할 수 없었다.

58/48
숑슌쥬(송순주)

[원문]

점미 닷 말 비ᄌᆞ랴 ᄒᆞ면 점미 닷 되 ᄇᆡᆨ세작말ᄒᆞ야 끌힌 물의 풀ᄀᆞᆺ치 ᄀᆡ야 식거든 날 물긔 업시 독을 죄 씨서 누룩 두 되를 섯거 너허 단단이 싸ᄆᆡ야 서늘ᄒᆞᆫ ᄃᆡ 두어 닉거든 점미 닷 말 백세ᄒᆞ야 담가 밤재와 닉게 쪄 밤재와 ᄀᆞ장 ᄎᆞ거든 숑슌을 다듬어 닷 분식 싸흐ᄅᆞ ᄒᆞᆫ 말이나 살마 그 물은 ᄇᆞ리고 밥 찐 물 두 병만 ᄎᆞ게 시겨 술밋촐 그 물의 걸너 국말 두 되가옷만 거룬 물의 타 또 바타 촐밥의 고로 섯거 물 눅게 말고 바븨야 되게 섯거 독의 식긔 두에로 셋식 너코 숑슌을 시로떡 픗케 놋틋 노흔 후 순 솔믄 거슬 우흘 덥허 독을 식지로 단단이 싸ᄆᆡ야 서늘ᄒᆞᆫ 마루의 두엇다가 삼칠일 지나거든 우희 것 것고 ᄇᆡᆨ소쥬를 쓰게 고아 ᄒᆞᆫ 말의 두 복ᄌᆞ식 부어 두엇다가 이칠일 지나거든 보면 ᄆᆡᆸ고 긔특ᄒᆞ야 ᄇᆡᆨ병이 다 업ᄂᆞ니 부ᄃᆡ ᄒᆞ여 먹으ᄃᆡ 놀 물긔 업시 그ᄅᆞᄉᆡ도 업시 ᄒᆞ라 정히 정히 쓰면 아므리 오라여도 변치 아니 ᄒᆞᄂᆞ니라 순이 연ᄒᆞ여야 조코 굵어야 조흐니라 방문의ᄂᆞᆫ 슌을 ᄒᆞᆫ 말을 너흐라 ᄒᆞ엿서도 두 말을 너허 조코 닷 말 덜 비ᄌᆞ랴 ᄒᆞ면 헤아려 ᄒᆞᄂᆞ니라

[현대어 역]

점미 5말 빚으려 하면 점미 5되 백세 작말하여 끓인 물에 풀같이 개여 식거든 날 물기 없이 독을 깨끗이 씻어 누룩 2되를 섞어 넣어 단단히 싸매어 서늘한 곳에 두어 익거든 점미 5말 백세하여 담가 밤이 지난 후 익게 쪄 밤이 지난 후 매우 차거든 송순(솔순)을 다듬어 5분(5푼, 1.5cm가량)씩 썰어 1말이나 삶아 그 물은 버리고 밥 찐 물 2병만 차게 식혀 밑술을 그 물에 걸러 누룩가루 2되 5홉만 거른 물에 타서 또 걸러 찹쌀밥에 고루 섞어 물 눅게 말고 밥에 되게 섞어 독에 식기 두에로(뚜껑) 3씩 넣고 송순을 시루떡에 팥포개 놓듯 놓은 후 송순 삶은 것을 위에 덮어 독을 기름종이로 단단히 싸매어 서늘한 마루에 두었다가 삼칠일(21일) 지나거든 위에 것 걷어내고 백소주를 나오도록 고아 1말에 2복자씩 부어 두었다가 이칠일(14일)이 지나 보면 맵고 기특하여 백병이 다 없나니 부디 빚어 먹되 날 물기 없이 그릇에도 없이 하라 정갈하게 쓰면 아무리 오래 지나도 변하지 아니 하나니라 순이 연해야 좋고 굵어야 좋으니라 방문에는 순을 1말 넣으라 하였어도 2말을 넣어도 좋고 5말보다 덜 빚으려 하면 (양을) 헤아려 하나니라

[술 빚기]

재료 : 찹쌀 5.5말, 물 2.3말~2.7말, 누룩 4.5되, 5푼 길이로 썬 송순 1말, 백소주 10복자(20되)

(단위 : 되)

구분	찹쌀	물	누룩/누룩가루	백소주	기타
밑술	5	15주1	2		-
덧술	50	8~12주2	2.5		송순 10
백소주	-		-	20주3	-
계	55	23~27	4.5		

1일차(밑술 빚기)

1. 찹쌀 5되를 깨끗이 씻어 물에 불린 후 물기를 빼고 가루 낸다.
2. 끓인 물 1.5말에 풀같이 개어 식힌다.
3. 범벅과 누룩 2되를 섞어 항아리에 넣고 입구를 단단히 봉해 서늘한 곳에 둔다. 항아리는 날 물기 없이 깨끗이 씻어서 말려야 한다.

밑술이 익으면, 덧술 준비 1일차(쌀 불리기)

1. 찹쌀 5말을 깨끗이 씻어 하룻밤 물에 불린다.

다음 날, 덧술 준비 2일차(지에밥 짓기)

1. 찹쌀을 건져 물기를 빼고 찹쌀 지에밥을 지어 하룻밤 차게 식힌다.

덧술 준비 3일차(덧술 빚기)

1. 송순을 다듬어 5푼(1.5㎝ 정도) 크기로 썰어 1말 정도를 삶아 그 물은 버린다.
2. 밥 찔 때 사용한 물 2병(8~12되)을 차게 식혀 그 물로 밑술을 거른다.
3. 거른 밑술에 누룩가루 2.5되를 섞어서 다시 거른다.
4. 다시 거른 밑술과 찹쌀밥을 고르게 섞는다.
5. 찹쌀밥을 항아리에 밥 뚜껑으로 3번씩 넣고, 삶은 송순을 시루떡 팥고물처럼 켜켜이 놓는다. 송순으로 맨 위를 덮는다.
6. 항아리 입구를 기름종이로 단단히 봉하여 서늘한 마루에 둔다.

덧술 빚은 지 21일 후(백소주 붓기)

1. 21일 지나 항아리를 열고 위에 뜬 송순을 걷어 낸다.
2. 소주용으로 술을 빚어 백소주를 내려, 쌀 1말에 2복자씩, 총 10복자(20되)를 부어 준다.

백소주 붓고 14일 후(술 거르기)

1. 14일이 지나면 맛이 독하고 기특하여 모든 병이 다 없어진다.

[참고]

1. 술맛은 독하고 기특하며, 모든 병이 다 없어진다.
2. 술과 그릇에 날 물기 없이 깨끗이 관리하면 아무리 오래되어도 변하지 않는다.
3. 송순은 연하고 굵어야 좋다.
4. 방문에는 송순 1말을 넣으라고 했으나 2말을 넣어도 좋다.
5. 5말보다 적은 양을 빚으려면 비율대로 계산해서 빚는다.

풀이 - [주]-

1. 물양이 쌀양의 3배면 풀같이 된다.
2. 2병은 '1부 2. 고문헌 주방문의 이해'편을 참고하여 4~6되로 하였다.
3. 알코올 도수 40% 내외의 소주를 사용하며, 전체 알코올 도수를 고려하여 1복자는 2되로 제안한다.

59/49

쳔금쥬(천금주)

[원문]

북나므 겁질을 만히 벗겨 물 만히 부어 진케 달혀 체예 바타 점미 ᄒᆞᆫ 말 ᄇᆡᆨ세ᄒᆞ야 달힌 물노 밥 짓고 물을 알마츠 골나 식거든 진국 너 되 너허 섯거 구지봉ᄒᆞ야 두엇다가 일칠일 만의 ᄂᆡ야 드리우거나 건지재 먹거나 아침마다 공심의 건둘이 취훌만치 먹으면 병이 덜니고 두 말 비즌 거술 먹으면 병이 쏘 이분이 덜니고 서 말 비즌 거술 먹으면 일신의 든 병이 다 업ᄂᆞ니라

[현대어 역]

북나무 껍질을 많이 벗겨 물 많이 부어 진하게 달여 체에 내려 점미 1말 백세하여 달인 물로 밥 짓고 물을 알맞게 부어 밥이 식거든 밀가루 누룩 4되 넣어 섞어 구지 봉하여[주1] 두었다가 1칠일(7일) 만에 내어 드리우거나 건지 째 먹거나 아침마다 빈속에 얼큰히 취할 만큼 먹으면 병이 덜 생기고 2말 빚은 것을 먹으면 병이 또 반절 줄고 3말 빚은 것을 먹으면 몸에 든 병이 다 없나니라

[술 빚기]

재료 : 찹쌀 1말, 북나무 껍질 진하게 달인 물 1.35~1.55말, 누룩가루 4되, 밀가루 4되

(단위 : 되)

구분	찹쌀	북나무 달인 물	누룩	기타
단양	10	13.5~15.5[주2]	4	밀가루 4
계	10	13.5~15.5	4	

밑술 빚기

1. 북나무 껍질을 많이 벗겨서 물을 부어 진하게 달인다.
2. 북나무 껍질 달인 물 1.35~1.55말을 체에 내린다.
3. 찹쌀 1말을 깨끗이 씻어 물에 불린 후 물기를 빼고 북나무 껍질 달인 물 0.95말로 밥을 지어 식힌다.
4. 찹쌀 밥에 물 또는 북나무 껍질 달인 물 0.4~0.6말을 붓고 식힌다.
5. 밀가루와 누룩가루를 4되씩[주3] 넣어 섞은 후 항아리 입구를 종이로 봉하여 둔다.

술 거르기

1. 7일 만에 내어 사용한다.

[참고]

1. 건더기째 먹거나 아침마다 공복에 거나하게 취할 만큼 마시면 병이 줄어든다. 2말을 마시면 병이 또 절반으로 줄어들고, 3말을 마시면 몸에 있는 병이 다 없어진다.

풀이 - [주]-

1. 구지(口紙) 봉(封)하여 : 항아리 입구를 종이로 봉한다는 의미로 해석하였다.
2. 찹살로 밥을 지을 경우 찹쌀 1kg당 물 0.95kg 내외를 넣으면 된다. 지은 밥에 물을 알맞게 넣어라고 하므로, 술 맛을 고려하여 추가로 넣는 물양은 0.4~0.6되로 제안한다.
3. '진국 너 되'는 '밀가루와 누룩을 각각 4되로' 풀이 하였다.

60/50

츌쥬(창출주)

[원문]

창출 ᄲᅮᆯ희ᄅᆞᆯ 캐야 웃겁질 벗겨 삼십 근을 방하의 ᄶᅵ허 ᄂᆞᆯ은 ᄒᆞ거든 동뉴슈 삼십 두의 프러 닉은 그ᄅᆞ싀 다마 이십일 만의 건져 탈 ᄶᅡ 그 물을 ᄇᆡᆨ항의 너허 이ᄉᆞᆯ 맛ᄂᆞᆫ ᄃᆡ 오일만 두면 빗치 버거어 ᄒᆞ거든 그 물의 누룩 프러 샹술 빗드시 밥의 섯거 비저 닉거든 아적마다 냥의 맛게 먹으면 십일 만의 왼갓 병이 덜니고 ᄇᆡᆨ발이 환흑ᄒᆞ고 ᄂᆞᆺ빗치 윤ᄐᆡᆨᄒᆞ고 일ᄉᆡᆼ 쟝복ᄒᆞ면 늙ᄂᆞᆫ 쥴 므ᄅᆞᄂᆞ니 이 술 먹을 적 금긔ᄂᆞᆫ 복셩화 외얏 새고기 죠긔 제육 ᄇᆡᄎᆡ 청어 ᄃᆞᆰ

[현대어 역]

창출 뿌리를 캐어 웃껍질 벗겨 30근을 방아에 찧어 날은(흐물흐물) 하거든 동뉴수(동쪽으로 흐르는 강물) 30말에 풀어 익은 그릇에 담아 20일 만에 건져 탈 짜 그 물을 백항아리에 넣어 이슬 맞는 곳에 5일만 두면 빛이 빨갛거든 그 물에 누룩 풀어 상술(예사 술) 빚듯이 밥에 섞어 빚어 익거든 아침마다 양에 맞게 먹으면 10일 만에 온갖 병이 나아지고 백발이 환욱하고(검어지고) 낯빛이 윤택(낯빛에 생기가 돌고)하고 일생 장복하면 늙는 줄 모르나니 이 술 먹을 때 금기는 복숭아 자두 참새고기 조기 제육 배추 청어 닭

[술 빚기]

재료 : 멥쌀 30말, 물 30말, 누룩 3말, 창출 뿌리 30근(12~18kg)

(단위 : 되)

구분	멥쌀	물	누룩	기타
술 빚기	300주1	300	30주1	창출 뿌리 30근
계	300	300	30	

사전 준비(창출 뿌리 우린 물 만들기)

1. 창출 뿌리를 캐어 겉껍질을 벗겨 30근주2을 방아에 찧어 부드럽게 해 놓는다.
2. 동쪽으로 흐르는 물 30말에 풀어 그릇에 담가 20일 만에 건져서 꼭 짠다.
3. 짜낸 물을 백항아리에 넣어 5일간 이슬을 맞히면 빨갛게 변한다.

술 빚기

1. 창출 뿌리 우린 물에 누룩을 풀어 둔다.
2. 멥쌀 30말을 씻어 불린 후 지에밥 쪄 식힌 후 누룩 물과 섞어 빚는다.

[참고]

1. 술이 익어 아침마다 양에 맞게 마시면 10일 만에 온갖 병이 나아지고, 흰머리가 검어지고, 얼굴빛이 윤택해진다. 평생 장복하면 늙는 줄 모른다.
2. 창출주를 마실 때 복숭아, 자두주3, 새고기(참새고기), 조개, 제육, 배추, 청어, 닭은 먹지 말아야 한다.

풀이 - [주]-

1. 예사 술 빚듯이 빚으라는 언급이 있고 약술이므로 같은 약술인 '51. 창포주'를 참고로 쌀 1 : 물 1 : 누룩 0.1의 비율로 재료의 분량을 잡았다.
2. '근'에 대한 부연 설명은 '1부 2. 고문헌 주방문의 이해'편을 참조하기 바란다.
3. 원문의 '외얏'은 자두의 옛말이 '오얏'이므로 자두로 풀이하였다.

61/51-1
창포쥬(창포주 1)

[원문]

돌 우희 도든 창포 불희룰 킈야 죄 씨서 즛찌어 즙 닉야 닷 말만 ᄒᆞ고 점미 닷 말 빅세ᄒᆞ야 닉게 쪄 죠흔 국말 닷 되룰 창포즙의 섯거 빅항의 단단이 봉ᄒᆞ야 두엇다가 삼칠일 후 닉야 오홉주1 드리 잔으로 ᄒᆞ로 세 순식 먹으라 긔운이 화ᄒᆞ고 무병ᄒᆞ니라

[현대어 역]

돌 위에 돋은 창포 뿌리를 캐어 깨끗이 씻어 짓찧어 즙 내여 5말만 하고 점미 5말 백세하여 익게 쪄 좋은 누룩가루 5되를 창포즙에 섞어 백항아리에 단단히 봉하여 두었다가 삼칠일 후 내여 5홉 들이 잔으로 하루 세 번씩 먹어라 기운이 화하고 무병하니라

[술 빚기]

재료 : 찹쌀 5말, 창포 뿌리 즙 낸 것 5말, 누룩가루 5되

(단위 : 되)

구분	찹쌀	창포 뿌리 즙	누룩가루	기타
단양	50	50	5	-
계	50	50	5	

1일차(술 빚기)

1. 돌 위에 돋은 창포 뿌리를 캐어 깨끗이 씻어 짓이겨 즙을 5말 낸다.
2. 찹쌀 5말을 깨끗이 씻어 물에 불린 후 물기를 빼고 지에밥을 쪄서 식힌다.
3. 지에밥에 좋은 누룩가루 5되와 창포 즙을 섞어 백항아리에 넣고 단단히 봉한다.

22일차(술 거르기)

1. 술 빚은 지 21일 후 거른다.

[참고]

1. 5홉들이 잔으로 하루 3번씩 먹으면 기운이 화하고 병이 없다.주1

풀이 - [주]-

1. 하루 복용량과 복용 횟수가 구체적으로 기술되어 있는 주방문이다. 조선 시대의 1되는 300~600mℓ로 시대마다 차이가 있었다. 1홉은 30~60mℓ이므로, 5홉은 150~300mℓ이 된다.

62/51-2
창포쥬(창포주 2)

[원문]

우일방은 창포 불히롤 넓게 편지어 싸흐라 서 근을 볃히 마이 말뇌야 깁쥼치의 너허 청쥬 흔 말의 담가 빅일 만의 보면 파라앗거든 찰기장뽈 흔 말 닉게 쪄 너허 단단이 봉ᄒᆞ야 두엇다가 이칠이의 닉야 먹으면 빅병이 다 업ᄂᆞ니라

[현대어 역]

우일방은 창포 뿌리를 넓게 편지어(다져) 썰어라 3근을 볕에 많이 말려 깁줌치(생비단 주머니)에 넣어 청주 1말에 담가 100일 만에 보면 파랗거든 찰기장쌀 1말 익게 쪄 넣어 단단히 봉하여 두었다가 이칠일에 내여 먹으면 백병이 다 없나니라

[술 빚기]

재료 : 찰기장쌀 1말, 청주 1말, 창포 뿌리(생물) 3근(1.8kg)

(단위 : 되)

구분	찰기장쌀	청주	누룩	기타
담금	-	10	-	말린 창포 뿌리 3근[주1]
술 빚기	10	-	-	-
계	10	10	-	

사전 준비

1. 창포 뿌리 3근(1.8kg)을 얇게 썰어 볕에 바짝 말린다.

1일차(술에 말린 창포 뿌리 담그기)

1. 항아리에 청주 1말을 담고 말려둔 창포 뿌리를 비단 주머니에 넣어 담가 둔다.

101일차(술 빚기)

1. 100일 만에 술 빛이 파랗게 보이면 찰기장쌀 1말을 깨끗이 씻어 물에 불려 지에밥을 찐다.
2. 밥을 담근 술과 섞고 항아리 입구를 단단히 봉한다.

115일차(술 거르기)

1. 술 빚은 지 14일 후 내어 마신다.

[참고]

1. 온갖 병이 다 사라진다.

풀이 -[주]-

1. 창포 뿌리(생물) 3근은 1.8kg으로 산정하였다.
2. 누룩에 관한 언급이 없으나 쌀 양 대비 10%의 누룩을 찰기장쌀 투입시 사용할 것을 권한다.

63/51-3
창포쥬(창포주 3)

[원문]

우일방 창포 불휘ᄅᆞᆯ 송송 빠흐라 ᄒᆞᆫ 말만 깁쥼치의 너허 청쥬 닷 말의 담가 ᄇᆡᆨ항의 너허 봉ᄒᆞ야 츄동은 이칠이이오 춘하ᄂᆞᆫ 일칠일 되거든 ᄒᆞ로 세 순식 너홉 잔으로 다ᄉᆞᄒᆞ게 데여 먹으면 늙디 아니ᄒᆞ고 강건ᄒᆞ야 정신이 조흐니라

이 술 세 법을 다 먹으면 사ᄅᆞᆷ의 혈ᄆᆡᆨ을 통케 ᄒᆞ고 영위ᄅᆞᆯ 죠케 ᄒᆞᄂᆞ니 이 술을 ᄒᆡ 포 먹으면 골수의 박힌 병이 다 죠코 신색이 윤ᄐᆡᆨᄒᆞ고 긔운이 ᄇᆡ나 낫고 힝븨 날 듯 ᄒᆞ고 ᄇᆡᆨ발이 환흑ᄒᆞ고 낙치 복츌ᄒᆞ고 잇ᄂᆞᆫ 방안이 광ᄎᆡ 잇고 점점 소명ᄒᆞ고 늙도록 먹으면 신선을 만나ᄂᆞ니라

[현대어 역]

우일방 창포 뿌리를 송송 썰어라 1말만 깁줌치(생비단 주머니)에 넣어 청주 5말에 담가 백항아리에 넣어 봉하여 추동(가을, 겨울)은 이칠일이오 춘하(봄, 여름)은 일칠일 되거든 하루 세 번씩 4홉 잔으로 따뜻하게 데워서 먹으면 늙지 아니하고 건강하여 정신이 좋으니라

이 술 3가지 방법으로 다 먹으면 사람의 혈맥을 통하게 하고 영위를 좋게 하나니 이 술을 해 포(여러 해) 먹으면 골수에 박힌 병 골증로(骨蒸勞)으로 뼛속이 아픈 병증)이 다 좋고 신색이 윤택하고 기운이 배나 나고 행보가 날 듯하고 백발이 환흑하고(검어지고) 빠진 이가 다시 나고 있는 방안이 광채 있고 점점 밝아지고 늙도록 먹으면 신선을 만나나니라

[술 빚기]

재료 : 청주 5말, 송송 썬 창포 뿌리 1말

(단위 : 되)

구분	쌀	청주	누룩	기타
담금	-	50	-	창포 뿌리 10
계	-	50	-	

술 담그기

1. 창포 뿌리 1말을 잘게 썰어서 비단 주머니에 넣는다.
2. 청주 5말에 담가서 백항아리에 넣고 봉한다.

술 거르기

1. 가을과 겨울에는 14일, 봄과 여름에는 7일만에 거른다.

[참고]

1. 하루 세 번씩 4홉 잔으로 따뜻하게 데워 먹으면 늙지 않고 건강해지며 정신이 좋아진다.
2. 3가지 주방문의 술을 다 먹으면 사람의 혈맥을 통하게 하고 영위(營衛)를 좋게 한다. 영위는 영기와 위기를 함께 일컫는 말이다. 옛 의학서에 영과 위는 다 같이 음식물의 정미로운 물질에서 생겨서 영은 혈맥 속으로 온몸을 순환하면서 영양 작용을 하고 위는 혈맥 밖에서 분육(分肉) 사이를 순환하면서 외사(外邪)의 침입을 막는 기능을 하는 데 영은 위의 보호를 받고 위는 영의 영양을 받는 관계에 있다고 하였다. 위기는 쉽게 말하자면 면역 시스템을 말한다(한의학대사전 편찬위원회, 『한의학대사전』 도서출판 정담.
3. 여러 해 먹으면 골수에 박힌 지병에 다 좋다. 낯빛이 윤택하고, 기운이 두 배로 나고, 걸음걸이와 움직임이 날아갈 듯하다. 흰머리가 검어지고, 빠진 이가 다시 나고, 방 안에 있으면 광채가 나고, 점점 소명(昭明, 사리를 분간함이 밝고 똑똑함)해 지고, 늙도록 먹으면 신선을 만난다.

풀이 - [주]-

1. 조선 시대의 1되는 300~600㎖로 시대마다 차이가 있었다. 1홉은 30~60㎖이므로, 4홉은 120~240㎖ 사이로 여겨진다. '1부 2. 고문헌 주방문의 이해'편을 참조하기 바란다.
2. 반드시 석창포를 사용하여야 한다.

64/52

일두ᄉᆞ병쥬(일두사병주)

[원문]

빅미 ᄒᆞᆫ 말 빅세작말ᄒᆞ야 물 세 병으로 쥭 쑤어 ᄀᆞ장 ᄎᆞ거든 국말 진말 각 ᄒᆞᆫ 되와 죠흔 서김 ᄒᆞᆫ 되롤 섯거 독의 너허 싸ᄆᆡ얏다가 이튼날 막 괴거든 점미 ᄒᆞᆫ 되롤 물 ᄒᆞᆫ 병 부어 쥭 쓔어 식거든 전술의 섯거 막 닉거든 쓰라 다만 괼제 너물 거시니 큰 그라ᄉᆡ 비ᄌᆞ라

[현대어 역]

백미 1말 백세 작말하여 물 3병으로 죽 쑤어 많이 식거든 누룩가루 밀가루 각 1되와 좋은 석임 1되를 섞어 독에 넣어 싸매었다가 이튿날 막 괴거든 점미 1되를 물 1병 부어 죽 쑤어 식거든 전술에 섞어 막 익거든 쓰라 다만 괼 때 넘을 것이니 큰 그릇에 빚어라

[술 빚기]

재료 : 멥쌀 1말, 찹쌀 1되, 물 4병(14~24되), 누룩 1되, 밀가루 1되, 석임 1되

(단위 : 되)

구분	멥쌀	찹쌀	물	누룩	기타
밑술	10	-	10~18주1	1	밀가루 1, 석임 1
덧술	-	1	4~6주1	-	-
계	11		14~24	1	

1일차(밑술 빚기)

1. 멥쌀 1말을 깨끗이 씻어 물에 불린 다음 물기를 빼고 가루 낸다.
2. 멥쌀가루에 물 3병(10~18되)으로 죽을 쑤어 차게 식힌다.
2. 누룩가루 1되, 밀가루 1되와 좋은 석임 1되를 섞어 항아리에 넣고 싸매어 둔다.

2일차(덧술 빚기)

1. 다음 날 술이 막 고이거든 찹쌀 1되를 물 1병(4~6되)으로 죽을 쑤어 식힌다.
2. 밑술과 섞는다.

술 거르기

1. 익으면 사용한다.

[참고]

1. 술이 고일 때 넘칠 수 있으니 큰 항아리에 빚는다.

풀이 - [주]-

1. 1병을 4~6되로, 주방문에 따라 물 3병을 1말로 볼 수도 있다.
2. 석임 1되 만드는 법은 '53. 석임'을 참조하기 바란다.

65/53

셔김법(석임법)

[원문]

닉은 석김 호 되만 호려면 빅미 닷 홉을 물 호 사발의 담가 마이 붓거든 빨을 건져 노코 그 물을 고붓지게 쓸혀 그 쌀 우희 퍼 부으며 그 쌀이 데여 닉거든 그 물조ᄎ 도로 담가 두엇다가 ᄂ일 쓔려 호면 오날 그 쌀 마이 쓸혀 식거든 누룩 호 줌만 섯거 두엇다가 쓰면 조흐니라

[현대어 역]

익은 석임 1되만 하려면 백미 5홉을 물 1사발에 담아 많이 불거든 쌀을 건져 놓고 그 물을 고붓지게(팔팔) 끓여 그 쌀 위에 퍼붓고 그 쌀이 데여 익거든 그 물조차 도로 담아 두었다가 내일 쓰려 하면 오늘 그 쌀 많이 끓여 식거든 누룩 한 줌만 섞어 두었다가 쓰면 좋으니라

[술 빚기]

재료 : 멥쌀 5홉, 물 1사발(1되), 누룩 한 줌(30~40g)

(단위 : 되)

구분	멥쌀	물	누룩	기타
석임	0.5	[1]주1	한 줌	-
계	0.5	[1]	한 줌	

1일차(술 빚기 하루 전, 석임 만들기 준비)

1. 멥쌀 5홉을 물 1사발(1되)에 담가 충분히 불면 건져 놓는다.
2. 쌀 불린 물을 팔팔 끓여 건진 쌀에 부어 익히는데, 그 물까지 담아 둔다.

1일차(술 빚기 하루 전, 석임 만들기)

1. 술 빚기 하루 전날, 불린 쌀을 많이 끓여 식힌다.
2. 누룩 한 줌을 섞어 둔다.

[참고]

1. 다음 날 술 빚을 때 사용하면 좋다.

풀이 - [주]-

1. 석임 1되 만드는 양이므로 1사발은 1되로 제안하였다.

2. 석임의 마지막 상태는 죽 상태가 된다.

3. 『리생원책보 주방문』에서 석임이 사용된 주방문은 다음과 같다.

(단위 : 되)

주명	쌀양	누룩양	석임양	밀가루양
10/9. 당백화주	30	1.5	1	-
11/10-1. 백화주 1	15	1	1	0.5
20/17-2. 오병주 2	12	1	1	-
32/26. 소백주	30	1	1	-
33/27. 백단주	30	2.5	1	1.5
38/32. 매화주	10	2	1	-
64/52. 일두사병주	11	1	1	1
76/63. 혼돈주	10	1	1	-

66/24-2

녹파쥬(녹파주 2)

[원문]

우일방 ᄇᆡᆨ미 서 되ᄅᆞᆯ ᄇᆡᆨ세 작말ᄒᆞ야 물 말 서 되예 부어 마이 ᄂᆡᆨ게 쥭 쓔어 서ᄂᆞᆯᄒᆞ게 시겨 진말 닷 홉 국말 칠홉 섯거 불한불열ᄒᆞᆫ ᄃᆡ 두면 처음은 ᄭᅮᆯᄀᆞᆺ치 다다가 막 쓰거든 점미 ᄒᆞᆫ 말을 ᄇᆡᆨ세ᄒᆞ야 ᄒᆞ로밤 재여 마이 ᄂᆡᆨ게 ᄶᅧ ᄎᆞ거든 술밋ᄒᆡ 버무려 너허 삼칠일 후면 ᄌᆞ연 다 ᄂᆡᆨᄂᆞ니 마시 ᄆᆡᆸ고 다라 향긔롭고 빗치 더욱 긔특ᄒᆞ고 오라도록 변치 아니 ᄒᆞᄂᆞ니라 ᄂᆡᆨ은 후 우히 팅팅 ᄒᆞ거든 점미 서 홉이나 쥭을 물그스러이 쑤어 사ᄂᆞᆯ이치와 누룩ᄀᆞ로 ᄒᆞᆫ 줌만 섯거 가온ᄃᆡᄅᆞᆯ 헤치고 부어 수일만 두엇다가 드리워도 죠흐니라

[현대어 역]

우일방 백미 3되를 백세 작말하여 물 1말 3되에 부어 많이 익게 죽 쑤어 서늘하게 식혀 밀가루 5홉 누룩가루 7홉 섞어 불한불열(차지도 덥지도 않음)한 곳에 두면 처음은 꿀같이 달다가 막 쓰거든 점미 1말을 백세하여 하룻밤 지난 후 많이 익게 쪄 식거든 밑술에 버무려 넣어 삼칠일 후면 자연 다 익나니 맛이 맵고 달아 향기롭고 빛이 더욱 기특하고 오래도록 변하지 아니 하나니라 익은 후 위에 팅팅 하거든(밥알이 가라앉지 않거든) 점미 3홉이나 죽을 묽게 쑤어 서늘하게 식혀 누룩가루 한 줌만 섞어 가운데를 헤치고 부어 수일만 두었다가 드리워도 좋으니라

[술 빚기]

재료 : 멥쌀 3되, 찹쌀 1말, 물 1.3말, 누룩가루 7홉, 밀가루 5홉

(단위 : 되)

구분	멥쌀	찹쌀	물	누룩가루	기타
밑술	3	-	13	0.7	밀가루 0.5
덧술	-	10	-	-	-
계	13		13	0.7	

1일차(밑술 빚기)

1. 멥쌀 3되를 깨끗이 씻어 물에 불린 다음 물기를 빼고 가루 낸다.
2. 멥쌀가루에 물 1말 3되를 부어 푹 익게 죽을 쑤어 차게 식힌다.
3. 죽에 밀가루 5홉과 누룩가루 7홉을 섞어 항아리에 넣는다.
4. 덥지도 춥지도 않은 곳에 둔다.

밑술이 달다가 써지면(덧술 준비)

1. 찹쌀 1말을 깨끗하게 씻어서 하룻밤 물에 담가 둔다.

다음 날(덧술 빚기)

1. 물을 빼고 푹 익게 지에밥을 쪄서 차게 식힌 후에 밑술에 버무려 넣는다.

덧술 빚은 지 21일 후(술 거르기)

1. 덧술을 빚고 21일 후면 자연히 다 익는다.

[참고]

1. 덧술 하는 시기는 처음에는 꿀같이 달다가 막 쓴맛이 나면 덧술 한다.
2. 맛이 독하고 달아 향기로운 빛이 더욱 기특하고 오래도록 변하지 않는다.
3. 술이 익은 후에도 술이 고이지 않으면 찹쌀 3홉 정도로 죽을 묽게 쑤어 차게 식힌 다음 누룩가루 한 줌을 섞은 후 술덧 가운데를 헤치고 부어 며칠 두었다가 거르면 좋다.

풀이 - [주]-

1. '우일방'이라 했으니 앞의 '24. 녹파주' 주방문과 이어져 있던 것이 필사하는 과정에서 나눠진 것으로 추측할 수 있다.
2. 덧술 빚는 시기가 술 상태로 기술이 되어 있다.
3. 술이 순조롭게 익지 않을 경우에 대한 처치법이 기술되어 있다.

67/54
황감쥬(황감주)

[원문]

ᄇᆡᆨ미 두 되 ᄇᆡᆨ세작말ᄒᆞ야 물 ᄒᆞᆫ 말의 쥭 쓔어 국말 ᄒᆞᆫ 되 너허 ᄉᆞ오일 후 괴거든 ᄇᆡᆨ미 ᄒᆞᆫ 말 ᄇᆡᆨ세ᄒᆞ야 ᄂᆡᆨ게 찌ᄃᆡ 쪄ᄂᆡ야 찌던 물 ᄒᆞᆫ 되만 ᄲᅮ려 술밋과 섯거 너허 칠일 후 쓰면 마시 죠흐니라 ᄆᆡᆸ게 ᄒᆞ려면 밥 찐 물 두 되나 ᄲᅳ려 비ᄌᆞ라

[현대어 역]

백미 2되 백세 작말하여 물 1말에 죽 쑤어 누룩가루 1되 넣어 4~5일 후 괴거든 백미 1말 백세하여 익게 찌되 쪄 낸 후 찌던 물 1되만 뿌려 밑술과 섞어 넣어 7일 후 쓰면 맛이 좋으니라 맵게 하려면 밥 찐 물 2되나 뿌려 빚어라[주1]

[술 빚기]

재료 : 멥쌀 1말 2되, 물 1말 1되(또는 2되), 누룩가루 1되

(단위 : 되)

구분	멥쌀	물	누룩가루	기타
밑술	2	10	1	-
덧술	10	1~2	-	-
계	12	11~12	1	

1일차(밑술 빚기)

1. 멥쌀 2되를 깨끗이 씻어 물에 불린 다음 물기를 빼고 가루 낸다.
2. 쌀가루를 물 1말로 죽을 쑤어 식힌다.
3. 죽에 누룩가루 1되를 섞어 항아리에 넣는다.

5~6일차(덧술 빚기)

1. 밑술 빚은 지 4~5일 후 술이 고이면 멥쌀 1말을 깨끗이 씻어 물에 불린 다음 물기를 뺀다.
2. 지에밥을 쪄서 밥 찐 물 1되를 뿌려서 식힌 다음 밑술과 섞어 넣는다.

12~13일차(술 거르기)

1. 덧술 빚은 지 7일 후에 사용하면 맛이 좋다.

[참고]

1. 술맛을 독하게 하려면 밥 찐 물 2되를 뿌려 빚는다.

풀이 - [주]-

1. 술 빚기의 기본은 쌀양과 물양을 동량으로 하고, 달게 하려면 물양을 적게, 독하게 하려면 물양을 조금 많게 넣었다는 것을 알 수 있다.

68/55

ᄉᆞ시쥬(사시주)

[원문]

ᄇᆡᆨ미 일 두 ᄇᆡᆨ세작말ᄒᆞ야 물 세 병으로 쥭 ᄀᆡ야 국말 진말 각 ᄒᆞᆫ 되 고로고로 처 불한불열ᄒᆞᆫ ᄃᆡ 두엇다가 괴거든 ᄇᆡᆨ미 서 말 ᄇᆡᆨ세ᄒᆞ야 닉게 쪄 ᄂᆡᆼ슈 아홉 병의 퍼다마 덥허다가 물이 밥의 ᄇᆡ거든 녀ᄅᆞ 그ᄅᆞᄉᆡ 난화 서늘ᄒᆞ게 치와 밋술의 고로고로 처너코 국말 조금 쎄혀 너허다가 닉거든 드리우면 빗치 ᄆᆞᆰ아 ᄂᆡᆼ슈 ᄀᆞᆺ고 마시 마이 조흐니라 물 세 병은 열두 복ᄌᆞ니라 밀다리나 ᄃᆡ오려나 죠흔 ᄊᆞᆯ노 ᄒᆞ나니라

[현대어 역]

백미 1말 백세 작말하여 물 3병으로 죽 개여 누룩가루 밀가루 각 1되 고루고루 섞어 불한불열(차지도 덥지도 않음)한 곳에 두었다가 괴거든 백미 3말 백세하여 익게 쪄 냉수 9병에 퍼 담아 덮허다가 물이 밥에 배거든 여러 그릇에 나눠 서늘하게 식혀 밑술에 고루고루 섞어 누룩가루 조금 빻아 넣었다가 익거든 드리우면 빛이 맑아 냉수 같고 맛이 많이 좋으니라 물 3병은 12복자니라 밀다리나 되오려나 좋은 쌀로 하나니라

[술 빚기]

재료 : 멥쌀 4말, 물 12병(40되), 누룩가루 1되 조금, 밀가루 1되

(단위 : 되)

구분	멥쌀	물	누룩	기타
밑술	10	10주1	1	밀가루 1
덧술	30	30주1	조금	-
계	40	40	1+ 조금	

1일차(밑술 빚기)

1. 멥쌀 1말을 깨끗이 씻어 물에 불린 다음 물기를 빼고 가루 낸다.
2. 끓는 물 3병(10되)으로 죽처럼 개어 식힌다.
3. 죽에 누룩가루와 밀가루를 1되씩 넣고 골고루 치대어 항아리에 넣는다.
4. 덥지도 춥지도 않은 곳에 둔다.

술이 고이면(덧술 빚기)

1. 술이 고이면 멥쌀 3말을 깨끗이 씻어 물에 불린 다음 물기를 빼고 지에밥을 찐다.
2. 밥을 냉수 9병(30되)에 퍼넣고 덮어 둔다.
3. 밥이 불면 여러 그릇에 나누어 차게 식힌다.
4. 밑술에 골고루 섞어 넣고 누룩가루를 조금 뿌려 넣는다.

술 거르기

1. 술이 익으면 거른다.

[참고]

1. 익은 술 빛이 맑아 냉수 같고 맛이 좋다.
2. 물 3병은 12복자다.주2
3. '밀다리'나 '되오려' 같이 좋은 품종의 쌀로 빚는다.주3

풀이 - [주]-

1. '사시주' 주방문에서는 3병을 1말로, 9병은 3말로 풀이하는 것이 좋을 듯하다. 쌀 1말을 물 1말로 죽을 쑤는게 쉬운 것은 아니나 고문헌 주방문에 종종 이런 내용을 접할 수 있다. 1병을 6되로 볼 경우, 3병은 1.8말, 9병은 5.4말로 총 쌀양 4말(40되)에 비해 총 물양이 7.2말(72되)이 되어 쌀양 대비 물양이 1.8배로, 술이 되는 데는 무리가 없지만, 맛있는 술을 기대하기는 어렵다. 또한, "빅미 서 말 빅세ᄒᆞ야 닉게 ᄶᅧ 닝슈 아홉 병의 퍼다마 덥허다가 물이 밥의 비거든"이란 표현으로 보아 지에밥에 냉수를 부어 밥에 물이 다 흡수될 정도의 양이었을 것이다. 따라서 쌀 3말에 물의 양은 쌀양과 동량 정도면 물이 밥에 거의 배어 든다. 이를 기준으로 하면 사시주의 9병은 3말 내외였을 것이라 추정할 수 있다.
2. 아울러 '사시주' 주방문에서는 3병은 12복자라고 명시되어 있다. 병이나 복자는 모두 크기가 일정한 계량 용기라고 볼 수 없으니, 참고 내용으로 기억해 두자.
3. 쌀 품종을 특정해서 언급한 보기 드문 주방문이다. 서유구의 『행포지(杏蒲志)』에 늦벼 중 '밀다리', '되오려'라는 쌀 품종이 서술되어 있다.

69/56

소쥬만히나는법(소주를 많이 나게 하는 법)

[원문]

ᄇᆡᆨ미 점미 각 오 홉 작말ᄒᆞ야 물 서 말노 잠간 쥭 쓔어 ᄆᆡ근 ᄒᆞ거든 죠흔 누룩 서 되가옷ᄉᆡᆨ 버므려 너코 이튼날 점미 ᄒᆞᆫ 말 ᄇᆡᆨ세 ᄶᅧ ᄎᆡ와 밋 너흔 ᄣᆡ의 그 ᄆᆡᆺ히 섯거 너허다가 오뉵일 후 고으면 스무 대야 나ᄂᆞ니라

[현대어 역]

백미 점미 각 5홉 작말하여 물 3말로 잠깐 죽 쑤어 미지근 하거든 좋은 누룩 3되 5홉에 버무려 넣고 이튿날 점미 1말 백세 쪄 식혀 밑 넣은 때에 그 밑술에 섞어 넣어다가 5~6일 후 고으면 20대야 나느니라

[술 빚기]

재료 : 멥쌀 5홉, 찹쌀 1말 5홉, 물 3말, 누룩 3.5되

(단위 : 되)

구분	멥쌀	찹쌀	물	누룩	기타
밑술	0.5	0.5	30	3.5	-
덧술	-	10	-	-	-
계	11		30	3.5	

1일차(밑술 빚기)

1. 멥쌀, 찹쌀 각 0.5되씩 깨끗이 씻어 물에 불린 다음 물기를 빼고 가루 낸다.
2. 물 3말로 죽을 쑤어 죽이 미지근할 때 좋은 누룩 3.5되를 섞어 항아리에 넣는다.

2일차(덧술 빚기)

1. 찹쌀 1말을 깨끗이 씻어 물에 불린 다음 물기를 빼고 지에밥을 지어 식힌다.
2. 밥을 밑술과 섞는다.

7~8일차(소주 내리기)

1. 5~6일 후, 소주를 내린다.

[참고]

1. 소주 20대야(1.05~1.84말 내외)를 만들기 위한 주방문이다.[주1]

풀이 - [주]-

1. 표의 분량대로 술을 빚으면 알코올 도수 12~13% 내외의 원주가 3.5말 내외가 나온다. 알코올 단증류 곡선을 이용하면 증류주의 양을 예측할 수 있다. 이를 바탕으로 소주의 알코올 도수 대비 산출량을 추정해 보았다.

구분	소주의 양(20대야)	1대야의 크기
25% 소주	1.68~1.84말	0.84~0.9되
30% 소주	1.4~1.53말	0.7~0.8되
35% 소주	1.2~1.31말	0.6~0.7되
40% 소주	1.05~1.15말	0.53~0.6되

증류 효율을 고려한다면 소주의 양은 표에서 제시한 양보다 다소 적을 것이다. 여기서 유추할 수 있는 것은 1대야가 1되 이하의 양으로 지금 세숫대야와 같은 개념이 아니라는 점이다.

70/57
동파쥬(동파주)

[원문]

점미 ᄒᆞᆫ 말 ᄇᆡᆨ세ᄒᆞ야 담으고 섬누룩 서 되ᄅᆞᆯ 물 세 식긔예 담가다가 다믄 ᄡᆞᆯ을 닉게 ᄶᅧ 누룩 다믄 거ᄉᆞᆯ 거르ᄃᆡ 군물 말고 걸너 ᄌᆞ의란 ᄇᆞ리고 밥을 ᄎᆡ와 누룩 물의 버므려 너허다가 삼일 후 쓰라

[현대어 역]

점미 1말 백세하여 담고 섬누룩 3되를 물 3식기에 담갔다가 담은 쌀을 익게 쪄 누룩 담은 것을 거르되 군물 말고(추가로 물을 넣지 말고) 걸러 찌꺼기는 버리고 밥을 식혀 누룩 물에 버무려 넣었다가 3일 후 쓰라

[술 빚기]

재료 : 찹쌀 1말, 물 3식기(10되 이상), 섬누룩 3되

(단위 : 되)

구분	찹쌀	물	섬누룩	기타
단양	10	10 이상주1	3	-
계	10	10 이상	3	

1일차(술 빚기)

1. 찹쌀 1말을 깨끗이 씻어 물에 불린다.
2. 섬누룩 3되를 물 3식기(10되 이상)에 담가 놓는다.
3. 쌀을 건져 물기를 빼고 지에밥을 지어 식힌다.
4. 물에 담가 놓은 누룩을 거르고 찌꺼기는 버린다.
5. 밥에 누룩 물을 버무려 항아리에 넣는다.

4~5일차(술 거르기)

1. 술 빚고 나서 3일 후 쓴다.

풀이 - [주]-

1. 섬누룩 3되를 물 3식기에 담가 수곡을 만들어야 한다. 1식기를 1되로 본다면 수곡을 만들 수가 없고 누룩이 물에 불은 상태이다. 3일 만에 술이 되려면 물양도 많아야 한다. 물양을 10되(1말)로, 15되(1.5말)로 빚어 본 결과 두 가지 모두 3일 만에 먹을 수 있는 술이 되었다. 따라서 3식기를 '10되(1말) 이상'으로 기술하였다.

71/58
빅화춘(백화춘)

[원문]

점미 흔 말을 옥굿치 쓸허 빅세ᄒᆞ야 담가 나흘 만의 물 짜라 흔 말만 되야 노코 쏠을 닉게 쪄 국말 오 홉을 그 물과 밥의 섯거 너허다가 삼ᄉᆞ일 후 가야미 뜨거든 먹으면 향긔롭고 청널ᄒᆞ야 마시 죠흐니라

[현대어 역]

점미 1말을 옥같이 찧어 백세하여 담가 4일 만에 물 따라 1말만 담아 놓고 쌀을 익게 쪄 누룩가루 5홉을 그 물과 밥에 섞어 넣었다가 3~4일 후 밥알이 뜨거든 먹으면 향기롭고 청열하여 맛이 좋으니라

[술 빚기]

재료 : 찹쌀 1말, 쌀뜨물 1말, 누룩가루 5홉

(단위 : 되)

구분	찹쌀	쌀 불린 물	누룩가루	기타
술 빚기	10	10	0.5	-
계	10	10	0.5	

1일차(술 빚기 준비)

1. 찹쌀 1말을 구슬같이 빻아 깨끗이 씻어서 4일 동안 물에 담가 놓는다.

5일차(술 빚기)

1. 쌀뜨물 1말을 따로 따라 둔다.
2. 쌀을 건져 물을 빼고 지에밥을 쪄서 식힌다.
3. 따로 두었던 쌀뜨물과 지에밥 그리고 누룩가루 5홉을 함께 섞어 항아리에 넣는다.

8~9일차(술 거르기)

1. 3~4일 후 밥알이 뜨면 사용한다.

[참고]

1. 술이 향기롭고 맑고 톡 쏘는 맛이 좋다.

풀이 -[주]-

1. 나흘 정도 물을 갈아 주지 않으면 썩은 내가 난다. 썩은 내가 나는 물을 술 빚기에 사용한다는 것은 찜찜하겠지만 냄새는 발효 과정에서 상당 부분 사라진다.

72/59

숑엽쥬(송령주)

[원문]

숄방울 ᄒᆞᆫ 말을 물 세 동희예 달혀 두 동희 되거든 거ᄌᆡ ᄒᆞ야 물만 독의 붓고 빅미 닷 되롤 눅게 쥭 쓔어 누룩 두 되 섯거 그 독의 너허 두엇다가 닉거든 먹으라 흉년의 더욱 죠흐니 치식을 업시 ᄒᆞ고 병도 낫ᄂᆞ니라

[현대어 역]

솔방울 1말에 물 3동이에 달여 2동이가 되거든 걸러 내여 물만 독에 붓고 백미 5되를 눅게 죽 쑤어 누룩 2되 섞어 그 독에 넣어 두었다가 익거든 먹으라 흉년에 더욱 좋으니 채색을 없이 하고 병도 낫나니라

[술 빚기]

재료 : 멥쌀 5되, 물 1.5말, 솔방울 1말 달인 물 2동이, 물 1말, 누룩 2되,

(단위 : 되)

구분	멥쌀	솔방울 달인 물	물	누룩	기타
술빚기	5	20	10주1	2	-
계	5	35		2	

술 빚기

1. 솔방울 1말을 물 3동이에 넣고 2동이가 되도록 달여 찌꺼기는 건져 내고 물만 항아리에 담는다.
2. 멥쌀 5되를 깨끗이 씻어 물에 불린 다음 물기를 빼고 묽게 죽을 쑤어 식힌다.
3. 죽과 누룩 2되를 섞어 솔방울 달인 물이 있는 항아리에 넣는다.

술 거르기

1. 술이 익으면 사용한다.

[참고]

1. 흉년에 더욱 좋으니 채색을 없애고 병을 낫게 한다.주2

풀이

[주]

1. 죽에 사용되는 물양에 대한 구체적인 언급은 없지만 눅게 죽을 쑨다는 문장과 『주방문』의 '송령주'를 참고하여 쌀양의 2배로 기술하였다.

2. 'ᄎᆡ식(채색)'은 병 들거나 굶주려서 핏기가 없이 누르스름한 낯빛을 뜻한다. 구황용 약술이라고 볼 수 있다.

[참고 문헌]

『주방문』 '송령주'

[원문] 솔방올 ᄒᆞᆫ 말 믈 세 동히로 두 동히 되게 글혀 바타 ᄃᆡ링ᄒᆞ여 ᄇᆡᆨ미 닷 되로 곱듁 ᄀᆞ티 쑤고 누록 두 되 그 믈의 프러 닉거든… (생략)

[현대어 역] 솔방울 1말을 물 3동이로 2동이가 되도록 끓인 후 들어내어 충분히 식힌 후, 백미 5되로 곱듁(곤죽) 같이 쑤고 누룩 2되를 그 물에 풀어 익으면… (생략)

73/60
숑엽쥬(송엽주)

[원문]

숑엽 뉵십 근을 ᄀᆞᄂᆞᆯ게 싸흐라 물 닉 섬의 달혀 물이 너 말 아홉 되 되거든 쌀 닷 말을 지예 쪄 예ᄉᆞ 술 빗ᄃᆞᆺ ᄒᆞ되 숄닙 달힌 물을 밥의 고ᄅᆞ기도 ᄒᆞ고 씻가 ᄉᆡ기도 ᄒᆞ야 다른 물 드리디 말고 비젓다가 칠일 만의 닉거든 취토록 먹으라 열두 가지 풍증과 거러ᄃᆞᆫ니디 못ᄒᆞᄂᆞᆫ 증을 이 술 먹으면 죠흐니라

[현대어 역]

송엽(솔잎) 60근을 가늘게 썰어라 물 4섬에 달여 물이 4말 9되 되거든 쌀 5말을 지에밥 쪄 예사 술 빚듯 하되 솔잎 달인 물을 밥에 고르기도 하고 씻어 내기도 하여 다른 물 들이지 말고 빚었다가 7일 만에 익거든 취하도록 먹어라 12가지 풍증과 걸어 다니지 못하는 증(병)을 이 술 먹으면 좋으니라

[술 빚기]

재료 : 멥쌀 5말, 솔잎 60근, 4섬(40말)에 달인 물 4.9말, 누룩 5되

(단위 : 되)

구분	멥쌀	솔잎 달인 물	누룩	기타
단양	50	49	5주1	솔잎 60근주2
계	50	49	5	

1일차(술 빚기)

1. 솔잎 60근(36kg)을 가늘게 썰어 물 4섬(40말)에 달여 4.9말이 되게 한다.주3
2. 쌀 5말을 깨끗이 씻어 물에 불린 후 물기를 빼고 지에밥을 찐다.
3. 지에밥에 솔잎 달인 물을 고르게 혼합하여 항아리에 담는다.

8일차(술 거르기)

1. 7일 만에 술이 익는다.

[참고]

1. 솔잎 달인 물 4.9말을 사용하며, 밥에 고루 뿌리기도 하고 씻어 내기도 하여 군물을 들이지 말고 빚는다.
2. 술이 익으면 취하도록 마신다. 12가지 풍증과 걷지 못하는 증세에 좋다.

풀이

[주]

1. 누룩양은 『요록』 '송엽주'를 참고하여 쌀양의 10%로 하였다.

2. 고기나 한약재의 경우 '1근=16냥'이 기준이며, 1냥은 37.5g이므로 1근은 600g이다. 채소의 경우에는 '1근=10냥'이 기준이기 때문에 1근은 375g이 된다. 일반적으로는 재래시장 등에서 채소 1근은 약 400g이다.

※ 솔잎의 무게와 부피의 관계

1되를 600㎖로 가정할 경우			
분류	물	달인 물	솔잎
부피	40말	4.9말	60근
무게	240kg	29.4kg	36kg

1되를 1,000㎖로 가정할 경우			
분류	물	달인 물	솔잎
부피	40말	4.9말	60근
무게	400kg	49kg	60kg

3. 양을 줄여 실제로 달여 보니 솔잎이 타지 않을까 하는 정도로 많이 졸여야 했다. 조선 전기에는 '1섬=15말', 조선 후기에는 '1섬=10말'이다. 여기서는 졸여서 4.9말이 되어야 하므로 1섬이 15말이든 10말이든 상관없다.

『송엽주』 주방문에는 솔잎을 법제하는 방법이 기록되어 있지 않다. 솔잎을 법제하는 방법은 『요록』 '송엽주'나 『윤씨음식법』 '송엽주'를 참고하면, 『요록』 '송엽주' 주방문에서는 생 솔잎을 삶아서 위에 뜨는 기름을 버리라고 하지만, 『윤씨음식법』에서는 애벌로 삶아서 물을 버리고 다시 삶는 방법을 취하고 있다.

[참고 문헌]

■ 『요록』 '송엽주'

[원문] 松葉六斗水六斗煎至二斗去滓及脂 白米一斗百洗細末 以其水做粥待冷 好麴末一升和入瓮 三七日後用 空心服

[현대어 역] 송엽(솔잎) 6말과 물 6말을 끓여서 2말이 될 때까지 달인 후 찌꺼기와 송진은 버린다. 백미 1말을 백세세말하여 솔잎 달인 물로 죽을 쑤어 식힌다. 여기에 좋은 누룩가루 1되를 섞어서 항아리에 담고 21일 후 사용한다. 공복에 복용한다.

■ 『윤씨음식법』 '송엽주'

[원문] 숑엽 엿 말을 쓰더 살마 그 물란 바리고 또 물 엿 말을 부어 살마 그 물이 두 말이 되거든 숑엽은 바리고 빅미 혼 말 빅셰ᄒᆞ여 ᄀᆞ로 씨허 그 믈노 듁 뿌어 ᄎᆞ거든 ᄀᆞ로 누룩 닷 홉을 셧거 너허 이칠 후 쓰라

[현대어 역] 솔잎 6말을 푹 삶아 그 물은 버리고, 또 물 6말을 부어 끓여서 물이 2말이 되거든 솔잎은 버리고, 백미 1말을 백세하여 가루 내어 솔잎 달인 물로 죽 쑤어 식거든 가루 누룩 5홉을 섞어 넣어 14일 후 쓰라.

74/61
소ᄌᆞ쥬(소자주, 차조기술)

[원문]

ᄎᆞ죠기 씨 ᄒᆞᆫ 되ᄅᆞᆯ 잠간 복가 찌허 싱깁 쥼치의 너허 청쥬 서 말 너흔 항의 담가 두엇다가 삼일 만의 건전ᄂᆡ고 작작 먹으면 가슴의 ᄀᆞ리 ᄭᅵ인 긔운이 싀훤ᄒᆞ고 오장을 보익ᄒᆞ여 긔운을 ᄂᆞ리치며 허ᄒᆞᆫ 거ᄉᆞᆯ 보ᄒᆞ며 ᄉᆞᆯᄶᅵ고 건장ᄒᆞ며 심지와 체지ᄅᆞᆯ 죠화케 ᄒᆞ고 담증이 업ᄂᆞ니라

[현대어 역]

차조기씨 1되를 잠깐 볶아 찧어 생깁 줌치(생비단 주머니)에 넣어 청주 3말 넣은 항에 담가 두었다가 3일 만에 건져 내고 적당히 먹으면 가슴에 가리(답답함) 끼인 기운이 시원하고 오장을 보익하여 기운을 나리치며(내게 하며) 허한 것을 보하며 살찌고 건장하며 심지(마음)와 체지(육체)를 조화케 하고 담증이 없나니라

[술 빚기]

재료 : 청주 3말, 차조기 씨 1되

(단위 : 되)

구분	멥쌀	청주	누룩	기타
담금	-	30	-	차조기씨 1
계	-	30	-	

1일차(술 빚기)

1. 항아리에 청주 3말을 넣는다.
2. 차조기씨 1되를 살짝 볶아서 찧어 생비단 주머니[주1]에 넣어 청주 항아리에 담가 둔다.

4일차(술 거르기)

1. 3일 만에 생비단 주머니를 건져 낸다.

[참고]

1. 적당히 마시면 가슴이 답답한 것이 사라지고, 오장을 보익하여 기운을 나게 하고, 허한 것을 보하며, 살이 찌고, 건장해지고, 심신을 조화롭게 하고, 담증을 없앤다.

풀이 - [주]-

1. '싱깁'은 '생견(生絹, 삶지 않은 생사로 바탕을 조금 거칠게 짠 비단)'의 옛말이고, '쥼치(줌치)'는 '주머니'의 옛말이다. 생비단 주머니로 풀이한다.

75/62
오갑피쥬(오가피주)

[원문]

오갑피롤 물 오르고져 홀 제 만히 벗겨 음건 ᄒᆞ야 유협도의 잘게 싸흐라 닷 말 비ᄌᆞ려 ᄒᆞ면 오갑피 싸흔 것 닷 근을 줌치의 너허 독 밋히 너코 빅미 닷 말을 빅세작말ᄒᆞ야 쪄 방문쥬 빗듯 물 솰혀 썩의도 부으며 국말 닷 되예도 섯거 버므려 너허다가 닉거든 공심의 데여 먹으면 풍증과 불인증과 ᄉᆞ지ᄇᆞ란증과 반신불슈증을 다 고칠 뿐 아냐 예 윤공도와 밍작지란 사롬이 이 술을 댱복을 ᄒᆞ니 날을 삼빅을 살고 아돌 설흔식 나흐니라

[현대어 역]

오가피를 물이 오르고자 할 때 많이 벗겨 음건(그늘에서 말림)하여 유협도(협도, 작두)에 잘게 썰어라 5말 빚으려 하면 오가피 썬 것 5근을 주머니에 넣어 독 밑에 넣고 백미 5말을 백세 작말하여 쪄 방문주 빚듯 물 끓여 떡에도 부으며 누룩가루 5되에도 섞어 버무려 넣었다가 익거든 공심(공복)에 데워 먹으면 풍증과 불인증과 사지바란증과 반신불수증을 다 고칠 뿐 아니라 옛날 윤공도와 맹작재란 사람이 이 술을 장복을 하니 날을 삼백을 살고 아들 30씩 낳으니라

[술 빚기]

재료 : 멥쌀 5말, 물 5말, 누룩가루 5되, 말린 오가피 껍질 5근(3kg)

(단위 : 되)

구분	멥쌀	물	누룩가루	기타
단양	50	50[주1]	5	말린 오가피 껍질 5근
계	50	50	5	

사전 준비

1. 오가피가 물이 오르려고 할 때 껍질을 많이 벗겨 그늘에 말린다. 말린 오가피 껍질을 잘게 썰어 5근(3kg)을 준비한다.

1일차(밑술 하기)

1. 말린 오가피 껍질 잘게 썬 것을 주머니에 넣어 항아리 밑에 넣는다.
2. 멥쌀 5말을 깨끗이 씻어 물에 불린 후 물기를 빼고 가루 내어 백설기를 찐다.
3. 물 5말을 끓여 4말(40되)을 백설기에 부어 치대어 식힌다.
4. 끓인 물 1말(10되)을 식혀 누룩가루 5되를 담가 놓는다.

5. 백설기와 누룩 물을 모두 버무려 항아리에 넣는다.

[참고]

1. 술이 익어 공복에 데워 마시면 풍, 불인, 사지반란, 반신불수를 모두 고친다.주2
2. 옛날 윤공도와 맹작재란 사람이 이 술을 장복하여 삼백 살까지 살고 아들을 30명씩 낳았다.

풀이 - [주]-

1. 끓인 물의 정확한 양에 대한 언급이 없다. 원문에 "방문주 빚듯 물 끓여"라고 되어있기에 '41. 방문주' 주방문을 참고하여 기술하였다.
2. '불인'은 피부 감각이 둔한 것, 몸의 어느 한 부위에 운동 기능 장애가 와서 쓰기가 불편한 것을 뜻한다. 불인에는 구설불인(口舌不仁) · 수족불인(手足不仁) · 기육불인(肌肉不仁) 등이 있다. 불수(不收)와 같은 뜻으로 쓰인다(한의학대사전편집부 저, 『한의학대사전』, 도서출판 정담.

- 불인증 : 심기(心氣)가 불안한 경계(驚悸)
- 사지바란증 : 팔다리의 힘살이나 힘줄이 오그라들고 당기면서 뻣뻣하여지는 증상
- 반신불수증 : 반신이 마비되는 일

76/63
혼돈쥬(혼돈주)

[원문]

ᄇᆡᆨ미 엿 되 ᄇᆡᆨ세작말ᄒᆞ야 물 두 병을 쓸혀 ᄎᆞ거든 국말 ᄒᆞᆫ 되 서김 ᄒᆞᆫ 되 너허 비ᄌᆞᆫ 삼일 만의 점미 ᄂᆡᆨ 되 ᄇᆡᆨ세ᄒᆞ야 ᄂᆡᆨ게 ᄶᅧ 술밋ᄎᆞᆯ 체예 바타 너흔 삼일 후 쓰면 향긔 나고 ᄆᆡ오니 드리우면 경ᄀᆡᆨ의 나ᄂᆞ니라 여ᄅᆞᆷ의 ᄀᆞ장 죠흐니라

[현대어 역]

백미 6되 백세 작말하여 물 2병을 끓여 식거든 누룩가루 1되 서김 1되 넣어 빚은지 3일 만에 점미 4되 백세하여 익게 쪄 밑술을 체에 걸러 넣은 3일 후 쓰면 향기 나고 매오니 드리우면 경객의 나나니라 여름에 가장 좋으니라

[술 빚기]

재료 : 멥쌀 6되, 찹쌀 4되, 물 2병(16되), 누룩가루 1되, 석임 1되

(단위 : 되)

구분	멥쌀	찹쌀	물	누룩	기타
밑술	6	-	16[주1]	1	석임 1
덧술	-	4	-	-	-
계	10		16	1	

1일차(밑술 빚기)

1. 백미 6되를 깨끗이 씻어 물에 불린 후 물기를 빼고 가루 낸다.
2. 물 2병(16되)을 끓여 쌀가루에 넣고 개어 식힌다.
3. 범벅에 누룩가루 1되와 석임 1되를 섞어 항아리에 넣는다.

4일차(덧술 빚기)

1. 밑술 빚은 지 3일 후 찹쌀 4되를 깨끗이 씻어 물에 불린다. 물기를 뺀 후 지에밥을 쪄서 식힌다.
2. 밑술을 체에 거른다.
3. 식힌 밥과 거른 밑술을 함께 섞어 항아리에 넣는다.

7일차(술 거르기)

1. 덧술 빚은 지 3일 후 마신다.

[참고]

1. 술 거르고 마시면 향기롭고 독하다.
2. 여름에 가장 좋다.

풀이

[주]

1. 밑술 빚을 때 들어가는 물양은 『승부리안 주방문』 '혼돈주'를 참고하였다. 밑술에 들어가는 물양을 본 주방문에서는 '2병', 『승부리안 주방문』 '혼돈주'에서는 '2되 탕기로 8탕기'이므로 16되가 된다. 『승부리안 주방문』 '혼돈주'가 밑술에 들어가는 물양이 명확하므로 이를 적용하였다. 물양이 많은 주방문이므로 3일이 넘어가게 되면 술맛이 떨어진다. 이를 감안하여 마시는 시점을 놓치지 않아야 한다.
2. 석임 1되 만드는 법은 '53.석임'을 참조하기 바란다.

[참고 문헌]

『승부리안 주방문』 '혼돈주'

[원문] 빅미 뉵 승 쟉말ᄒᆞ여 되 두 되 탕긔로 여둛 탕긔을 쓸혀 ᄀᆡ여 ᄎᆞ거든 죠흔 섭누록 ᄒᆞᆫ 되 서김 한 되 너허 비ᄌᆞ 삼일만의 졈미 ᄉᆞ 승 빅셰ᄒᆞ여 닉게 찌고 술밋촐 걸 걸너 석거 너허 삼일이면 쓰ᄂᆞ니라. 녀롬의 죠흐니라.

[현대어 역] 멥쌀 6되를 가루 내어 2되 탕기로 8탕기(총 16되)를 끓여서 개어 식거든 좋은 섬누룩 1되, 석임 1되를 넣어 빚어 3일 만에 찹쌀 4되를 깨끗이 씻어 찌고 밑술을 걸러 섞어 넣어 3일이면 쓸 수 있다. 여름에 좋다.

77/64-1
구긔ᄌᆞ쥬(구기자주 1)

[원문]

구긔초 열ᄆᆡ를 ᄉᆡᆼ으로 조흔 술 말 두 되예 구긔ᄌᆞ 닷 되를 ᄒᆞ야 지지 아니케 담갓다가 칠일 만의 건져 보리고 먹으면 긔운을 보ᄒᆞ고 인분병주1이 업ᄂᆞ니라

[현대어 역]

구기자 열매를 생으로 좋은 술 1말 2되에 구기자 5되를 하여 지지 아니하게 담갔다가 7일 만에 건져 버리고 먹으면 기운을 보하고 인분병이 없나니라

[술 빚기]

재료 : 좋은 술 1.2말, 생구기자 열매 5되

(단위 : 되)

구분	멥쌀	좋은 술	누룩	기타
담금	-	12	-	생구기자 열매 5
계	-	12	-	

1일차(술 빚기)

1. 좋은 술 1.2말을 항아리에 넣고 생구기자 열매 5되를 상처 나지 않게 담가 둔다.

8일차(술 거르기)

1. 7일 만에 열매는 건져 버리고 마신다.

[참고]

1. 기운을 보하고, 폐병과 피로를 낫게 한다.

풀이 - [주]-

1. 인분병 : 사람의 기운이 허(虛)하여 오는 병

78/65

옥노쥬(옥로주)

[원문]

뵉미 일 두롤 뵉세ᄒᆞ야 무르게 찌고 설힌 물 두 병을 퍼부어 ᄀᆡ야 식거든 국말 진말 각 ᄒᆞᆫ 되 탕슈 너허 두엇다가 찐 밥의 골나다가 국말 진말을 한가지로 섯거 서운서운 독의 너헛다가 닉어 밥낫치 쓰거든 쓰라

[현대어 역]

백미 1말을 백세하여 무르게 찌고 끓인 물 2병을 퍼부어 개여 식거든 누룩가루 밀가루 각 1되 탕수 넣어 두었다가 찐 밥에 골나다가 누룩가루 밀가루 한가지로 섞어 서운서운 독에 넣었다가 익어 밥알이 뜨거든 쓰라

[술 빚기]

재료 : 멥쌀 1말, 물 2병(8~12되), 누룩가루 1되, 밀가루 1되

(단위 : 되)

구분	멥쌀	물	누룩가루	기타
술빚기	10	8~12주1	1	밀가루 1
계	10	8~12	1	

1일차(술 빚기)

1. 멥쌀 1말을 깨끗이 씻어 물에 불린 후 물기를 빼고 무르게 찐다.
2. 물 2병(8~12되)을 끓여 식힌다.
3. 식힌물에 누룩가루, 밀가루 각 1되를 불린다.주2
4. 누룩물과 식힌 지에밥을 함께 섞어 항아리에 넣는다.

술 거르기

1. 밥알이 뜨면 사용한다.

풀이 - [주]-

1. 1병을 4~6되로 산정하였는데, '1부의 2. 고문헌의 이해'편을 참조하기 바란다.

79/66

만년향(만년향)

[원문]

빅미 일 두 빅세작말ᄒᆞ야 물 세 사발의 쥭 쓔여 ᄎᆞ거든 누룩 두 되 섯거 너흔 칠일 만의 빅미 두 말 빅세ᄒᆞ야 ᄒᆞ로밤 담가다가 닉게 쪄 탕슈 여ᄉᆞᆺ 사발을 골나 ᄎᆞ거든 밋슐의 섯거 두엇다가 칠일 후 보아 우히 파라ᄒᆞ거든 드리워 쓰라

[현대어 역]

백미 1말 백세 작말하여 물 3사발에 죽 쑤어 식거든 누룩 2되 섞어 넣은 7일 만에 백미 2말 백세하여 하룻밤 담갔다가 익게 쪄 탕수 6사발을 골라(밥에 부어 밥이 불어) 식거든 밑술에 섞어 두었다가 7일 후 보아 위가 파랗거든 드리워 쓰라

[술 빚기]

재료 : 멥쌀 3말, 물 9사발(30되 내외), 누룩 2되

(단위 : 되)

구분	멥쌀	물	누룩	기타
밑술	10	10 내외[주1]	2	-
덧술	20	20 내외[주1]	-	-
계	30	30 내외	2	

1일차(밑술 빚기)

1. 멥쌀 1말을 깨끗이 씻어 물에 불린 후 물기를 빼고 가루 낸다.
2. 물 3사발(1말 내외)에 죽을 쑤어 식힌다.
3. 죽에 누룩 2되를 섞어 항아리에 넣는다.

8일차(덧술 준비)

1. 7일 만에 멥쌀 2말을 깨끗이 씻어 하룻밤 물에 불린다.

9일차(덧술 빚기)

1. 다음 날, 쌀을 건져 물을 빼고 지에밥을 찐다.
2. 끓인 물 6사발(2말 내외)을 지에밥과 섞어 식힌 후 밑술과 섞는다.

16일차(술 거르기)

1. 덧술 빚은 지 7일 후 열어 본다. 위가 파랗게 되었으면 걸러서 사용한다.

- 풀이 -

[주]

1. 1사발을 1되로 볼 경우, 멥쌀 1말을 물 3되로는 도저히 죽을 쑬 수가 없다. 따라서 3사발을 1말 내외(10되 내외)로, 6사발은 2말 내외(20되 내외)로 해석을 하게 되면 전체 쌀양과 물양의 균형이 맞다. 그리고 멥쌀 1말을 물 1말로 죽 쑤는 것이 어렵기는 하나 불가능하지는 않다.

80/67

호산츈(호산춘)

[원문]

ᄇᆡᆨ미 두 되ᄅᆞᆯ ᄇᆡᆨ세작말ᄒᆞ야 죠흔 물 일곱 식긔 반을 쓸히고 그 물의 쥭 쑤ᄃᆞᆺ 잠간 ᄀᆡ야 ᄎᆡ와 섭누룩 두 되 섯거 너허 두엇다가 삼일 후 보면 다 삭고 누룩 ᄌᆞ의만 나맛ᄂᆞ니 체예 바타 점미 일 두 ᄇᆡᆨ세ᄒᆞ야 담가다가 ᄂᆡᆨ게 밥 쪄 마이 ᄎᆡ와 술밋ᄒᆡ 버무려 두엇다가 니레 후 보면 ᄆᆞᆰ아ᄒᆞ고 빗치 프ᄅᆞ고 마시 ᄆᆡᆸ고 달아 소쥬로서도 더 ᄆᆡᆼ열ᄒᆞ니라 ᄀᆡᆨ슈ᄅᆞᆯ ᄇᆞᄃᆡ 드리지 말고 그ᄅᆞ시나 ᄇᆞ시여 너흐랴 ᄒᆞ면 쥭 쑬 ᄊᆡ ᄌᆞ연 물이 쓸허 쥬ᄂᆞᆫ수ᄅᆞᆯ 혜여 죠곰 더 너흐ᄃᆡ 쓸혀 ᄎᆡ운 물노 ᄇᆞᄉᆡ라 더운 ᄃᆡ서 ᄂᆡᆨ히지 말나

[현대어 역]

백미 2되를 백세 작말하여 좋은 물 7식기 반을 끓이고 그 물에 죽 쑤듯 잠깐 개여 식힌 후 섬누룩 2되 섞어 넣어 두었다가 3일 후 보면 다 삭고 누룩 찌꺼기만 남았나니 체에 걸러 점미 1말 백세하여 담갔다가 익게 밥 쪄 많이 식혀 밑술에 버무려 두었다가 7일 후 보면 맑고 빛이 푸르고 맛이 맵고 달아 소주로서도 더 맹열하니라 객수를 부디 드리지 말고 그릇이나 브시어(씻어) 넣으려면 죽 쑬 때 자연 물이 끓어 줄어드는 만큼을 헤아려 조금 더 넣되 끓여 식힌 물로 씻어라 더운 곳에서 익히지 말라

[술 빚기]

재료 : 멥쌀 2되, 찹쌀 1말, 물 7.5식기(7.5되), 섬누룩 2되

(단위 : 되)

구분	멥쌀	찹쌀	물	섬누룩	기타
밑술	2	-	7.5[주1]	2	-
덧술	-	10	-	-	-
계	12		7.5	2	

1일차(밑술 빚기)

1. 멥쌀 2되를 깨끗이 씻어 물에 불린 후 물기를 빼고 가루 낸다.
2. 물 7.5식기(7.5되)를 끓여 그 물에 죽 쑤듯 잠깐 개어 식힌다.
3. 범벅에 섬누룩 2되를 섞어 항아리에 넣는다.

4일차(덧술 빚기)

1. 3일 후 열어 보아 다 삭고 누룩 찌꺼기만 남았으면 밑술을 체에 거른다.
2. 찹쌀 1말을 깨끗이 씻어 물에 불린 후 물기를 빼고 지에밥을 쪄서 식힌다.
3. 밥과 거른 밑술을 혼합하여 항아리에 넣는다.

11일차(술 거르기)

1. 7일 후에 열어본다.

[참고]

1. 덧술 빚은 지 7일 후에 열어 보면 말갛고 빛이 푸르고 맛이 독하고 달며 소주보다도 더 맵다.
2. 날물(끓이지 않은 물)이 들어가지 않게 한다. 추가로 들어가는 물은 그릇을 헹궈서 넣은 정도만 한다.주2 죽을 쑬 때 물이 줄어드는 것을 감안하여 물을 조금 더 넣되 끓여 식힌 물로 헹군다.
3. 더운 곳에서 술을 익히지 않도록 한다.

풀이 -[주]-

1. 식기를 사발의 의미로 해석할 수 있다. 따라서 1식기를 1되로 기술하였다.
2. "긱슈롤 브딕 드리지 말고 그르시나 브시어"에서 '긱슈'는 '날물(끓이지 않은 물)', '그르시나'는 '그릇 정도만', '브시어'는 '헹궈서' 정도로 문맥상 해석할 수 있다.
3. 죽 쑬 때 날아가는 수분량까지 고려한 주방문이다. 즉, 날아가는 수분량에 따라 술맛에 차이가 있다는 의미로 해석할 수 있다. 실제 술 빚기에서 물양은 상당히 중요하며, 물양에 따라 술맛에 차이가 많다.

81/68
집성향(집성향)

[원문]

빅미 일 두 빅세작말ᄒᆞ야 닉게 쪄 탕슈 세 병을 골나 ᄎᆞ거든 국말 두 되가옷 진말 오홉 섯거 너허 춘츄의는 오일 하는 삼일 만의 빅미나 점미나 ᄒᆞᆫ 말 빅세ᄒᆞ야 닉게 쪄 ᄎᆞ거든 술의 섯거 너허 칠일 후 쓰라 청쥬 세 병 탁쥬 ᄒᆞᆫ 동히 나되 탁쥬 마ᄉᆞᆫ 니화쥬 맛ᄀᆞᆺᄒᆞ니라

[현대어 역]

백미 1말 백세 작말하여 익게 쪄 탕수 3병에 골나(불려) 식거든 누룩가루 2되 5홉 밀가루 5홉 섞어 넣어 춘추(봄가을)에는 5일 하(여름)은 3일 만에 백미나 점미나 1말 백세하여 익게 쪄 식거든 술에 섞어 넣어 7일 후 쓰라 청주 3병 탁주 1동이 나되 탁주 맛은 이화주 맛 같으니라

[술 빚기]

재료 : 멥쌀 2말(또는 멥쌀 1말, 찹쌀 1말), 물 3병(12~18되), 누룩가루 2.5되, 밀가루 5홉

(단위 : 되)

구분	멥쌀	물	누룩가루	기타
밑술	10	12~18주1	2.5	밀가루 0.5
덧술	10	-	-	-
계	20	12~18	2.5	

1일차(밑술 빚기)

1. 멥쌀 1말을 깨끗이 씻어 물에 불린 후 물기를 빼고 가루 내어 백설기를 찐다.
2. 끓인 물 3병(12~18되)을 백설기와 섞어 식힌다.
3. 탕수 넣어 식힌 백설기에 누룩가루 2.5되와 밀가루 5홉을 함께 섞어 항아리에 넣는다.

4일차 또는 6일차(덧술 빚기)

1. 봄가을에는 5일, 여름에는 3일 만에 덧술을 한다. 멥쌀 또는 찹쌀을 1말 깨끗이 씻어 물에 불린 후 물기를 빼고 지에밥을 쪄서 식힌다.
2. 밑술에 밥을 섞어 넣는다.

술 거르기

1. 덧술 빚은 지 7일 후 사용한다.

[참고]

1. 청주 3병, 탁주 1동이 나오고 탁주 맛은 이화주 맛과 같다.

풀이 - [주]-

1. 1병을 6되로 가정하여 술 빚기를 해 보았다. 7일 만에 술을 걸렀는데 발효가 완전히 다 끝난 상태는 아니었다. 술을 거르니 33ℓ가량의 술이 나왔다. 앙금을 가라앉히고 난 후 청주가 3병 나왔으니 탁주는 15ℓ 내외가 된다. 따라서 본 주방문에서 1동이는 15ℓ 내외라고 할 수 있다. 탁주의 맛이 이화주 같다고 했으나 물 1병을 6되로 해서 그런지 이화주처럼 달달함은 느끼지 못했다.

82/64-2

구긔ᄌᆞ쥬(구기자주 2)

[원문]

츈 뎡월 망 전 샹인일에 구긔ᄌᆞ 불ᄒᆡᄅᆞᆯ ᄏᆡ야 세절ᄒᆞ야 ᄒᆞᆫ 되ᄅᆞᆯ 음건ᄒᆞ얏다가 이월 샹묘일의 청쥬 ᄒᆞᆫ 말의 담갓다가 칠일 되거든 거ᄌᆡ ᄒᆞ고 새벽만 먹고 식후ᄂᆞᆫ 먹지 말나
하 ᄉᆞ월 샹ᄉᆞ일의 구긔ᄌᆞ 닙ᄒᆞᆯ 싸 세절ᄒᆞ야 ᄒᆞᆫ 되ᄅᆞᆯ 음건ᄒᆞ야다가 오월 샹오일의 청쥬 ᄒᆞᆫ말의 담가다가 칠일 되거든 먹으라
츄 칠월의 꼿ᄎᆞᆯ 싸 ᄒᆞᆫ 되ᄅᆞᆯ 음건ᄒᆞ야 팔월 샹유일의 청쥬 ᄒᆞᆫ 말의 담가다가 칠일 후 먹으라 이 술을 먹으면 불노블ᄉᆞ ᄒᆞ야 긔이ᄒᆞᆫ 약이라 량복ᄒᆞᆫ 사ᄅᆞᆷ이 삼ᄇᆡᆨ여 세ᄅᆞᆯ 사되 안ᄉᆡᆨ이 십뉵칠 소년 ᄀᆞᆺ더라
동 십월 샹ᄒᆡ일의 얼음을 세절ᄒᆞ야 ᄒᆞᆫ 되ᄅᆞᆯ 두엇다가 웃법 ᄀᆞᆺ치 먹으면 열ᄉᆞ흘만 먹어도 몸이 가븨얍고 긔운이 성ᄒᆞ고 먹언 지 ᄇᆡᆨ일이면 용안이 튱녀ᄒᆞ고 ᄇᆡᆨ발이 환흑ᄒᆞ고 낙치 부싱ᄒᆞ야 가히 지샹 선이 되ᄂᆞ니라
이 방문은 지봉뉴설의 이ᄉᆞ니 옛 니조 판서 니슈광이니 정승 니성구 니만구의 부친이니라

[현대어 역]

봄 정월 망 전(음력 1월 15일 전) 상인일(첫 호랑이날)에 구기자 뿌리를 캐어 잘게 썰어 1되를 음건(그늘에서 말림)하였다가 이월(음력 2월) 상묘일(첫 토끼날)에 청주 1말에 담갔다가 7일이 되거든 건지 건져 내고 새벽에만 먹고 식후에는 먹지 말라
여름 사월(음력 4월) 상사일(첫 뱀날)에 구기자 잎을 따 잘게 썰어 1되를 음건하였다가 오월(음력 5월) 상오일(첫 말날)에 청주 1말에 담갔다가 7일 되거든 먹어라
가을 칠월(음력 7월) 꽃을 따 1되를 음건하여 팔월(음력 8월) 상유일(첫 닭날)에 청주 1말에 담갔다가 7일 후 먹어라 이 술을 먹으면 불노불사(늙지도 죽지도 않음)하여 기이한 약이라 장복한 사람이 3백여 살을 살되 안색이 16~7세의 소년 같더라
겨울 10월(음력 10월) 상해일(첫 돼지 날)에 얼음(열매)을 세절하여 1되를 두었다가 위와 같은 방법으로 먹으면 13일만 먹어도 몸이 가볍게 되고 기운이 성하고 먹은 지 100일이면 용안(얼굴색)이 퉁녀하고 백발이 환혹하고(검어지고) 낙치(빠진 이)가 부생(다시 나옴)하여 가히 지상 선(신선)이 되나니라 이 방문은 지봉유설의 있으니 옛 이조 판서 이수광이니 정승 이성구 이만구(이민구)의 부친이니라

[술 빚기]

재료 : 청주 4말, 구기자 뿌리 1되, 구기자 잎 1되, 구기자 꽃 1되, 구기자 열매 1되

(단위 : 되)

구분	시기	청주	구기자	기타
춘(春)	음력 1월 첫 호랑이 날	-	뿌리 1	
	음력 2월 첫 토끼 날	10	-	
하(夏)	음력 4월 첫 뱀 날	-	잎 1	
	음력 5월 첫 말 날	10	-	
추(秋)	음력 7월 (첫 원숭이 날)[주1]	-	꽃 1	
	음력 8월 첫 닭 날	10	-	
동(冬)	음력 10월 첫 돼지 날	-	열매 1	
	음력 11월(첫 쥐 날)[주1]	10	-	

봄(春, 구기자 뿌리 술)

1. 음력 1월 보름 전 첫 호랑이의 날에 구기자 뿌리를 캐어 깨끗이 씻어 1되를 가늘게 썰어 그늘에 말린다.
2. 음력 2월 첫 토끼의 날에 항아리에 청주 1말을 넣고 구기자 뿌리를 담근다.
3. 7일이 되면 걸러서 새벽에만 먹고, 식후에는 먹지 않는다.

여름(夏, 구기자 잎 술)

1. 음력 4월 첫 뱀의 날에 구기자 입을 따 잘게 썰어 1되를 그늘에 말린다.
2. 음력 5월 첫 말의 날에 항아리에 청주 1말을 넣고 구기자 잎을 담근다.
3. 7일이 되면 걸러서 먹는다.

가을(秋, 구기자 꽃 술)

1. 음력 7월 (첫 원숭이 날)에 구기자 꽃을 1되 따서 그늘에 말린다.
2. 음력 8월 첫 닭의 날에 항아리에 청주 1말을 넣고 구기자 꽃을 담근다.
3. 7일이 되면 걸러서 먹는다.
4. 이 술을 먹으면 불노불사 하는 기이한 약이다. 장복한 사람이 300여 세를 살고 안색이 16~17세의 소년 같았다.

겨울(冬, 구기자 열매 술)

1. 음력 10월 첫 돼지의 날에 열매 1되를 잘게 쪼개어 그늘에 말린다.

2. 음력 11월 (첫 쥐 날)에 항아리에 청주 1말을 넣고 구기자 열매를 담근다.
3. 7일이 되면 걸러서 먹는다.
4. 13일만 먹어도 몸이 가볍고, 기운이 성하고, 먹은 지 백일이면 얼굴색이 좋아지고, 흰머리가 검게 바뀌고, 빠진 이가 다시 돋아 가히 지상의 신선이 된다.

[참고]

1. 이 주방문은 정승 이성구, 이민구[주2]의 부친인 옛 이조판서 이수광의 『지봉유설』에 있다.

풀이 -[주]-

1. 『양주방』,(정양완 현대어 역본)에는 '첫 원숭이 날'과 '첫 쥐 날'이 기록되어 있으나 본 '구기자 2'에는 누락되어 있다. 반면 본 문헌에 후반부에 기록되어 있는 "열ᄉᆞ흘만 먹어도 ~ 부친이니라" 부분은 『양주방』에는 누락되어 있다. 이를 근거로 두 문헌 모두 필사본이 아닐까 추측해 본다.
2. 『지봉유설』의 저자인 이수광에게는 아들이 둘 있는데 이성구(李聖求), 이민구(李敏求)이다. 아들 이름 이민구를 이만구로 오기한 듯하다.

83/41-2

방문쥬(방문주 2)

[원문]

우일방 빅미 되가웃 빅세작말ᄒᆞ야 묽게 쥭 쓔어 치와 섭누룩 되가웃 섯거 두엇다가 닉거든 빅미 ᄒᆞᆫ말 빅세ᄒᆞ야 물 쁘려 물을 눅게 쪄 쓿힌 물 ᄒᆞᆫ 말 골나 붓거든 마이 치와 술밋 걸너 진말 두 홉 섯거 버므려 알마초 덥허 잘 닉여 치 괸 후 드리워 쓰라 덧ᄒᆞᆫ 디 일슌이면 닉ᄂᆞ니 마시 조코 조흐니라

[현대어 역]

우일방 백미 1되 5홉 백세 작말하여 묽게 죽 쑤어 식힌 후 섬누룩 1되 5홉을 섞어 두었다가 익거든 백미 1말 백세하여 물 뿌려 물을 눅눅하게 쪄 끓인 물 1말에 골나 불거든 많이 식혀 밑술 걸러 밀가루 2홉 섞어 버무려 알맞게 덮어 잘 익혀 마저 괸 후 드리워 쓰라 덧술 한 지 일순(10일)이면 익나니 맛이 좋고 좋으니라

[술 빚기]

재료 : 멥쌀 1말 1.5되, 물 1말과 4.5되, 섬누룩 1.5되, 밀가루 2홉

(단위 : 되)

구분	멥쌀	물	섬누룩	기타
밑술	1.5	4.5주1	1.5	-
덧술	10	10	-	밀가루 0.2
계	11.5	14.5	1.5	

1일차(밑술 빚기)

1. 백미 1.5되를 깨끗이 씻어 물에 불린 후 물기를 빼고 가루 낸다.
2. 쌀가루를 물 4.5되에 묽게 죽을 쑤어 식힌다.
3. 죽과 섬누룩 1.5되를 섞어 항아리에 담는다.

밑술이 익으면(덧술 빚기)

1. 백미 1말을 깨끗이 씻어 물에 불린 후 물기를 빼고 물을 뿌리며 묽게 밥을 짓는다.
2. 끓인 물 1말을 밥과 고르게 섞어 불려 충분히 식힌다.
3. 밑술을 걸러 밀가루 2홉과 밥을 섞은 후 알맞게 덮어 놓는다.

술 거르기

1. 잘 익어 술이 고이면 걸러서 사용한다.
2. 덧술 후 10일이면 술이 익는다.

[참고]

1. 덧술 후 10일이면 술이 익는데 맛이 참 좋다.

풀이 -[주]-

1. 밑술 시 죽에 사용되는 물양이 누락되어 있는데 4.5되로 제안하였다.
2. 방문주는 앞에 이미 나온 적이 있다. '41. 방문주' 주방문을 참고하기 바란다. 같은 술 이름의 주방문이 동떨어진 위치에 등장하는 주방문은 '녹파주', '방문주', '구기자술', '송엽주' 4종이다. 필사하는 과정에서 누락된 것을 나중에 보충해서 적었을 수도 있고, 또 다른 주방문을 참고했을 수도 있겠다.

84/69
오미ᄌᆞ쥬(오미자주)

[원문]

오미ᄌᆞ 닷 되를 잠간 복가 죠흔 술 말 두 되예 담가 ᄒᆞ로밤 재와 건져 ᄇᆞ리고 먹ᄂᆞ니 댱복ᄒᆞ면 장슈ᄒᆞᄂᆞ니라

[현대어 역]

오미자 5되를 잠깐 볶아 좋은 술 1말 2되에 담가 하룻밤 지난 후 건져 버리고 먹나니 장복하면 장수하나니라

[술 빚기]

재료 : 좋은 술 1.2말, 오미자 5되

(단위 : 되)

구분	멥쌀	청주	누룩	기타
담금	-	12	-	오미자 5
계	-	12	-	

1일차(술 빚기)

1. 오미자 5되를 잠깐 볶는다.
2. 항아리에 좋은 술 1말 2되를 넣고 오미자를 하룻밤 담가 둔다.

2일차(술 거르기)

1. 다음 날 오미자를 건져 버리고 사용한다.

[참고]

1. 장복하면 장수한다.

85/70

셔술(석술)

[원문]

점미 ᄒᆞᆫ 말 ᄇᆡᆨ세ᄒᆞ야 아ᄎᆞᆷ의 담가 막 붓거든 식후의 건저 실ᄂᆡ 담고 물 빠질만 ᄒᆞ거든 물 다ᄉᆞᆺ 식긔롤 마이 쓸혀 시로롤 그릇 우희 노코 주걱으로 쏠을 저으며 물을 언져 시로 밋히 물 ᄒᆞ고 시로에 쏠 ᄒᆞ고 항의 너허 방 아릐목의 든든이 덥허다가 이튼날 쉰ᄂᆡ 나거든 시로의 도로 바처 물긔 빠지거든 닉게 쪄 노코 그 물을 ᄒᆞᆫ소슴 쓸혀 찐 밥 ᄒᆞ고 쓸ᄂᆞᆫ 물 ᄒᆞ고 소라의 ᄒᆞᆫᄃᆡ 퍼두엇다가 이튼날 국말 칠 홉을 고로고로 섯거 항의 너허 삼칠일 후 먹으ᄃᆡ 밧 부거든 ᄒᆞᆫ 열흘 후 우것 고구기로 써 쓰고 묽은 술 적거든 우뜬 것과 즈이란 주리워 쓰라

[현대어 역]

점미 1말 백세하여 아침에 담가 막 불거든 식후에 건져 실내에 담아 두고 물 빠질 만하거든 물 5식기를 많이 끓여 시루를 그릇 위에 놓고 주걱으로 쌀을 저으며 물을 부어 시루 밑에 물하고 시루의 쌀하고 항에 넣어 방 아랫목에 단단히 덮었다가 이튿날 쉰내가 나거든 시루에 도로 받혀 물기 빠지거든 익게 쪄 놓고 그 물을 한소끔 끓여 찐 밥 하고 끓는 물하고 소라에 한데 퍼두었다가 이튿날 누룩가루 7홉을 고루고루 섞어 항에 넣어 삼칠일(21일) 후 먹되 밥이 불거든 한 10일 후 위에 고인 술은 국자로 떠서 쓰고 맑은 술 적거든 위에 뜬 것과 술지게미를 걸러 함께 쓰라

[술 빚기]

재료 : 찹쌀 1말, 물 5식기(10되), 누룩가루 7홉

(단위 : 되)

구분	찹쌀	물	누룩가루	기타
술 빚기	10	10주1	0.7	-
계	10	10	0.7	

1일차 사전 준비(쌀 불리기)

1. 찹쌀 1말을 아침에 깨끗이 씻어 물에 불거든 식후에 건져 물기를 뺀다.
2. 물 5식기(10되)를 끓여 시루를 그릇 위에 놓고 주걱으로 쌀을 저으며 물을 뿌린다.
3. 시루 밑의 물과 시루의 쌀을 섞어 항아리에 넣고 방 아랫목에 단단히 덮어 둔다.

2일차 사전 준비(지에밥)

1. 다음 날 쉰내가 나면 시루에 도로 받쳐 물기가 빠지면 익게 쪄 놓는다.
2. 시루에서 빠진 물을 한소끔 끓여서 지에밥과 함께 그릇에 섞어 둔다.

3일차(술 빚기)

1. 다음 날 지에밥에 누룩가루 7홉을 골고루 섞어 항아리에 넣는다.

24일차(술 거르기)

1. 21일 후 마시면 된다.
2. 술 익는 것을 기다리기 급하면 덧술 빚은 지 약 10일 후 위에 뜬 술을 국자로 떠서 사용한다. 맑은 술이 적어지면 위에 뜬 술과 밑에 가라앉은 술을 함께 걸러서 사용한다.

풀이 -[주]-

1. 1식기를 2되로 해석하여 술을 빚어본 결과 맛과 향이 좋은 술이 되었다.

86/71

소소국쥬(소소국주)

[원문]

두 말 ᄒᆞ려면 ᄇᆡᆨ미 닷 되 희게 쓸허 작말ᄒᆞ여 물 여ᄃᆞᆲ 되예 ᄀᆡ여 식거든 국말 칠 홉 너허 삼ᄉᆞ일의 ᄂᆡᆨ거든 점미 두 말 ᄇᆡᆨ세ᄒᆞ여 담글 ᄣᆡ 섭누룩 두 되 탕슈 식여 담가두고 ᄆᆞ이 ᄶᅧ 밥 될 만치 물 ᄲᅮ리고 누룩 ᄌᆡᄌᆡ 거로고 탕슈 되드리로 두 말 닷 되 밋부터 제 되슈ᄃᆡ로 ᄒᆞᄂᆞ니라 밋가치 열흘만 ᄒᆞ면 되ᄂᆞ니라

[현대어 역]

2말 하려면 백미 5되 하얗게 방아 찧어 작말하여 물 8되에 개여 식거든 누룩가루 7홉 넣어 3~4일에 익거든 점미 2말 백세하여 빚을 때 섬누룩 2되 탕슈 식혀 담가두고 많이 쪄 밥 될 만큼 물 뿌리고 누룩 꼭꼭 짜 거르고 탕수 되들이로 2말 5되 밑부터 제 됫수대로 하나니라 밑술과 같이 10일만 하면 되나니라

[술 빚기]

재료 : 멥쌀 5되, 찹쌀 2말, 물 2.5말, 누룩가루 7홉, 섬누룩 2되

(단위 : 되)

구분	멥쌀	찹쌀	물	누룩	기타
밑술	5	-	8	누룩가루 0.7	-
덧술	-	20	17주1	섬누룩 2	-
계	25		25	2.7	

1일차(밑술 빚기)

1. 멥쌀 5되를 희게 찧어 깨끗이 씻어 물에 불린 후 물기를 빼고 가루 낸다.
2. 끓인 물 8되에 개어 식힌다.
3. 범벅에 누룩가루 7홉을 섞어 항아리에 넣는다.

4~5일차(덧술 빚기)

1. 술이 3~4일 익으면 찹쌀 2말을 깨끗이 씻어 물에 불린다.
2. 물 1.7말 끓여 식힌 후 섬누룩 2되를 담가 수곡을 만든다.
3. 쌀을 건져 물을 빼고 지에밥을 찐 후 식힌다.
4. 누룩 불린 물의 누룩 찌꺼기는 채에 걸러 내고 누룩 물만 사용한다.

5. 밑술에 거른 수곡과 식힌 지에밥을 함께 섞어 항아리에 넣는다.

술 거르기

1. 10일 후 사용한다.

[참고]

1. 탕수 2말 5되를 밑술부터 제 되수대로 한다. 쌀 2.5말이면 물도 2.5말이다.

풀이 -[주]-

1. "탕수 2말 5되를 밑술부터 제 되수대로 하라."는 문구가 있는데, 밑술과 덧술에 들어가는 물 총량이 2.5말인지, 덧술의 물양이 2.5말인지 정확하지 않다. 어떠한 경우든 술 빚기에는 문제가 없다.
2. '소국주'라는 명칭은 사용되는 누룩의 양이 적거나 누룩의 크기가 작은 누룩이라고 생각할 수 있다. 주방문에서 사용되는 누룩은 적은 양은 아니므로 크기가 작은 누룩을 사용한 술 빚기로 보는 것이 좋을 듯하다.

부록

누룩

• 본초명 : 신국(神麴)

[원문] 性煖一云溫(성난일운온) 味甘(미감) 無毒(무독) 開胃健脾(개위건비) 消化水穀(소화수곡) 止霍亂(지곽란) 泄瀉(설사) 痢下赤白(리하적백) 破癥結(파징결) 下痰逆胸滿(하담역흉만) 腸胃中塞(장위중색) 食飮不下(음식불하) 落胎(낙태)下鬼胎(하귀태) "본초"

[풀이] 성질은 덥고 일설에는 따뜻하다고 하였다. 맛은 달며 독은 없다. 입맛이 나게 하고 비를 건강하게 하며 음식을 소화되게 하고 곽란, 설사, 적백이질을 멎게 하며 징결을 깨뜨리고 담이 치밀어 올라 가슴이 그득한 것을 내리며 장과 위 속에 음식이 막혀서 내려가지 않는 것을 내려가게 하고 유산시키는 데도 쓰며 귀태를 가라앉히기도 한다.

[원문] 入藥炒令香(입약초령향) 火炒以助天五之氣(화초이조천오지기) 入足陽明經(입족양명경) "탕액"

[풀이] 약에 넣을 때는 고소한 냄새가 나도록 볶아서 넣는데 불에 볶은 것은 천오(天五)의 기를 도와 족양명위경(足陽明胃經)으로 들어가도록 해준다.

[원문] 紅麴(홍국) 活血消食止痢(활혈소식지리) 疑是神麴也(의시신국야) "입문"

[풀이] 홍국은 피를 잘 돌게 하고 음식을 소화되게 하며 이질을 멎게 한다. 홍국이라는 것도 신국인 것 같다.

• 효능 : 開胃健脾(개위건비), 消化水穀(소화수곡), 止霍亂(지곽란), 泄瀉(설사) 痢下赤白(리하적백) 破癥結(파징결), 下痰逆胸滿(하담역흉만) 腸胃中塞(장위중색), 食飮不下(음식불하) 落胎(낙태), 下鬼胎(하귀태)

입맛이 나게 하고 비를 건강하게 하며 음식을 소화되게 하고 곽란, 설사, 하얀 고름이나 혈액이 대변에 섞여 나오는 이질(痢疾)을 멎게 하며 나쁜 기운이 몰린 것을 깨뜨리고 담이 치밀어 올라 가슴이 그득한 것을 내리며 장과 위 속에 음식이 막혀서 내려가지 않는 것을 내려가게 하고 유산시키는 데도 쓰며 월경(月經)이 2~3달이나 오랫동안 없다가 다량의 하혈(下血)이 있는데 개구리알 비슷한 것이 섞여 나오는 병증을 가라앉히기도 한다.

맛은 달고 매우며 성질은 따뜻하다. 소화를 촉진시키고 위로 치밀어 오르는 기를 내리며 담(痰)이 위로 치받고 심하게 토사하는 급성 위장염, 설사, 창만(脹滿)을 제거한다. 몸을 비틀어서 근육이 손상을 입은 경우나 요통이 있는 경우에는 센 불에 구워 꿀에 담가 온복하면 효과가 있다.

• 법제 방법 : 入藥炒令香(입약초령향)
  약에 넣을 때 볶아서 씀.
• 주의사항 : 脾(비)가 陰虛(음허)하고 胃火(위화)가 성한 사람은 복용을 금한다. 유산될 우려가 있으므로 임산부는 조금만 복용한다.

출처 : 『東醫寶鑑(동의보감)』, 『本草綱目(본초강목)』, 『神農本草經疏(신농본초경소)』

• 본초명 : 국(麴) 『東醫寶鑑(동의보감)』

[원문] 性大煖(성대난) 一云溫(일거온). 味甘(미감) 平胃消穀止痢(평위소곡지리) 女麴(여국) 完小麥爲之(완소맥위지) 一名(일명) 환(맥(麥+완(完)=전환안됨)자(子). 黃蒸磨小麥爲之(황증마소맥위지) 一名(일명) 黃衣(황의) 並消食(병소식). "본초"

[풀이] 성질은 대단히 덥고 일설에는 따뜻하다고 한다. 맛은 달고 위를 조화시키고 음식을 소화되게 하고 이질을 멎게 한다. 여국은 통밀로 만든 것인데 일명 환자라고 한다. 누렇게 쪄서 빻은 밀로 만든 것은 일명 황의라고 한다. 이것들은 다 음식을 소화되게 한다.

[원문] 麥麯(맥국) 止河魚之腹疾(지하어지복질) 六月作者良(유월작자량) 陳久者(진구자) 入藥用之(입약용지) 當炒令香(당초령향)."左傳(좌전)"

[풀이] 밀누룩은 민물고기를 먹고 생긴 배탈을 낫게 한다. 음력 6월에 만든 것이 좋다. 오랫동안 묵은 것을 약으로 쓰는데 향기가 나도록 고소하게 볶아서 써야 한다.

멥쌀

• 본초명 : 粳米(갱미)

• 효능 : 補中益氣(보중익기) 健脾和胃(건비화위) 제번갈(除煩渴) 지사리(止瀉痢)

비장을 보(補)해서 원기를 돕고 비장을 튼튼하게 하여 위를 조화롭게 하며 가슴이 답답하고 입이 마르는 등 갈증을 제거해주며 설사를 멎게 해 준다.

출처 : 『名醫別錄(명의별록)』

"神農本草經疏(신농본초경소)" 멥쌀은 사람이 늘 먹는 쌀로서 오곡의 우두머리이며 사람의 목숨이 의지하는 바이다. 그 맛은 달고 담담하고 그 기(氣)는 평(平)하며 독이 없다. 다만 비위(脾胃)를 치료한다고 하지만 오장(五臟)의 생기(生氣)와 혈맥(血脈)의 기본이 되는 물질은 이것에 의하여 가득 차게 하고 전신의 근골(筋骨), 근육(筋肉), 피부(皮膚)는 이것에 의하여 튼튼하게 된다.

찹쌀

• 본초명 : 糯米(나미)

• 효능 : 暖脾胃(난비위) 止虛汗泄痢(지허한설리) 縮小便(축소변) 收自汗(수자한)

비위를 따뜻하게 하고 허한에 의한 설사를 멈추게 하며 소변을 줄이고 식은 땀을 멎게 한다.

• 주의사항 : 비(脾)와 폐(肺)가 허한 사람에게 적합하다. 만약 평소에 몸 안의 열사(熱邪)가 담(痰)과 서로 맞붙어 생긴 외풍(外風)과 내풍(內風)에 의해서 생긴 병이 있는 사람 및 傳輸(전수)할 수 없는 脾胃病(비위병, 소화기병)이 있는 사람은 이것을 먹으면 병이 도지고 흉복부에 덩어리가 단단하게 맺혀 움직이지 않아 통증이 일정한 곳에 있는 질환을 만든다.

출처 : 『本草綱目(본초강목)』

밀가루

• 본초명 : 小麥(소맥)

• 효능 : 除熱(제열) 止煩渴(지번갈). 利小便(리소변). 止漏血(지루혈) 唾血(타혈)

열을 내리고 건조하고 목이 마르는 것을 멎게하며 소변을 잘 나오게 하고 자궁 출혈과

침에 피가 섞여 나오는 것을 멈추게 한다.

- 법제 방법 : 소맥은 성질이 차고 가루내면 따뜻하고 누룩으로 하면 위를 조화시켜 이롭게 한다.
- 주의사항 : 漢椒(한초, 초피나무 열매의 껍질). 蘿菔(나복)을 꺼린다.

출처 : 『名醫別錄(명의별록)』, 『本草綱目(본초강목)』

☞ 술지게미로 발효시킨 것을 복용하면 病(병)이나 瘡毒(창독)을 발산시키고 蒸餠(증병)을 만들어 약과 함께 복용하면 병이나 창독이 쉽게 소실된다.

두견화(진달래꽃)

- 본초명 : 杜鵑花(두견화)
- 효능 : 화혈(和血) 치토혈(治吐血) 붕루(崩漏) 거풍한(去風寒)

  혈(血)의 운행을 조화롭게 하고 월경을 고르게 하며 토혈, 자궁출혈을 치료하며 풍사와 한사를 없앤다.
- 법제 방법 : 꽃이 활짝 필 때 채취하여 말린다.

출처 : 『本草綱目(본초강목)』, 『分類草藥性(분류초약성)』

맛은 시큼하고 달며 성질은 따뜻하다. 혈(血)의 운행을 조화롭게 하고 월경을 고르게 하고 풍습을 없앤다. 월경불순, 무월경, 자궁출혈, 타박상, 류머티즘, 토혈, 코피를 치료한다. 『本草綱目』에는, "아이들이 이 꽃을 먹는데 시큼한 맛이 나고 독이 없다. 꽃색이 누른 것은 독이 있는데 즉 양척촉이다."라고 하였다.

포도

- 본초명 : 葡萄(포도)
- 효능 : 補氣(보기) 强筋骨(강근골) 益肝陰(익간음) 滋腎液(자신액) 止渴(지갈)

  기를 보양하고 근골을 강하게 하며 간의 음기를 더하고 신장의 액을 길러 주며 갈증을 멎게 한다.
- 법제 방법 : 과실이 익으면 채집하여 그늘에서 말린다.
- 주의사항 : 많이 먹으면 갑자기 힘들고 눈이 침침해 진다.

출처 : 『隨息居飮食譜(수식거음식보)』, 『醫林纂要(의림찬요)』, 『孟詵(맹선)』

산포도(머루)

• 본초명 : 蘡薁(영욱)

• 효능 : 止渴(지갈) 利小便(리소변)

갈증을 멎게하고 소변이 나오게 한다.

출처 : 『本草綱目(본초강목)』

실백자

• 본초명 : 海松子(해송자), 實柏子(실백자), 松子仁(송자인)

• 효능 : 補不足(보부족) 潤皮膚(윤피부) 肥五臟(비오장). 逐風痺寒氣(축풍비한기). 虛羸少氣(허리소기)

풍비한기(風痺寒氣)를 제거하고 허리소기(쇠약, 기허부족)에 대하여 그 부족한 것을 보하며 피부를 촉촉하게 하고 오장을 튼튼하게 한다.

• 법제 방법 : 성숙된 후 채집하여 볕에 말려서 단단한 껍데기를 버리고 종자를 꺼내어 건조한 곳에 보관한다.

• 주의사항 : 변이 묽고 낮에 遺精(유정)하는 사람은 복용을 금한다.

출처 : 『日華子諸家本草(일화자제가본초)』, 『本草從新(본초종신)』

"神農本草經疏(신농본초경소)" 실백자의 기미는 향미감온(香味甘溫)이다. 甘溫(감온)은 陽氣(양기)를 돕고 경락을 통하게 하므로 골절풍과 수기 및 풍에 의한 머리가 어지러운 것, 나쁜 기운은 저절로 제거된다. 기의 溫(온)은 陽(양)에 속하고 甘味(감미)는 補血(보혈)하는 작용을 한다. 血氣(혈기)가 충족하면 오장은 저절로 원활해진다. 따라서 흰 머리카락을 검게 하고 공복감을 제거할 수 있다.

황구

• 본초명 : 狗肉(구육)

• 효능 : 중초를 보하고 기운을 더하며 콩팥을 따뜻하게 하고 양의 기운을 도와준다.

• 주의사항 : 열병 후에는 복용하지 못한다. 商陸(상륙, 자리공의 뿌리)을 쓰고 있는 자는 개고기를 복용하지 못한다.

출처 : 『日華子諸家本草(일화자제가본초)』, 『神農本草經集注(신농본초경집주)』, 『本草綱目(본초강목)』

대개 본초서에서 쓰는 것은 모두 食犬(식견)으로 眞黃狗(누런 개), 黑狗(흑구) 모두 쓴다.

목미

• 본초명 : 蕎麥(교맥)

• 효능 : 開胃寬腸(개위관장) 下氣消積(하기소적)

입맛을 나게하고 변비를 완화시키며 배가 더부룩하거나 아픈 병증을 없애준다.

• 법제 방법 : 상강 전후에 씨가 여문 때에 수확하여 씨를 털어서 햇볕에 말린다.

• 주의사항 : 많이 먹어서는 안 된다. 중풍기와 어지럼증을 일으킨다.

출처 : 『本草綱目(본초강목)』, 『本草圖經(본초도경)』

백청

• 본초명 : 蜂蜜(봉밀)

• 효능 : 安五臟諸不足(안오장제부족) 益氣補中(익기보중) 止痛解毒(지통해독) 和百藥(화백약)

오장을 편안하게 하여 모든 부족한 것을 보하고 기를 튼튼하게 하여 중초를 보하며 통증을 가라앉히고 독을 해독해주며 모든 약을 조호롭게 해준다.

• 법제 방법 : 달여 여과하여 거품을 없앤다.

• 주의사항 : 石蜜(석밀), 生蜜(생밀)은 성질이 차고 滑(활)하여 설사가 날 수 있다.

출처 : 『本經(본경)』, 『本草經疏(본초경소)』

호초

• 본초명 : 胡椒(호초)

• 효능 : 調五臟(조오장) 止霍亂(지곽란) 心腹冷痛(심복냉통) 壯腎氣(장신기). 主冷痢(주냉리) 殺一切魚(살일체오). 肉(육). 鱉(별). 蕈毒(심독)

오장을 조절한다. 곽란, 심복냉통을 멎게 하고 신기를 왕성하게 하고 냉리를 다스린다. 모든 생선, 고기, 자라, 버섯의 독을 제거한다.

• 법제 방법 : 거친 불순물을 제거하고 체로 쳐서 먼지를 제거한다. 사용할 때는 부수거나 빻아서 쓴다.

• 주의사항 : 많이 복용 시 치질, 치통, 현기증을 일으킨다.

출처 : 『日華子諸家本草(일화자제가본초)』, 『本草備要(본초비요)』

건강

• 본초명 : 乾薑(건강)
• 효능 : 治寒冷腹痛(치한냉복통) 中惡(중악) 霍亂(곽란) 脹滿(창만) 風邪諸毒(풍사제독) 止唾血(지타혈)
몸이 차가워서 생기는 복통을 치료하고 갑자기 손발이 차거워지면서 정신이 혼미해지는 증상을 완화해준다. 토하고 설사하는 급성위장질환과 배가 더부룩해지고 바람으로 인한 나쁜 기운의 독을 제거하고 기관지, 폐위의 질환으로 피를 토하는 증상을 가라앉힌다.
• 법제 방법 : 햇볕에 말리거나 약한 불에 쬐어 말린다.
• 주의사항 : 오래 먹으면 陰(음)을 손상하고 눈을 상하게 한다. 陰虛內熱(음허내열)하고 陰虛咳嗽(음허해수), 토혈하고 表虛(표허)하며 열이 있고 땀이 나는 자, 식은 땀과 잠자면서 땀을 흘리는 사람은 모두 복용을 금한다. 『신농본초경소(神農本草經疏)』

출처 : 『名醫別錄(명의별록)』, 『神農本草經疏(신농본초경소)』

닥나무

• 본초명 : 楮葉(저엽)
• 효능 : 利小便(리소변) 去風濕腫脹(거풍습종창) 白濁(백탁) 疝氣(산기) 疥瘡(개창)
소변이 잘 나오게 하고 바람과 습, 염증으로 인하여 피부가 부어오르는 증상을 제거하고 소변의 색깔이 뿌옇고 위장이 팽팽해지면서 위완부가 아픈 증상, 풍 · 습 · 열 등의 나쁜 기운이 피부에 엉키어 생기는 접촉성의 전염성 피부병을 치료한다.
• 법제 방법 : 볶아서 가루를 만들고 밀가루와 섞어 떡을 만들어 먹으면 이질을 치료한다.

출처 : 『本草綱目(본초강목)』, 『藥性論(약성론)』, 『본초도경(本草圖經)』

소변이 잘 나오게 하고, 풍과 습, 종기를 제거하고 탁한 소변과 부스럼을 치료한다.
저엽은 비출혈을 주치(主治)한다. 어린잎은 채소로 하여 더운물에 데쳐 먹으며 주로 몸과 팔다리가 마비(痲痺)되고 하얀 고름이나 혈액이 대변에 섞여 나오는 이질(痢疾)을 치료한다.

연잎

• 본초명 : 荷葉(하엽)

• 효능 : 生發元氣(생발원기) 補助脾胃(보조비위) 澁精濁(삽정탁) 散瘀血(산어혈).
원기를 생기게 하고 비위를 도우며 유정(遺精)을 치료하며 어혈을 풀어준다.

• 법제 방법 : 물로 깨끗이 씻어 臍(제)와 가장자리를 잘라 버리고 선 모양으로 썰어 쇄건한다.

• 주의사항 : 기를 위로 올려서 흩어지게 하여 소모하므로 몸이 허약한 사람은 이것을 금한다.

출처 : 『本草綱目(본초강목)』, 『本草從新(본초종신)』

엿기름

• 본초명 : 麥芽(맥아)

• 효능 : 溫中(온중) 下氣(하기) 開胃(개위) 止霍亂(지곽란) 除煩(제번) 消痰(소담) 破癥結(파징결)
비위를 따뜻하게 하고 위로 치밀어 오르는 기운을 가라앉혀 마음을 안정시키고 소화기능을 돕고 식욕을 돋우며 토하고 설사하는 급성위장병을 가라앉히며 번거롭고 괴로움을 없애주고 가래를 삭히는 등 뭉쳐있는 것을 풀어준다.

• 법제 방법 : 炒麥芽(초맥아), 솥 안에서 노르스름하게 약간 볶고 꺼내어 식힌다.
蕉麥芽(초맥아), 위와 같은 방법으로 누르스름하게 될 때까지 볶고 맑은 물을 뿌린 다음 꺼내어 햇볕에 말린다.

• 주의사항 : 오래 복용하면 마시는 즉시로 소변이 나오고 양이 많고 뿌옇기 때문에 많이 먹어서는 안 된다.

출처 : 『日華子諸家本草(일화자제가본초)』, 『日華子諸家本草(일화자제가본초)』, 『食性本草(식성본초)』

황납

• 본초명 : 蜜蜡(밀납)

• 효능 : 主下痢膿血(주하리농혈) 補中(보중) 續絶傷(속절상) 金瘡(금창) 益氣(익기)
설사와 피와 고름이 섞인 피고름을 치료하고 비위를 보하며 상처와 부스럼을 치료하고 원기를 돕는다.

• 법제 방법 : 꿀을 꺼낸 벌집을 물과 함께 가마에 넣고 가열하여 용해시킨 다음 위층에 뜬 거품

과 잡질을 제거하고 뜨거울 때 여과하여 냉각시키면 봉납이 응결되어 덩어리로 된다. 수면에 뜬 것을 걷어내는데 이것이 황납이다.

• 주의사항 : 火熱暴痢(화열폭리, 더운 기운이 나고 심한 설사)에는 금기이다.

출처 : 『神農本草經(신농본초경)』, 『神農本草經疏(신농본초경소)』

생솔잎

• 본초명 : 松葉(송엽)

• 효능 : 풍습(風濕)으로 인해 생긴 옴을 치료하고 모발을 나게하며 오장을 편안하게 한다.

• 법제 방법 : 채집하여 말린 후 건조한 곳에 보관한다.

출처 : 『名醫別錄(명의별록)』

도화(복숭아꽃)

• 본초명 : 桃花(도화)

• 효능 : 破石淋(파석림) 利大小便(리대소변) 下三蟲(하삼충) 殺疰惡鬼(살주악귀) 令人好顏色(령인호안색)

성질은 평하고 맛은 쓰며 독이 없다. 석림을 깨뜨리고 대소변을 잘 나오게 하며, 장충(長蟲), 적충(赤蟲), 요충(蟯蟲) 등의 기생충을 밀어내고 시주와 악귀를 죽이며 얼굴빛을 좋게 한다.

• 법제 방법 : 꽃을 따서 그늘에서 말린다. 여러 겹 둘러싸인 꽃은 쓰지 못한다.

• 주의사항 : 임신부는 쓰지 못한다.

출처 : 『東醫寶鑑(동의보감)』

녹두

• 본초명 : 녹두

• 효능 : 益氣(익기) 除熱毒風(제열독풍) 厚腸胃(후장위)

기(氣)를 좋게하고 열과 나쁜 풍사를 제거하여 장과 위를 두텁게 한다.

• 법제 방법 : 입추 후 열매가 여물었을 때 통째로 풀 전체를 뽑아 햇볕에 말린 다음 종자를 털어

내고 키질하여 잡물을 제거한다.

• 주의사항 : 脾胃虛寒(비위허한, 비위의 한기가 모자라는) 자는 복용을 삼간다.

출처 : 『日華子諸家本草(일화자제가본초)』, 『神農本草經疏(신농본초경소)』

북나무 껍질

• 본초명 : 千金木(천금목)

창출 뿌리

• 본초명 : 蒼朮(창출)

• 효능 : 治濕痰留飮(치습담유음) 脾濕下流(비습하류) 濁瀝帶下(탁력대하) 滑瀉腸風(활사장풍) 습으로 인한 담(가래 등)과 비위의 기가 허하여 수음이 오래 머물면서 생기는 유음을 치료하고 비위의 습이 내려와 생기는 탁하고 끈적이는 대하를 치료하고 장의 풍사를 쏟아내어 부드럽게 한다.

• 법제 방법 : 성질이 건조하므로 쌀뜨물에 담가 기름을 빼고 잘라서 구워 건조시켜 사용하거나 참깨와 함께 볶아 그 건조함을 제한다.

• 주의사항 : 복숭아, 배, 참새고기, 菘菜(숭채), 청어 등을 꺼린다.

출처 : 『本草綱目(본초강목)』, 『藥性論(약성론)』

창포 뿌리

• 본초명: 석창포(石菖蒲)

• 효능 : 심와부를 열어 주고 오장을 보하고 인체의 9구멍을 열어 주고 귀와 눈을 밝게하고 건망증을 치료한다.

• 법제 방법 : 뿌리를 캐어 그늘에서 말린다.

• 주의사항 : 엿, 양고기를 금한다.

출처 : 『東醫寶鑑(동의보감)』, 『日華子諸家本草(일화자제가본초)』

찰기장쌀

• 본초명 : 黍米(서미)

• 효능 : 기운을 더하고 중초를 보한다

• 법제 방법 : 여름과 가을에 채집한다.

출처 : 『吳普本草(오보본초)』

솔방울

• 본초명 : 松實(송실), 松鈴(송령)

• 효능 : 主風痺(주풍비) 虛羸(허리) 少氣不足(소기부족)
몸과 팔다리가 마비되는 증상과 쇠약하고 기허가 부족한 것을 치료한다.

출처 : 『東醫寶鑑(동의보감)』

차조기씨

• 본초명 : 紫蘇子(자소자)

• 효능 : 主上氣咳逆(주상기해역) 治冷氣及腰脚中濕風結氣(치냉기급요각중습풍결기)
횡경막이 줄어들면서 일어나는 기침을 치료하고 차가운 공기로 인한 허리와 다리의 습사와 풍사의 기운이 뭉치는 것을 치료한다.

• 법제 방법 : 먼지 등을 제거하고 깨끗이 씻어 볕에 쬐어 말린다.

• 주의사항 : 성질이 주로 막힌 것을 소통(疏通)시키고 버린 것을 내보내어서 기허로 오랫동안 기침을 하거나 음이 모자라 주기적으로 일어나는 호흡곤란 비장(脾臟)이 허하여 변이 묽은 자는 복용해서는 안 된다.

출처 : 『藥性論(약성론)』, 『本草逢原(본초봉원)』

말린 오가피껍질

- 본초명 : 五加皮(오가피)
- 효능 : 治風濕痿痺(치풍습위비) 壯筋骨(장근골)
  풍사와 습사로 인한 저리고 마비되는 증상을 치료하고 근육과 골격을 강화시킨다.
- 법제 방법 : 불순물을 제거하고 물로 깨끗이 씻어 수분이 약간 스며든 후 썰어서 말린다.
- 주의사항 : 아랫부분에 풍습으로 인한 나쁜 찬기운 없이 火(화)가 있는 경우에는 적합하지 않다. 간과 신장이 허하고 火(화)가 있는 경우에는 복용을 금한다.

출처 : 『本草綱目(본초강목)』, 『神農本草經疏(신농본초경소)』

구기자 열매

- 본초명 : 枸杞子(구기자)
- 효능 : 근골을 보하고 더하게 하며 바람을 없애고 사람에게 유익함을 줄 수 있으며 몹시 피곤함을 없애준다
- 법제 방법 : 키로 잡물을 없애 버리고 남아 있는 열매 꼭지와 줄기를 떼어 버린다.
- 주의사항 : 비위허약으로 자주 설사하는 자는 복용을 금한다

출처 : 『食療本草(식료본초)』, 『神農本草經疏(신농본초경소)』

구기자 뿌리

- 본초명 : 地骨皮(지골피)
- 효능 : 풍습을 치료하고 앞가슴과 양쪽 옆구리의 기를 내리고 손님처럼 찾아오는 두통, 근육을 튼튼하게 하고 음을 강하게 한다. 대소장을 이롭게 하고 추운 것과 더운 것을 견디게 한다.
- 법제 방법 : 불순물이나 목심을 제거하고 씻어 햇볕에 말려 자른다.
- 주의사항 : 몹시 피곤하여 음의 기운이 왕성하게 하고 비위의 기능이 아주 약하여 식욕부진이나 설사를 하는 사람은 양을 적게 써야 한다.

출처 : 『名醫別錄(명의별록)』, 『本草彙言(본초휘언)』

구기자 잎

• 본초명 : 枸杞葉(구기엽)

• 효능 : 허한 것을 보충하고 정을 더한다. 열을 내리고 갈증을 멈추게 하고 풍을 없애고 눈을 밝게 한다.

• 법제 방법 : 봄과 여름에 채취한다.

• 주의사항 : 유제품과 서로 영향을 주어 약성이 약해짐

출처 : 『藥性論(약성론)』

잠깐 볶은 오미자

• 본초명 : 五味子(오미자)

• 효능 : 養五臟(양오장) 除熱(제열) 生陰中肌(생음중기)
오장을 보양하고 열을 제거하며 가을에 살을 찌게 한다.

• 법제 방법 : 체로 쳐서 먼지와 부스러기를 털어버리고 잡질을 제거해서 시루 안에 넣고 충분히 쪄서 햇빛에 쬐어 말린다.

• 주의사항 : 추위로 인한 해수 초기에는 한사가 안에 잠복할 우려가 있기 때문에 복용해서는 안 된다.

출처 : 『名醫別錄(명의별록)』, 『本草正(본초정)』

리생원책보 주방문 원문

-2-

-1-

이ᄃᆞ게 ᄡᆞᆯ ᄒᆡ 식히고 그 ᄯᅢ 술 붓고 ᄡᅥ 더니라
부ᄅᆞᆯ 술 나 ᄒᆞᆸ 노코 져녁ᄆᆡ 라 근거 술 ᄒᆞ여 이 ᄯᅢᄅᆞᆯ
브려 가며 ᄂᆡ게 ᄡᅥ ᄂᆞᆫ 블 ᄉᆞᆯ로ᄂᆞᆫ 밧 곳 ᄃᆞ이 ᄡᅥ 나 재
ᄡᅦ시거든 탕슈ᄒᆞ고 슐을 게ᄉᆞᄒᆞ고 두견화 ᄭᅩᆺ 술
ᄲᅡᆸ시 정히 ᄒᆞ여 법으로 두어 ᄉᆞᆯ 가 상치 일ᄌᆞᆯ
ᄒᆞᆫ 후에 ᄡᅳ라 블은 빗ᄉ 브터 ᄢᅴ 되 슈력으로 ᄃᆞᄂᆞ니
라 ○ 쇼쥭쥬 너 바ᄅ 비 ᄂᆞ려 ᄒᆞᆫ 번 ᄇᆡᆨ미 개 ᄭᅮᆨ [illegible]
ᄇᆡᆨ셰 작ᄇᆞᆯ ᄒᆞ여 ᄯᅥᆨ 되 ᄒᆞ게 ᄒᆞ여 다 ᄒᆞ고 ᄒᆞᆫ 졉

-3-

누룩 ᄂᆡ 칠 홉 진 ᄆᆡ 을 ᄃᆡ 되 ᄒᆞᆫ 법 ᄒᆞᆫ 저 되 서 ᄡᅥ 술
흰 ᄡᆞᆯ 서 ᄇᆞᆯ 닷 ᄃᆡ ᄲᅥ ᄃᆞᆺ 더 ᄡᆞᆯ과 ᄒᆞᆫ 날 ᄃᆞᆺ ᄉᆞ ᄒᆡ
ᄐᆞᆫ 날 ᄡᆞᆯ 깔 져 작ᄇᆞᆯ ᄒᆞ야 ᄇᆞᆨ리 ᄎᆡ ᄆᆡ 심 ᄲᅥᆫ 누룩
ᄃᆞᆷ ᄃᆞ라 술 그ᄂᆞᆫ 톄로 다 ᄅᆞ 젹 우울 가 ᄂᆞᆫ ᄒᆞ ᄡᅥ 노코 쳐 진
져 술 ᄲᅵ 이 쥐 ᄲᅮᆯ 너 우 ᄒᆞᆫ 블 쥬어 ᄲᅥ ᄆᆡ 정히 리 ᄌᆞᆯ ᄒᆞ ᄂᆡ
다 셰 밧 ᄎᆡ 곳 ᄎᆡ 되야 ᄌᆞᆨ 되 내고 우리 ᄶᅵᆫ 거 술로 [illegible]
회 노코 더운 김의 ᄡᅥ 내 ᄒᆞ 력 구워 운 면이 ᄡᅥ 가 ᄯᅢ 내
ᄒᆞ ᄆᆡ 슈지로 져어 ᄃᆞᆫ [illegible] ᄡᅡ 칠 져 [illegible] ᄒᆞᆺ 리 [illegible] 지 [illegible]
ᄒᆞ 져어 ᄂᆞ록 ᄒᆞᆯ 의 [illegible] 거 술 [illegible] 로 ᄒᆡ [illegible]

-4-

시ᄒᆞ야 삭ᄉᆞᆫ 시ᄇᆞᆷ야 일슐 되면 반은 맛난
즌 더ᄉᆞᆫ ᄒᆞ려 ᄇᆡᆨ 발ᄉᆞᆯ빗 ᄒᆞ야 밥 ᄶᅥ 내
레 ᄶᅧ 쥬 거ᄭᅥ 으로 뒤ᄯᅢ 블 ᄯᅥ ᄒᆞ여 ᄲᅥ 시 술 재 ᄀᆞ
회 노코 덩운 긴 의 골고 ᄂᆞ 뉴지로 평으 ᄯᅢ 어너 고라 술은
후 ᄃᆞᆫᄃᆞᆫ이 누울너 ᄉᆞ면을 쓰고 ᄆᆞ이 ᄯᅡᆯ 협 ᄒᆞ려 ᄭᅮᆨ 울 ᄭᅩᆨ
ᄡᅡ 흔려 두어 ᄂᆡᆨ이 ᄃᆡ 블 나 ᄯᅥ 덜 ᄭᅴ 그 ᄶᅴ 거 ᄑᆞᆷ 무 온
거 술 ᄌᆞᆫ로 쓰ᄲᅥ니 고 도ᄂᆞ 이 개ᄂᆞ 허 두엇다가 슈 십 병 술
ᄒᆞᆨ ᄇᆞᆫ면 가라 안ᄌᆞᆺ다가 도로 ᄶᅥ ᄶᅥ 쓰 가라 안ᄂᆞ니 ᄌᆞ
번 가라 안즌 ᄒᆞ 후는 ᄃᆞ ᄉᆞ ᄂᆞ니 우 흘 쓰고 ᄀᆞ리 ᄯᅡᆯ라

우일 방운 뎡ᄒᆡᆼ 일 ᄇᆡ이 두 발 슐 ᄆᆞᆺ신ᄒᆞ
더 술 ᄒᆞᆫ 발 의 블 ᄒᆞᆫ 발 셔 ᄇᆞ완 ᄒᆞ여 비 근 려 울
三 ᄋᆞᆯ ᄇᆞ히 쓸 ᄒᆡ 도로 ᄎᆡ와 발ᄋᆞ이 술 ᄇᆞ숴 비 롤 ᄒᆞᆼ 의
되야 노코 ᄂᆡ 발 의 죠 ᄒᆞᆫ 서ᄇᆞ 누룩 ᄒᆞᆫ 되 진 ᄆᆞᆯ 단ᄉᆞ
ᄒᆞᆸ 식 그 놀 의 픈 후 ᄐᆞᆼ 뉴지로 동 ᄃᆞᆼ이 ᄒᆡ 방ᄋᆞ려
어사 ᄒᆞᆯ ᄇᆞ화 그 옷 불 ᄲᅢ 운 ᄀᆞᆺ ᄒᆡ 고ᄇᆞ 쓰 ᄀᆞ 치 질 ᄒᆞᆫ
강 ᄃᆞ 쾨 도 거 ᄅᆞ려 우 쓴 울 ᄌᆞ ᄲᅧ 가 ᄲᅥ 졀 ᄒᆞ 나 ᄃᆞ 긷
시 ᄎᆡ 여 바 ᄅᆞ 고 칠ᄒᆡ 되야 ᄒᆞᆫ 번 ᄇᆞᆷ ᄂᆞᆺ ᄭᆞ ᄌᆡ ᄒᆞ 이 ᄒᆞᆫ ᄆᆞᆷ

齊鳳

빈ᄉ 미수 ᄡᆞᆯ 벽 ᄊᆡ 호야 ᄒᆞ야 바ᄉ 쇄여 자ᄀ 바ᄉ 쥬
여 ᄭᅮ러 나거 ᄃ 쎄 시로 재 조 ᄀᆞᆺ 흰 노고 ᄀ리 ᄋᆞᆫ 비여
쎄 가 ᄆᆡ 번 ᄃ 그 룽 뉴 지 로 프 려 지 조 즐 ᄃ여 ᄡᆡ
번 야 ᄡᆞᆯ 극 의 ᄃ 긔 이 뵐 위 ᄂ 려 ᄇᆞᆺ 아 조 ᄉᆞᆫ 와
ᄭᅮ러 ᄃ 쥰 되 ᄂᆞᆯ 가 시 ᄇ 거 든 흰 ᄃ 즐 ᄡ 쳐 니 고 ᄇᆞ
시 ᄃᆞᆯ 거 든 빅 기 ᄃ ᄡᆞᆯ 빅 ᄊ 흐 야 ᄂ 쇄 밧
재 여 나 거 쎄 쥬 격 ᄃ 여 ᄆ 쥬 여 기 ᄉ 술 거 ᄉ 흘

내 시 즐 재 조 ᄀᆞᆺ 흰 노 고 더 ᄇ 우 ᄊ 그 룽 뉴 ᄊ 즐
젹 여 흔 ᄒᆞᆫ ᄇ 이 되 ᄀ 호 여 ᄃ 여 ᄃᆞ야 ᄉ ᄃ 월 되
다 시 흔 슌 여 ᄃ 봐 야 ᄭ 든 거 ᄉ 쎄 니 러 ᄃ 든 지

四

즐 이 ᄂ 야 ᄇᆞᆸ 낫 치 위 ᄃ 븍 ᄡ 고 ᄀ 여 보 되
다 ᄃ 거 ᄋ 치 ᄡᆞᆯ 곰 ᄇ ᄂ 즈 여 ᄇᆞᆸ 낫 쇄 가 ᄃ 고 졸
가 흔 ᄒ 밥 낫 다 시 쎄 ᄋ 즐 거 든 시 작 ᄒ 야 ᄡ ᄂ
일 ᄆᆡ 은 ᄋ 산 츈 이 니 이 ᄇ 변 ᄃ 고 비 ᄎ
방 의 노 하 ᄆ 술 로 의 혀 ᄃ 로 ᄃ 습 ᄀ 빗 ᄃ ᄃ 여 ᄃ ᄃ 면

슐밋시쟉ᄒᆞᆫ닷ᄉᆡ ᄒᆞ고 ᄲᆡᆺ은 ᄒᆞᆫ닷ᄉᆡ [illegible] 좁
ᄒᆞᄂᆞ니라 상회쥭 뎡월 ᄎᆞᆺ ᄒᆡ일의 ᄇᆡᆨ미
되 ᄇᆡᆨ셰쟉말ᄒᆞ야 졍화슈 주병으로 ᄒᆞ 붓어
ᄲᅡᆯ아 나리거리야 ᄎᆡ오고 보라인 누룩 그르노 ᄒᆞᆫ되 진 ᄲᅡᆯ
[illegible] ᄒᆞᆫ력 섯거 ᄂᆞ려 항부리 봉ᄒᆞ야 ᄒᆞᆫ력 쥭
엇다가 이월 초 회일에 ᄇᆡᆨ미 ᄲᅡᆯ ᄇᆡᆨ셰쟉
말ᄒᆞ야 ᄒᆞᆫ말의 불세병식 부어 나리 ᄀᆡ야
ᄎᆞᆫ후 슐밋 회 [illegible] ᄒᆞᆫ력 엇다가 [illegible]

ᄎᆞ회일의 ᄇᆡᆨ미 ᄒᆞᆫ ᄲᅡᆯ ᄇᆡᆨ쳬ᄒᆞ야 나리게 ᄡᅵ 빈 ᄲᅡᆯ
의 불세병식 부어 ᄭᆡ여 ᄎᆞᆫ후 ᄲᅧᆺ슈국의 보ᄭᅮ뢰
너허 ᄒᆞᆫ력 ᄃᆞᆼ엇다가 ᄇᆡᆨ일 후 ᄡᅳ면 죠ᄒᆞ니라 불
울 적은 ᄲᅡᆼ 누르로 되야 봉ᄒᆞ여 ᄒᆞᆫ병 [illegible] 은
ᄉᆞᆼᄒᆞᄂᆞ니라 회일쥭 졍월 초 회일의 ᄇᆡᆨ미 마
두ᄲᅡᆯ 가옷 ᄇᆡᆨ셰셰말ᄒᆞ야 두ᄲᅡᆯ 닷되에 ᄂᆞᆯ곱
되 ᄭᅳᆯᄂᆞᆫ 믈 갈믈 플고 ᄲᅡᆯ 여ᄃᆞᆲ되 ᄭᅳᆯᄂᆞᆫ 그장 ᄎᆞᆯ 회
그로니거 ᄭᆡ야 ᄎᆡ나거 ᄃᆞᆫ 그로 누룩 진 ᄲᅡᆯ 주되 ᄎᆞᆨ

숫리비즛다가 드물려 죄어로의 게워 ᄡᆞᆯ가로 빅
셰작ᄡᆞᆯ ᄒᆞ야 박비황너 ᄡᆞᆯ 가로 최어와 곳처 그
야 손거든 술빗최 것거 너흐면 고사 씻져 되잉울의 박
미 ᄃᆞᆺ ᄡᆞᆯ 빅셰 ᄒᆞ야 ᄃᆞᆼ샤 ᄆᆡᆼ재여 나게써 술 ᄒᆞᆫ 물
ᄃᆞᆺ ᄡᆞᆯ 노골나 ᄇᆞᆼ이 ᄆᆡᆼ이 손거든 비ᄉᆞᆺ 술의 숫거어ᄒᆡ
일ᄀᆞᆯ거 온 ᄂᆞᆼ울 쓰라 과히 더 ᄇᆡ 조 ᄡᆞᆯ 고너 ᄇᆞ ᄒᆞᄆᆡ
로 ᄡᆞᆯ 계 두엇다가 샹 될 볼 우거 ᄃᆞ리 되 쓰리라
청명주 ᄃᆞᆺ ᄡᆞᆯ 비ᄉᆞ라 ᄒᆞ면 져ᄋᆡ ᄃᆞᆺ 긔 ᄅᆞᆯ

술 ᄭᆡᆺ ᄒᆞ려 ᄒᆞᆫ 식ᄀᆞ 날 엿ᄃᆞᆯ은 ᄎᆞᆫ날 을 헤아려 져의
ᄃᆞᆺ ᄡᆞᆯ 가로 ᄒᆞᆫ셔 빅셰 ᄒᆞ야 ᄃᆞᆼ샤 ᄒᆞ야 이튼날 ᄃᆞᆺ ᄯᅡ
리 ᄅᆞᆯ 작 ᄡᆞᆯ ᄒᆞ야 죽 ᄭᅳᆲ려 ᄇᆡ ᄉᆞᆯ의 물 주 ᄲᅧᆼ셔 리
야 ᄭᅳᆲ어 날 물 거 ᄒᆞᆫ 시ᄃᆡ ᄒᆞ와 져 주 어 다가 이튼날
죽 ᄡᆞᆯ 리 가로 진 ᄡᆞᆯ ᄃᆞᆺ ᄒᆞᆷ 헤여 너허 그ᄃᆞᆷ 그ᄅᆞᆯ ᄉᆡᆼ훈
ᄃᆞᆼ이 ᄆᆡᆼ이 체 ᄡᆞᆯ거 ᄒᆞ쳐은 최 로 바라 죽 ᄭᅡ 브ᄉᆞ고 그 젼
비 ᄃᆞᆺ ᄡᆞᆯ 울 ᄯᅥᆨ 거 쎠 ᄃᆡ 물 기 ᄂᆞ의 죽 ᄲᅡᆺ 최 노 그 ᄯᅢ 브여 고
ᄒᆞᆸ ᄒᆞᆫ 게 ᄌᆞᆨ 죽어 을 식 지 골 ᄲᅡ ᄇᆡ 야 ᄭᅳᆺ 엇다가 ᄒᆞᆫ ᄋᆞ

지나거든 라 ᄯᅥ 들ᄭᅢ 것거 걸 쓰잔술 즁화ᄒᆞ야 ᄎᆞ니라

라 쳥명향 ᄇᆡᆨ이 서리 ᄇᆡᆨ세 ᄇᆡᆨ세작ᄆᆞᆯ ᄒᆞ야

쥬라 ᄂᆞᆨ쥬여 쳔화 국ᄆᆞᆯ 서리를 ᄭᅥᆨ거내허 ᄯᅡᄒᆞ니 거

든 젼에 서ᄉᆞᆯ ᄇᆡᆨ세ᄒᆞ야 ᄃᆞᆺ가라ᄒᆞ니 ᄀᆡ여 시술

젼 노고 넝쥬로 ᄉᆞᆨ ᄭᅢ ᄲᆞᆺ치려 내 쓰불은 법ᄒᆞ쥐

아니ᄒᆞ나 한ᄉᆞᆯ ᄲᆞ고ᄒᆞ야 술 ᄇᆞᆺ회 ᄭᅥᆨ거내허 ᄃᆞᆺ라

이쳘일 ᄇᆞᆯ의 닐ᄃᆡ 비취 ᄆᆞᆯ ᄃᆞᆯ아내ᄃᆡ 국히 ᄒᆞ

니라

포도쥬 니ᄂᆞᆫ 은 포도ᄯᅢ세 즙을 니ᄋᆡ 글어셔

두운의 ᄃᆞᆷ고 젹ᄃᆡ기 ᄇᆡᆨ세 ᄒᆞ여 무ᄅᆞᆫ게 ᄊᆞ 표ᄒᆞᆫ 국

ᄇᆞᆯ을 ᄭᅥ러 포도즙 ᄒᆞᆫ ᄭᅥᆨ거내히 비는 면 술이 ᄃᆡ야 ᄇᆞᆺ

과 ᄀᆡ서ᄒᆞᆫ ᄒᆞ니라 산포도로 요ᄒᆞ고 빈ᄂᆞᆫ 법과 다 ᄎᆞ란

복아 ᄀᆡ여 이열의 술ᄒᆞ와 숙ᄭᅮᆺ ᄒᆞ와 ᄒᆞ면 ᄃᆡ에 비술

ᄒᆞᄂᆞᆫ 방붐의 쳥운의 나ᄇᆞᆺ들 ᄌᆡ나 포도즙을 ᄭᅥ

거비조러 ᄇᆞᆺ은의 ᄯᅢ 불울 ᄒᆞᆫ져나 ᄒᆡ주나

빅화쥬 빅기서리를 빅세작ᄆᆞᆯ ᄒᆞ야 주

무ᄶᅥᆨ살 ᄲᆞ고 거든 국ᄆᆞᆯ 치ᄒᆞᆸ ᄭᅥᆨ거내허셔

괴거든 빅미 서ᄡᆞᆯ 빅셰 작바 숙ᄒᆞ엿다가 외이쎼
ᄡᅵᄡᆞᆯ의 물두ᄲᅧᆼ 발ᄉᆡᆨ ᄒᆞ나 쳥와 ᄊᆞᆺ거쳐와 다
가나거든 쓰라 비지 냥슈 갓고 ᄭᆡ시 ᄒᆞᆫ죽 갓ᄒᆞ니라
당 빅화쥬 빅ᄭᅵ 일두 빅셰작 ᄡᆞᆯ ᄒᆞ야 물
ᄒᆞᆫ ᄡᆞᆯ의 리야 국ᄡᆞᆯ 리 갓ᄎᆞᆺ 시긴 ᄒᆞᆫ리 ᄊᆞᆺ거쳐와
버무려 ᄂᆡ엿다가 괴거든 빅ᄭᅵ 이숙 빅셰친 숙ᄒᆞᆯ
야 나게 ᄡᅧ ᄒᆞᆫ ᄡᆞᆯ의 물 ᄒᆞᆫ ᄡᆞᆯ 식혜 물혀 골ᄒᆞ나
반ᄇᆡ이 존거든 술빗과 ᄊᆞᆺ거 ᄂᆡ엿다가 ᄡᅧᄒᆞᆫ 골 반

의 쓰나니라 빅하쥬 빅ᄭᅵ 오승 빅셰 쇄 ᄡᆞᆯ을
야 물ᄲᅧᆼ 반의 ᄀᆞ야 쳥와 국ᄆᆞᆯ ᄂᆞᆯ ᄒᆞᆫ졀 ᄡᆞᆯ ᄃᆞᆺ ᄒᆞᆸ
서긴 ᄒᆞᆫ뢰 ᄒᆞᆸ ᄒᆞ야 버무려 ᄂᆡ엿다가 삭일 ᄆᆞᆯ의 빅
ᄭᅵ 일두 빅셰 쳐치니 숙ᄒᆞ야 ᄲᅡᆼ이 ᄡᅧᄂᆡ여 업시 쳥와 ᄒᆞᆯ
빗 희ᄂᆡ희여 곡엇다가 칠일 ᄒᆞ 쓰라 일법은
빅ᄭᅵ 서ᄡᆞᆯ 빅셰 쳐 숙ᄒᆞ야 ᄒᆞᆫ술 ᄲᅡᆼ치나거든 고쳐
쇄쳐 작ᄡᆞᆯ ᄒᆞ야 ᄂᆞ리ᄡᅧ 탕숙 쇄ᄡᆞᆯ외 골ᄒᆞ나 ᄒᆞ거든
국ᄡᆞᆯ이 일승 진ᄡᆞᆯ어 일승 ᄊᆞᆺ거 ᄂᆡ희엿다가 빅ᄭᅵ 상ᄒᆞᆯ 빅

쉐친슈ᄒᆞ야 ᄲᅵᆼ이 써 담슈 다솟병 붓고 바ᄂᆡ의 ᄭᅮᆯ
나흐거 ᄃᆞᆫ국ᄲᆞᆯ ᄒᆞᆫ 되 진ᄲᆞᆯ ᄒᆞᆫ 져 술 ᄭᅳᆺ희 ᄉᆞᆺ거
너헛다가 쓰라 절쥭 졍히 이ᄅᆞᆫ 쥭 빅ᄭᅵ 일승
ᄒᆞᆫ 날 빅 ᄉᆡᄒᆞ야 담가 다가 ᄇᆡ벌 ᄯᅳᆫ져 ᄌᆞᆨᄲᆞᆯ ᄒᆞ야 붓
ᄒᆞᆫ 사ᄇᆞᆯ의 버ᄇᆡᆨ리야며 ᄒᆞᆫ 이ᄃᆞᆫ 날 그졋 비ᄒᆞ 발ᄂᆞᆨ
계써 국ᄲᆞᆯ ᄒᆞᆫ 되 ᄉᆞᆺ거 너흣다가 쓰라 며워 예여 부
ᄌᆞᄒᆞ니 이ᄅᆞᆫ ᄃᆞ엔 ᄂᆞᆯ두나 ᄲᆞᆺ면 ᄎᆡ 아니ᄒᆞᄂᆞᆫ니라
시급쥭 ᄌᆞᄒᆞᆫ 탁쥭ᄅᆞᆯ 닝슈의 거ᄅᆞ며 ᄒᆞᆫ 층

의ᄅᆞᆯ ᄒᆞᆼ의 너고 ᄌᆞ져이니 보승 밥을 붓ᄎᆡ지여 국
ᄲᆞᆯ ᄃᆞᆺ홉 진ᄲᆞᆯ ᄃᆞᆺ홉 ᄉᆞᆺ거 사이ᄅᆞᆯ 만의 드리와 쓰라
일ᄅᆞ쥭 ᄌᆞᄒᆞᆫ 술 ᄒᆞᆫ 사ᄇᆞᆯ과 누룩 국 되ᄅᆞᆯ
九 ᄲᆞᆯ 쉐사발 ᄒᆞᆫ 되 ᄉᆞᆺ거 노코 빅ᄭᅵ 일두니 거써 거니와 져
아나셔 졀ᄉᆞᆯ의 업히 너고 ᄀᆞᆺ게 봉ᄒᆞ야 더운ᄃᆡ 두면
ᄒᆞᆫ 칙의 비ᄌᆞ져 너의 ᄶᅡᆨ 누니라 오호쥭
빅비 칠승 빅 쉬쉬 ᄲᆞᆯ ᄒᆞ야 ᄂᆞᆯ ᄲᅧᆼ 방의 리야 쳐와
국ᄲᆞᆯ 진ᄲᆞᆯ ᄀᆞᆨ ᄒᆞᆫ 되 섯겨 ᄉᆞᆺ거 너헛다가 사이ᄅᆞᆯ 만

의빅미이죽빅셰ᄒᆞ야닉게ᄡᅥ쳥와국ᄡᆞᆯ의죄짐
ᄡᆞᆯᄒᆞᆫ되ᄅᆞᆯ그술밋과밥의버므려두엇다가칠
일ᄆᆞᆫ의ᄡᅳ라 샹이일죽 술ᄒᆞᆫ말ᄒᆞᆫᄡᆞᆯ의국누룩노코
ᄡᆞᆯ무리너허ᄒᆞᆯ밤재여밧타빅미ᄒᆞᆫᄡᆞᆯ빅셰셰
ᄡᆞᆯᄒᆞ야닉게ᄡᅥ누룩물의너희샹이일후ᄡᅳ라ᄯᅢ
워에도조ᄒᆞ니라 누룩병죽 빅미이죽빅
셰셰ᄡᆞᆯᄒᆞ야물여ᄉᆞᆺ병의리야국ᄡᆞᆯ이승진ᄡᆞᆯ
칠홉ᄊᆞᆺ리너희닷가셩히괴야거든일졔빅미

샹승혹니승죽ᄡᅮᆨ어쳥와누룩ᄡᆞᆯ조버므려술
밋힌버므려골고로져어두엇다가닉거든몰로ᄡᅳ라샹
히너허두니즈로보라 오병죽그ᄒᆞᆫ가지ᄀᆞ려ᄡᆞᆯ
ᄒᆞᆫᄡᆞᆯ의물오병노코불뢰게ᄒᆞ엿면이죽ᄒᆞ쇄
병도ᄂᆞᆺᄂᆞ니라 오일방은빅미이죽빅셰ᄡᆞᆯ
ᄒᆞ야탕슈오병의쳐ᄂᆞ거ᄃᆞᆫ국ᄡᆞᆯ진ᄡᆞᆯ셕가루ᄒᆞ쇄
식버므려너희ᄒᆞᆫ일ᄆᆞᆫ의졔빅미이승의물ᄒᆞᆫ병의죽
ᄡᅮᆨ어너희칠일ᄆᆞᆫ의드리오라 부의죽

빗ᄡᅵ이ᄀᆞᆨ 빅셰작ᄡᆞᆯ ᄒᆞ야 물리ᄡᅥ 탕숙 ᄒᆡᆺᄡᆞᆯ노
ᄡᆞᆫ후 ᄡᅥ시쳐 ᄒᆞ려든 죠ᄒᆞᆫ 국ᄆᆡᆯ 허ᄒᆡ 셧거 ᄒᆞᆼᄒᆡ 내
허루 옷ᄃᆞ가 ᄒᆞ일 ᄡᆞᆯ의 빅ᄀᆞ미 오ᄉᆞᆼ 방법 ᄡᅥ 누룩 ᄒᆞᆫ ᄎᆔᄯᅵ
진ᄡᆞᆯ ᄒᆞᆫ되 셧거 ᄒᆡᆺ터너 로ᄃᆡ이 변쳥와 ᄀᆞ죽고 ᄡᅳ라 얼
벙ᄇᆞᆫ 졍ᄋᆡ 미로ᄉᆞᆯ 빅셰 치ᄯᅥ 숙 ᄒᆞ야 방ᄇᆞᆺ 물 ᄂᆞ기게 ᄡᅥ
쉬오고 국ᄡᆞᆯ 이ᄉᆞᆼ을 밥 쪈 물의 쇠와 누룩을
ᄃᆞᆷ져 밥과 셧거 ᄂᆡ히 쇠 밥지 ᄂᆞ면 ᄂᆡ 누ᄂᆡ ᄋᆞᆷ은 ᄒᆞᆨ의
귀ᄃᆡ이 ᄉᆡ의와 ᄡᅳ면 ᄡᆞ시 ᄀᆞᆯ고 ᄇᆡ보 나라 졍ᄒᆡ ᄂᆡᄌᆞᆯ의

빗ᄂᆞᆫ 술이ᄂᆡ ᄡᆞᆯ희ᄂᆡ 곰쇠 ᄒᆞ쇠든 죽ᄂᆡ의 드리오쇠
령화숙 두 ᄡᆞᆼ ᄡᆞᆯ복ᄂᆡ 드리오쇠 ᄀᆞᆯ 법은 져ᄋᆡ이 오승
빅셰 ᄒᆞ야 방ᄇᆞᆺ 거ᄡᅥ 시거든 죽ᄡᆞᆯ ᄒᆞᆫ 되와 시로 빅ᄀᆞ
되가 못 ᄉᆞᆯ ᄂᆞᆯ ᄋᆞ이 ᄌᆞᆨ쇠 밥의 셧거 칠일 ᄡᆞᆯ의 죠
ᄒᆞᆫ 쳥주 누룩 ᄇᆡᆼ을 ᄌᆞᆨ ᄇᆡᆼ을 부어 ᄉᆞᆼ히ᄂᆞᆯ 후 ᄡᅳ라

廿 부술죽 죠ᄒᆞᆫ 황구 잡아 ᄉᆞᆷ각 ᄡᅥ 자ᄂᆞᆯ 달하 ᄂᆞᆼ
ᄂᆞᆫ 이ᄉᆞᆯ 바ᄉᆞᆯ 븐 물이 되ᄡᆞᆯ 븟 ᄒᆞ쇠든 죽 프고 물 ᄀᆞᆺ쇠
부어 ᄂᆞᆨᄆᆞᆫ 이ᄉᆞᆯ 바ᄉᆞᆯ 븐 물의 ᄯᅳᆫ기 ᄅᆞᆷ을 죄거져 ᄇᆞᆼ쇠
고 그 물의 법을 져ᄋᆡ 미되 ᄡᆞᆯ을 비쇠 ᄂᆞᆨ거든 드리 ᄯᅥ

으며 보호ᄂᆞ니 노인의게 더 조ᄒᆞ니라 개 국 기름 거ᄉᆞᆫ
우쑥 ᄒᆞᆫ가지 너허 죽 ᄡᅥ 술 비ᄉᆞ면 온 둥 ᄒᆞ고 제 로 ᄅᆞᆯ
죄씨지 아니ᄒᆞ면 더욱 ᄒᆞ의 ᄒᆞ력 술 정ᄒᆞ쇄 ᄉᆞ나 만 낫
ᄒᆞᄂᆞ니라. 우일방 젼황구ᄅᆞᆯ ᄒᆞ야 올 거피ᄒᆞ야 나
리니 창만 ᄲᅮ리고 ᄉᆞᆫ각 ᄡᅥ 이ᄅᆞᆯ ᄲᅡ 쳔 죽의 외ᄂᆞᆫ 리고기 ᄡᅥ 줄
차셩을 죽의 정ᄡᅥ 어고져ᄒᆞ 비일 죽 ᄒᆞ죽의 죽 바 븍
세ᄒᆞ야 다 삿다 나 게 ᄡᅥ 줄ᄒᆞᆫ 국 ᄡᆞᆯ 이알 ᄡᆞᆯ 보ᄆᆞᆯ 알고
ᄡᆞᆯ 니술 밥의 골ᄂᆞᆺ 거 고기 우희 어 너허 조흔 ᄒᆞᆯ

ᄡᅡ ᄒᆞᆯ 피 쳐 국 죽이 못 쳐 이ᄅᆞᆯ ᄲᅡ 쳐 피 죽 을 ᄂᆞ려 노고
죽 ᄲᅮ리 ᄡᅵ ᄲᅡ 쳐 ᄲᅡ 쳔 질 ᄉᆞᄅᆞᆯ로 석 져 우 ᄒᆞᆯ 더ᄇᆞᆯ고 죽
이 ᄡᅥ 져 기 쉬 우 ᄂᆞ 빈 죽 져 의 삿 기 ᄒᆞᆫ 죽 ᄇᆞᆼ이 나지 아
니ᄒᆞ 게 어려 어 ᄃᆞᆫ ᄂᆞ 이 ᄒᆞ얏다가 술 비져 ᄡᅥ 회 ᄂᆞ 드려
二十 ᄒᆞᆯ리 나져 ᄇᆞᆯ 라 고 ᄒᆞᆫ 쉬 ᄲᅮᆯ 려 죽 ᄇᆞᆺ ᄀᆞᆯ 스 면의 간 작
ᄉᆞᆨ ᄯᅡ 받 거 ᄇᆞᆨ 아 ᄇᆞᆨ 조 호 ᄒᆞ얏다가 ᄲᆞᆼ ᄂᆞᆫ ᄇᆞᆨ 져 ᄒᆞᆫ 롤
셔 고기 ᄃᆞ. 죽 아 스 ᄒᆞ 이 ᄃᆞ야 ᄲᅡ쉬야 ᄒᆞ고 맛시 쳥 ᄂᆞᆫ
ᄒᆞ 거ᄅᆞᆫ ᄂᆞᆼ 려ᄅᆞᆯ 드 고 먹으라 개 쉐 ᄆᆞ 리 가 ᄒᆞᆫ 체 나

ᄭᅢ와 황주를 ᄲᅥ어ᄃᆡ 두엇다가 죠 시졀 슐 법 최 츳
고ᄒᆞᆫ 회예 ᄯᅩ ᄒᆞ야ᄂᆞᆫ 쇠바늘 만 먹으면 ᄇᆡᆨ병이 다 물
내지 고기온을 국히 보ᄒᆞ노라 죽 ᄡᅡᄂᆞᆫ 일 ᄆᆡᆯ을
려ᄒᆞ야 ᄃᆞᆨ ᄒᆞ얏다가 ᄆᆞᆯ 셰 되거든 파 ᄂᆞ라 사합 죽
졉ᄭᅴ ᄯᅥᆨ베 광ᄭᅴ 죽ᄡᆞᆯ ᄭᆞ루 이ᄅᆞᆯ 죽을 ᄒᆞᆫ합 ᄒᆞ야 슐
비ᄌᆞᆨ 쳐 초죽 ᄉᆞᆯ노 비져 되게 ᄒᆞ야 ᄇᆡᆨ 초죽ᄒᆞ 바ᄅᆞᆫ
ᄒᆞᆫ 후 ᄇᆡᆨ청이 ᄉᆞᆯ승ᄒᆞ 조와 건강을 그노뢰 작ᄡᆞᆯ ᄒᆞ야
각 석ᄒᆞᆫ을 ᄇᆡᆨ청 ᄒᆞᆫ 가치ᄒᆞᆯ 초죽회타 즁탕 ᄒᆞ야

가ᄂᆞᆫ 쳬로 바라거져 ᄒᆞᆫ 후 사병의 너허ᄃᆡ 운ᄎᆡᆨ 두고 ᄡᅥᆼ
덩ᄋᆞᆯ ᄡᅥᆨ으면 당긔와 슈ᄇᆡᆨ을 다ᄂᆞ 되고 기온을 노되 쥐
고 비위ᄅᆞᆯ 조ᄒᆞ니 가쟝 조흐니라 져ᄡᅥᆸ죽 ᄇᆡᆨᄭᅵ 일
十 두비ᄌᆞ라 ᄒᆞ면 ᄇᆡᆨᄭᅵ 이ᄅᆞᆯ 승 ᄇᆡᆨ쇠 작ᄡᆞᆯ ᄒᆞ야 주ᄆᆞᆨ ᄡᅡ
三 비져 ᄉᆞᆯ바 죽ᄡᆞᆯ 칠홉식 거ᄭᅴ이 ᄲᅧ열 ᄇᆡᆨ의 다ᄂᆞᆫ
ᄊᆞᆯ고 ᄃᆞ온 후 ᄃᆡᄒᆞᆯ되 ᄂᆞᆯᄒᆞᆫ러 죽이ᄉᆞ다가 ᄉᆞ이ᄅᆞᆯ ᄒᆞ후
ᄇᆡᆨᄭᅵ일 죽 ᄇᆡᆨ쇠 ᄒᆞ야 다ᄒᆞᆺ다가 쇠ᄂᆞᆼ슈 두ᄀᆞᆼ 회ᄒᆞ나
그래 바ᄇᆞᆯ ᄆᆞᆯᄲᅡ이 ᄲᅴ서 ᄎᆞ려ᄒᆞᆫ ᄇᆡᆨ의 다ᄒᆞ아ᄉᆞ면 슐 ᄆᆞᆺ

ᄎᆞᆯ닝슈의 ᄀᆞᆯ녀 물과 방이 갓게 ᄒᆞ야 ᄂᆡ워 샹
칠일 ᄆᆞᆫ의 쓰면 조ᄒᆞ려 ᄂᆞᆯ의 ᄆᆡ이 더되야 조ᄒᆞ려
시놀ᄒᆞ면 ᄃᆞᆫ맛 잇ᄂᆞ니라 합엽쥬 년닙다
ᄌᆞᆯ롤 ᄎᆞᆨ 크고 쥬ᄇᆡᆼ 입 ᄒᆞᆫ 닙 ᄎᆞᆯ 희여 젓희장러 곳ᄒᆞᆫ
긴ᄂᆞ스 ᄎᆞᆺ발 굿치 ᄡᅥᆺ ᄆᆞᆫ ᄲᆞᆨ고 령ᄒᆞᆫ 져ᄇᆡ이 ᄎᆞᆯ밥
지어 ᄆᆞᆯ 섭 ᄂᆞᄎᆞᆨ ᄒᆞ고 녀ᄉᆞ기ᄅᆞᆯ ᄡᅥ ᄒᆞᆫ 것、ᄒᆞᆫ ᄃᆞᆼ ᄭᅡᆫ다
ᄀᆞᆫ 희여 걸너지 운 밥을 여운 기운의 그 블을 ᄇᆡ ᄡᅥ
식젼의 그 녀ᄂᆞᆫ 닙희의 ᄡᅡ 부리ᄅᆞᆯ 쥬 프러 빈야 ᄌᆞᆨ슈

의 ᄃᆞᆯ이 ᄆᆞ야 두엇 ᄃᆞᆯ가 이든 ᄂᆞᆯ니면 ᄒᆡᆼ거ᄅᆞᆯ 니라 ᄎᆞᆯ
ᄂᆞ조란 이ᄋᆡᆼ의 ᄎᆞᆯ、ᄒᆞᆫ 노ᄎᆞᆨ 은ᄊᆞᆯ、ᄒᆞᆫ 되 ᄲᅧ너 ᄎᆞᆸᄂᆡ ᄒᆞ요
면 조ᄒᆞ니 식젼ᄒᆞ야 ᄂᆡ워 ᄌᆞᆼ일 ᄲᅧᆺ희니 ᄒᆡ니 일 ᄎᆞᆯ
식젼 ᄂᆡ면 ᄌᆞᆯᄒᆞ니라 ᄌᆡᆼ쥬 ᄎᆞᆼ쥬 ᄒᆞᆫ ᄇᆡᆼ의 황
四十 ᄂᆞᆸ 두준 ᄒᆞ고 ᄎᆞᆯ 쇄ᄊᆞᆯ ᄒᆞ야 ᄒᆞᆫ 돈 너ᄒᆡ여 ᄌᆞᆫᄒᆞᆫ 이ᄊᆡ ᄆᆞ이고 고
무희 물져 준ᄊᆞᆯ、ᄒᆞᆫ 자 ᄲᅡ이은 지버 노코 ᄉᆞᆺ희 너ᄒᆡ여 ᄒᆞᆼ
ᄐᆞᆼᄒᆞ야 그 ᄊᆞᆯ이 ᄂᆞ아 ᄇᆡᆸ 되면 ᄉᆞᆯ 조ᄃᆞ희 ᄲᅧ ᄒᆞᆫ니 ᄂᆞ니
ᄒᆞᆫ 거ᄅᆞᆫ 쓰나 녹ᄃᆞᆼ쥬 빅미 ᄒᆞᆫ ᄆᆞᆯ 빅셰작 ᄆᆞᆯ

ᄒᆞ야 믈 뷔 ᄡᆞᆯ 노국 ᄡᆞᆷ어 ᄀᆞᄅᆞ 누록 ᄒᆞᆫ 되 진ᄡᆞᆯ로
홉 ᄒᆞᆫ 더 버므려 죽의 ᄂᆡ여 상애 ᄂᆞ혀 정히 ᄒᆞᆫ ᄯᆞᆯ
빅셰 ᄒᆞ야 담갓다가 밥 ᄶᅵ여 나게 ᄡᅥ ᄇᆡ어 ᄎᆡ와 빗술
의 버므려 너희 온 동을 알마초 그ᄅᆞᆺ다가 닐이 ᄅᆞᆯ
ᄡᆞᆯ의 디면 비최 경 글 굿ᄒᆞ니라 셰신쥭 빅미 ᄒᆞᆫ
ᄣᆞᆯ 빅셰 작ᄆᆞᆯ ᄒᆞ야 믈 발가ᄒᆞᆫ 그장 ᄡᅩᆯ희니게 ᄒᆞᆫ
리야 ᄡᆞᆯ이 ᄎᆡ와 빗초 ᄒᆞᆫ 국ᄡᆞᆯ ᄒᆞᆫ 되로 고로 ᄎᆞᆺ거ᄂᆞᆯ 희
ᄡᆞᆨ 괼 젹의 상ᄉᆞ 일이 나리 ᄅᆞᆯ 거시나 빅비ᄃᆞ 국ᄡᆞᆯ을

빅셰 ᄒᆞ여셔 ᄒᆞ야 밥 ᄶᅵ여 나게 ᄡᅥ 믈을 ᄣᅢ여 ᄡᅩᆯ혀 밥
의 골나 ᄅᆞ엿다가 믈이 다 ᄅᆞᆯ거든 ᄂᆡ여 ᄀᆞᆯᄅᆞ셔 ᄎᆡ와
十 그장 ᄎᆞ거든 술밋 희엿거너희 ᄅᆞ라 져을의 빗ᄂᆞ ᄅᆞᆯ
이나 ᄭᅥᆯ ᄒᆞᆯ ᄒᆞ후 그라 안서든 쓰라 쇼빅쥭 빅세
五 ᄒᆞᆫ ᄡᆞᆯ을 빅셰 작ᄆᆞᆯ ᄒᆞ야 믈 ᄃᆞ 병만 ᄡᅩᆯ혀 그장 ᄂᆞᆨ
게 리야 ᄡᆞᆯ이 ᄎᆞ거든 국ᄡᆞᆯ 닐홉 ᄌᆞᆫᄡᆞᆯ 칠홉 ᄂᆡ녀
혓거너희 상애 ᄡᆞᆯ의 빅비 죽ᄡᆞᆯ 빅셰 ᄒᆞ야 나게 ᄡᅥ야
이 ᄎᆡ와 믈 네 병을 ᄭᅳᆯ 나ᄒᆞ 엿다가 ᄎᆞ거든 국ᄡᆞᆯ

오홉 진ᄡᆞᆯ 칠홉 쇠갓 씻거 너희다가 골오ᄒᆞ이
너거든 쓰라 빅ᄃᆞᆫ죽 빅미 ᄒᆞᆫ ᄡᆞᆯ 빅세 작
ᄡᆞᆯ ᄒᆞ야 그ᄅᆞᆺ 서ᄂᆞᆷ고 불 세 ᄡᅧᆼ 솔 혀리야 ᄎᆞ거든 국
ᄡᆞᆯ 뢰가 옷 진 ᄡᆞᆯ 뢰와 옷 섞기 ᄒᆞᆫ 뒤 씻거 항의 너희어
사ᄒᆞᆯ 만의 빅미 ᄒᆞᆫ ᄡᆞᆯ 빅세 ᄒᆞ야 이ᄃᆞᆫ날 ᄡᆞᆯ 너
ᄎᆞᆺ 병ᄂᆞᆯ 반복의 씻거 물이 ᄆᆞᆯ거든 ᄯᅩ 술 ᄂᆞ야 국
ᄡᆞᆯ ᄒᆞᆫ 되ᄅᆞᆯ 버ᄂᆞ혀 너희다가 칠 ᄑᆞᆯ 일 뢰거든 시위
불혀 너희어 복아 쓰라 빅향죽 빅미 ᄒᆞᆫ 되 ᄀᆞᆺ ᄐᆡ 식
작ᄡᆞᆯ ᄒᆞ야 ᄆᆞᆯ 갈ᄀᆞᆺ 사ᄡᆞᆯ 노ᄌᆞᆨ 삭어 노ᄌᆞᆨ 죽 뢰 친 ᄡᆞᆯ

닷홉 씻거 너희 ᄎᆞᆫ숙 ᄂᆞᆫ 오ᄂᆞᆯ 이온 졍ᄆᆞᆯ 운 실 일ᄅᆞᆯ ᄡᆞᆫ
의 빅미 ᄒᆞᆫ 빅세 ᄒᆞ야 너게 ᄡᅢ 량 숙여 옷 사ᄒᆞᆯ 노ᄅᆞᆯ
十 나 식여 씻 술ᄅᆞᆯ의 씻거 쓰라 칠 ᄇᆞᆯ 일ᄅᆞᆯ 후 쓰라 죽ᄲᅧᆸ복
빅미 ᄒᆞᆫ ᄡᆞᆯ 빅세 작ᄡᆞᆯ ᄒᆞ야 너게 ᄡᅢ 치 오ᄂᆞᆯ ᄆᆞᆯ 헌 ᄆᆞᆯ
세 병ᄂᆞᆯ 쳐와 죽 ᄡᆞᆯ 뢰가 옷과 씻거 죽의 너ᄏᆞᆫ ᄃᆞᆫ 이
ᄡᆞ야 죽여 닷ᄃᆞ 너거ᄃᆞᆫ 빅미 씻 ᄡᆞᆯ 빅세 ᄒᆞ야 너게 ᄡᅢ
ᄎᆞ거든 씻 술ᄅᆞᆯ의 버ᄂᆞ혀 너희 ᄃᆞᆫ이 ᄡᆞ야 죽여ᄂᆞ 사ᄒᆞᆯ 김ᄀᆞᆯ
후 ᄂᆞ혀 ᄋᆞᆫ거 손ᄂᆞᆫ 환국 서 쓰고 빗 뢰 혀지 기ᄀᆞᆫ 블 뢰
ᄐᆞᆯ 빅옥 ᄇᆞᆫ나 화죽 ᄀᆞᆺ ᄒᆞᆫ ᄲᅢ 오ᄒᆞᆫ ᄀᆞᆫ죽 ᄡᅥᆫ 차ᄂᆞᆫ 저

호ᄂᆞ니라 송엽쥭 싱송엽을 잘게 ᄲᅡ 우ᄅᆞᄒᆞ 훈
뢰ᄇᆞᆫ구러운 뵈자ᄅᆞ에 너허 즙 ᄂᆡ여 흰ᄂᆡ고 빅미 훈 발 빅
셰작발 ᄒᆞ야 ᄂᆞ게 ᄡᅥ ᄂᆞ록ᄒᆞᆫ 뢰ᄅᆞᆯ ᄊᆞᆺ거 ᄂᆞ록와 ᄂᆡ
허 ᄂᆞ리거든 졈미ᄒᆞᆺ 뢰ᄅᆞᆯ ᄂᆞ게 반ᄡᅥ시 거든 ᄂᆞ록 실ᄒᆞᆫ 훈
고 젼슐과 ᄊᆞᆺ거 ᄂᆡ워 ᄂᆞ리거든 ᄡᆞ라 도화쥭 빅ᄭᆡᄡᅥ
뢰ᄅᆞᆯ 빅 셰작발 ᄒᆞ야 물 ᄒᆞᆫ 물 엿뢰에 기야 ᄎᆞ거ᄃᆞᆫ
즙ᄡᆞᆯ 훈 뢰리 ᄊᆞᆺ거 ᄂᆡ워 사ᄋᆞ일 ᄡᆞᆯ의 빅미 훈 ᄡᆞᆯ을 ᄇᆞ
ᄅᆞ게 ᄡᅥ 졍화로 화ᄡᆞᆯ은 것 ᄀᆞᆫ 뢰와 엿 슐을 뢰 ᄊᆞᆺ거 ᄂᆡ
흿다가 꾀 ᄂᆞᆫ려ᄒᆞ고 ᄃᆞ리 우라 ᄡᅵ화쥭 ᄂᆞ록 ᄃᆞᆨ

ᄌᆞᆯᄅᆞᆯ 명지쥭 칙의 ᄂᆡ워 날ᄅᆞ 두 ᄢᅥᆼ의 ᄃᆞᆨ 가로 엿다가 이
든날 졈미 ᄒᆞᆫ 발 빅셰 ᄒᆞ야 ᄂᆞ게 ᄡᅥᄃᆞᆫ 누록을 쥐
물 너ᄒᆞ고 체예 (보ᄂᆡ) 그 ᄂᆞ록 물의 밥을 고로 ᄒᆞᆺ거 서긴 ᄒᆞ고 체예
바타 ᄒᆞᆫ 리 ᄊᆞᆺ거 ᄂᆡ워 다가 ᄂᆞ리거든 보ᄭᆡᆫ 우희 ᄡᅥ 화 ᄀᆞᆺᄒᆞᆫ 거
七十 시 ᄡᅳ거든 ᄡᆞ라 홍지쥭 ᄂᆞ록 뢰 가오 ᄂᆞᆯ 링슈 세기
사 발의 ᄭᅮᆯ어 항의 ᄂᆡ워 오물의 다ᄭᅡᆺ다가 ᄢᅧᆼ이ᄅᆞᆯ 와 빅
미 ᄒᆞᆫ 되 ᄂᆞ록ᄅᆞᆯ 빅 셰작ᄆᆞᆯ ᄒᆞ야 ᄂᆞᆯ ᄭᅢ시 게지 ᄆᆞᆯ은 ᄂᆞ록 ᄒᆞᆫ
블ᄀᆞᆫ 버ᄆᆞ라 ᄂᆡ워 다가 사ᄋᆞ일 ᄆᆞᆫ의 ᄡᆞ라 조ᄒᆞᆫ ᄂᆞ록
을 빈 ᄡᆞᆯ 콩 ᄡᅡ 져 죽 ᄉᆞᆨ의 ᄀᆞ렌 쳐 ᄃᆞᆯ 아오리 ᄂᆞ여

조변파ᄒᆞᄂᆞ니라 황구죽 ᄇᆡᆨ미 ᄉᆞ홉을 ᄇᆡᆨ
셰ᄒᆞ야 작ᄲᆞᆯᄒᆞ야 물을 스ᄆᆞ복 ᄌᆞ로 ᄯᅡ이 ᄶᅥ 그ᄅᆞ로
누ᄅᆞᆺ 중희ᄯᅢ 담고 ᄶᅳᆯᄂᆞᆫ ᄲᅮᆯ을 붓으ᄂᆡ 그릇 장ᄂᆞ게 그
야 ᄒᆞᆫ업시 쳐와 죽ᄲᆞᆯ 주리 씻거 ᄒᆡᆼ의 ᄂᆡ쳐다가 상이ᄅᆞᆯ
만의 적이 이죽 ᄇᆡᆨ세ᄒᆞ야다가 이ᄅᆞᆫ ᄲᆞᆯ 밥지럭 죽각으
로 쥐고 ᄲᅮᆯ ᄲᅥ려 반비이 느려지게 ᄯᅢ 무한 쳐와 ᄲᅵᆺ 스ᄒᆞᆯ의
씻거 츤럭노 ᄒᆞᆫ죽 면ᄂᆡ고 ᄲᅮᆫ 취ᄲᅵᆯ 경굴은 시보이ᄅᆞᆯ ᄯᅥ
의 쓰ᄂᆞ니라 수졀죽 ᄇᆡᆨ미 ᄒᆞᆫ ᄲᆞᆯ ᄇᆡᆨ세 작ᄲᆞᆯᄒᆞ야
ᄲᆞᆯ ᄂᆡ ᄲᆞᆯ노 죽ᄊᆞᆨ여 ᄎᆞ거ᄅᆞᆫ 죽ᄲᆞᆯ ᄂᆡ 되ᄂᆡ쳐 나거ᄅᆞᆫ ᄇᆡᆨ

미쉬ᄲᆞᆯ을 ᄇᆡᆨ세ᄒᆞ야 ᄂᆞ기게 ᄶᅥ ᄶᅳᆯ 흰 ᄲᅮᆯ두 ᄲᆞᆯ 가옷골
나ᄉᆡ거ᄅᆞᆫ 젼ᄲᅵᆺ 흰ᄂᆡ희 나거ᄅᆞᆫ 쓰라 옥죽 ᄇᆡᆨ미 ᄒᆞᆫ
ᄲᆞᆯ ᄇᆡᆨ세 작ᄲᆞᆯᄒᆞ야 ᄶᅳᆯ 흰 ᄲᅮᆯ두 ᄲᆞᆯ의 죽ᄊᆞᆨ여 ᄎᆞ거ᄅᆞᆫ
十 누룩 그로 두 되로 씻거ᄂᆡ ᄒᆞᆫ 상이ᄅᆞᆯ ᄲᆞᆯ의 ᄇᆡᆨ미 ᄉᆞ두 ᄇᆡᆨ세
ᄒᆞ야 나기게 ᄶᅥ ᄶᅳᆯ 흰 ᄲᅮᆯ 넛ᄲᆞᆯ노 고ᄅᆞᆯ 나 ᄎᆞ거ᄅᆞᆫ 누룩 그로 ᄂᆡᆨ
되ᄅᆞᆯ ᄲᅵᆺ 스ᄒᆞᆯ의 씻거ᄂᆡ으라 ᄲᅥᆯ ᄒᆞᆯ ᄲᆞ의 ᄒᆞᆯ ᄒᆞᆫ 스ᄒᆞᆯ 다ᄒᆞ 중희
나ᄂᆞ니라 과하죽 ᄒᆞ죽 스ᄆᆞ 대아 ᄲᆞᆫᄒᆞ면 져ᄲᅵ ᄒᆞᆫ
ᄲᆞᆯ을 ᄇᆡᆨ세ᄒᆞ야 ᄶᅥ ᄲᆞ이 식이고 누룩을 차되ᄅᆞᆯ ᄒᆞᄂᆞ리
ᄲᆞᆫᄒᆞ야 밥의로 씻거 ᄲᅡ이 취ᄒᆞᆯ ᄉᆞ의 ᄯᅢ 밥이 손의 붓거든 밥
ᄶᅵᆫ ᄲᅮᆯ을 손의 적셔 가ᄂᆡ 치면 그 ᄲᅮᆯ노 ᄲᆞᆫ죽 ᄒᆞᄂᆞᆫ 작

시니 날ᄌᆞ의 ᄒᆞᆫᄃᆡ ᄒᆞ야 내혀 ᄌᆞ로 ᄯᅥᆫ이 ᄃᆞᆫ날 아ᄎᆞᆷ의 블 ᄲᅧᆼ
괴ᄂᆞᆫ 과ᄌᆡᆨ이 이ᄭᅮᆯ거시니 먹어보면 단맛 니시리니 그제야 쇼
쥬ᄅᆞᆯ 브어 ᄌᆞ로면 ᄒᆞᆨ 보ᄅᆞᆷ 스므날이나 ᄒᆞᆫ ᄃᆞᆯ이나 ᄒᆞ면
빗치 ᄆᆞᆰ아 ᄒᆞ고 ᄆᆡᆨ 우ᄒᆡ 연닙의 쳥빗ᄎᆞᆯ ᄆᆡᆨ 우ᄂᆞᆫ 굿 쇼쥬 ᄆᆡ나
시어ᄇᆞᆫ ᄒᆞ니 연 쓰ᄂᆞ니 져ᄀᆡ 닷 리 ᄲᅧᆫ 누룩 칠홉이나
ᄒᆞᆨ 과히 괴거든 쇼쥬ᄅᆞᆯ 브으면 ᄆᆞᆺ시 이ᄉᆞᄂᆞ니 그ᄅᆞᆯ 아ᄅᆞᆯ ᄒᆞ
라 ᄒᆞᆨ 누룩 ᄡᆞᆯ 빗치 블쵸 쇼쥬가 젹어 ᄌᆞᆷ치 아니
ᄒᆞ고 ᄡᆞᆯ 하도 맛 업ᄂᆞ니라 쇼쥬 브은 후 ᄂᆞᆫ 랭ᄒᆞᆫ ᄃᆡ 두어로
부ᄐᆡ ᄒᆞᄂᆞ니라 셜ᄒᆞᆫ 향 빗ᄂᆞᆫ 미 ᄡᆞᆯ 되 작 ᄡᆞᆯ ᄒᆞ야 믈

-37-

ᄒᆞᆫ 되예 ᄌᆞ조 ᄡᆞᆯ어 국 ᄲᆞᆯ ᄒᆞᆫ 되예 섯거 ᄌᆞ라 ᄀᆞ ᄎᆞᆫ 죽
의 ᄂᆞᆫ 녹 일일 이오 져울은 칠일 일이오 너ᄅᆞᆫ 상일 ᄲᆞ의 졋ᄂᆞ
ᄢᅵ ᄒᆞᆫ ᄡᆞᆯ 뇌게 ᄡᅥ 쳐 ᄒᆞ라 결 술의 비쳐 ᄌᆞᆺ다 ᄒᆞ거 칠 일을 ᄒᆞ
ᄃᆞᆨ되 쓰라 ᄡᆞᆯ ᄅᆞᆯ 고 ᄇᆞᆯ가 ᄒᆞᆫ ᄆᆡ 닙의 ᄂᆡᆨ 을예 차씃 ᄒᆞᆫ 누룩
九十 ᄂᆞ니 화쥭 졍 ᄲᆞᆯ ᄲᆞᆯ일 젹시 비오 ᄃᆞ 빗ᄎᆞ 쾨 ᄒᆞ야 라야
방ᄉᆡ와 작 ᄲᆞᆯ ᄒᆞ야 ᄌᆞ 벋ᄅᆞᆯ ᄎᆡ 믈을 알 ᄲᆞᆯ ᄂᆞ 화 ᄇᆞ 블을
의 알 ᄇᆞᆫ 치 근이 이 쥐어 ᄉᆞ의 ᄂᆞ 러 믈이 누룩을 ᄃᆞᆫ 잘 못ᄯᅩ
누룩 ᄌᆞᆨ 쥐ᄀᆞ 어 ᄒᆡᆼ 울 지리 ᄂᆞᆫ 믈을 ᄯᅢ ᄅᆞᆨ 게 ᄒᆞ야 내려 ᄒᆡ 쥐
여 지ᄇᆞᆫ ᄋᆞ로 벼 ᄡᆞ 드시 ᄡᆞ 공 셕의 지ᄇᆞᆫ을 젹 지ᄌᆞᆨ 어 내여

-38-

뎡근방의 노고공셕을 대답허다가 이칠일의 뉴여
노코 상칠일의 죽서니야 머리올 거덜 벗게고 ᄒᆞ나
흐흘 서너 조각의 쏘려 너허의 다ᄯᅡ 벗희 말니야 주엇다
가니 화피골 쇄예 ᄀᆞᄂᆞᆫ 되작발을 ᄒᆞ고 빗비를 빗쇄작 말
ᄒᆞ야 수부쏙 비리 ᄲᅡᆼ이 닉게 슐마시거든 누에를
와 ᄒᆞᆫ려 쇄그로 셤담고 ᄭᅳᆺ금 대답ᄒᆞᆯ라 아니 대답ᄒᆞ으면 ᄲᅡᆯ로
누에 작ᄌᆞ니야 누에를 ᄊᆞᆺ그럭 ᄉᆞᆯ ᄒᆞᆫ ᄲᅡᆼ의 누에를
닷죄식 ᄊᆞᆺ거치기를 서너번이나 ᄒᆞ려 너브ᄯᅡᆯ나 엉구지아
궈든 ᄊᆡᆨ상 ᄒᆞᆫ물을 쳐와 ᄊᆡᆨ려 다시 쇄ᄒᆞᆫ 바ᄯᅡᆨ ᄲᅡᆫ치

쎄보려 쵀우려의 시ᄯᅡ업시 ᄎᆞ거든 쏙의 여흐려 그 흙으로
너코 온려ᄂᆞᆫ 븨게 ᄒᆞ야 상ᄒᆞᆫ 일을 ᄒᆞᆨᄀᆞᆨ을 너려 보ᄒᆞ려
온게 ᄒᆞ엿거든 조로 뇌야 쳐와 다사 머희서 ᄂᆞᆯ ᄒᆞᆫ려 ᄀᆞᆨ엇다가
오뢰를 쎨ᄒᆞᆯ 쇠브더 ᄂᆞ니여 ᄯᅳ면 ᄲᅡ시 달고 비와 ᄒᆡᆼ걸을 옹의
라

十二 우일방 빅비ᄒᆞᆫ ᄲᅡᆯ 빅쇄ᄒᆞ야 이들이 나다가
다가 쇠 븟거든 ᄲᅡᆼ이 ᄀᆞᄂᆞᆯ게 작ᄲᅡᆯᄒᆞ야 ᄎᆞᄂᆞᆫ ᄀᆞᆨᄀᆞ제란 ᄲᅡᆫ치
돈ᄀᆞ이 쥐여 ᄯᅩᆼ엽의 적지ᄀᆞᆨ이 시을니 재여 치ᄀᆞᆨ이ᄀᆞᆯ ᄒᆞᆨ 누에를
게 헛거든 쓰더 죽야로 복닯여 내르니 되거든 쳥이와 빅
비를 반절을 ᄒᆞ야 빅쇄쇄쎌ᄒᆞ야 다가 ᄀᆞ부쳑비 쳐닉

게ᄒᆞ야 더운 김의 ᄀᆞ노ᄒᆞ욕을 ᄀᆞᆺ놀게 작ᄡᆞᆯ ᄒᆞ야다
가ᄒᆞᆫ 련버무려 알ᄡᆞᆫ 항의 ᄃᆞᆫᄀᆞ이 놀너 뫼ᄡᆞ ᄒᆞ야
쉬 놀ᄒᆞ려 누ᄒᆞᆺ다가 칠일 후 ᄣᆞᆨ으ᄃᆞ 더운 김의 버
무쳐 쳐와 너ᄒᆞ연 상ᄒᆞ 칠일의 ᄣᆞᆨ으려 ᄒᆞ엽고 ᄃᆞᆼ와라
누룩을 ᄒᆞᆫ ᄆᆞᆯ만 ᄒᆞᆫ ᄃᆞ로서 ᄣᆞᆫ 술 ᄒᆞᆫ ᄡᆞᆯ 빗ᄂᆞ니라

신도주 희ᄡᆞᆯ ᄒᆞᆫ ᄆᆞᆯ을 빅셰작말 ᄒᆞ야 무리
ᄯᅥᆨ ᄶᅧ ᄡᆞᆯ 흰 물 ᄒᆞᆫ ᄆᆞᆯ 반 ᄒᆞᆫ 주의 붓ᄀᆞ 무리 ᄶᅵᆫ 거술 물의
펴붓어 ᄃᆞᆼᄀᆞᆫ 김의 고로 프러 ᄃᆞᆼ이 ᄶᅥ 도ᄂᆞᆺ다가 이튼날 ᄀᆞᆯ
ᄒᆞᆫ 흿누룩 서 ᄃᆞᄅᆞ 진 ᄆᆞᆯ 서 ᄒᆞᆸ 섯거 버무려 너허 상일

만의 횟ᄡᆞᆯ 이ᄌᆞ 빅셰 ᄒᆞ야 ᄃᆞᆼ가 ᄇᆞᆼ쳐와 물 ᄒᆞᆫ 되식
거ᄲᅮᆨ러 ᄶᅵᆫ 밥을 나게 ᄶᅥ 식혀 노코 ᄡᆞᆯ 흰 물 ᄒᆞᆫ ᄆᆞᆯ을
초 게시혀 밥과 ᄒᆞᆫ 가지로 ᄭᅵᆺ 술의 버무려 너헛다가 ᄉᆞᆯ
ᄒᆞᆫ 물ᄒᆞ 무ᄭᅵ거ᄃᆞᆫ ᄃᆞ리 ᄣᆞᆨ으면 ᄆᆞᆺ시 ᄆᆡᆸ고 ᄃᆞᆫ이라

一十二 방문쥬

빅미 서 되를 빅셰작말 ᄒᆞ야 무리 ᄶᅥ ᄡᆞᆯ 흰 물 서 되 ᄲᅦ혀
ᄀᆞᆺ 처ᄃᆞᆷ 프러 쳐와 조ᄒᆞᆫ 누룩 ᄆᆞᆯ 누룩 ᄒᆞᆫ 홉 넛ᄒᆞ어혀 버무
려 항을 일거 물 ᄯᅡ라 알ᄭᅡ준 방의 더펴 두엇다가 맛
치 패히 닉어야 ᄆᆞᆺ시 조ᄒᆞᆫ ᄒᆞ고 술이 되ᄂᆞ니 닉어 블근 후
빅미 ᄒᆞᆫ ᄆᆞᆯ을 빅셰 ᄒᆞ야 ᄃᆞᆼ가 이튼날 일즉 밥 ᄶᅵ

뎌주거둬고 불쳐 ᄒᆞ시우 ᄡᅧ 큰 그ᄅᆞᆺ셔 ᄆᆞ로ᄑᆞ고 ᄡᆞᆯ 흰
발 ᄒᆞᆫ ᄯᆞᆯ을 날물 기업시 ᄡᆞᆯᄂᆞᆫ 물을 밥의 ᄯᅦᆫ복
어러ᄃᆞᆸ허 주ᄆᆡ면 물이 밥의 드러 밥낫치 지은 밥ᄎᆞ로 붓
거든 너러 그ᄅᆞᆺ 난화 노화 온 거업시 ᄎᆞ거든 진ᄀᆞᆯ 서홉과
술밋희 버므려 돈ᄯᆞ이 ᄡᆞ몃야 대군 방의 ᄃᆞᆸ허 두러ᄂᆡ오
ᄉᆞᆷ온 방의 두어 ᄀᆞ로 ᄃᆞᆯ치고 ᄎᆞᆫ재 ᄀᆞ어 ᄀᆞᆯ쳐오 ᄎᆞᆫ러 ᄠᅦ두어
조ᄡᆞᆯ 괴여 ᄆᆞᆺ괴 노니 술ᄆᆡᆺᄂᆞᆫ 날은 밥을 버ᄆᆞᆯ이ᄃᆡ ᄂᆡᆺ
ᄅᆞᆼ이 ᄃᆡ운러 ᄌᆞ엇ᄃᆞ가 ᄂᆞᆫ 얼거 쉬오니 이런 너ᄋᆞ여 업시 ᄌᆞ
엇ᄃᆞ가 나어 ᄀᆞᆫ러 ᄒᆞᆯ ᄎᆞᄎᆞ ᄆᆞᆺ가 ᄎᆞᆫ러 ᄂᆞᆫ하 ᄌᆞ엇ᄃᆞ가 ᄉᆞ샹ᄎᆞᆯ
밀ᄒᆞᆨ 우희 ᄲᅮᆷ어지거든 드리워 ᄡᅳ라 얼괴면 술이 ᄆᆞᆯ고

ᄀᆞᆯ고 ᄡᆞᆯ ᄲᅢ나 ᄃᆞᆯ흐나 ᄒᆞ면 술맛이 싀고 ᄆᆞᆯ이 만하 조
ᄎᆞ치 아니ᄒᆞᄂᆞ니 ᄀᆞ장 샹신ᄒᆞ고 누룩 ᄀᆞᄅᆞ 마이 ᄎᆞᆫ 누룩
울 ᄇᆡ간 ᄭᅴ어 주야로 ᄇᆞ라여 작ᄯᆞᆯ ᄒᆞ면 ᄯᅩ고 뇌ᄯᆞᆯ 비ᄎᆞ
라 ᄒᆞ면 ᄡᆞᆯ ᄒᆞᆫ ᄯᆞᆯ을 밋 ᄒᆞ면 ᄌᆞᆫ ᄒᆞᄂᆞ라 누룩 그ᄅᆞ로 ᄒᆞᆯ

二十二

ᄒᆞᆫ 말의 너홉 ᄂᆡ홉 ᄒᆞ라 향노주 ᄇᆡᆨ미 일곡 ᄇᆡᆨ
셰ᄒᆞ야 샹일을 ᄃᆞᆷ가 작ᄯᆞᆯ ᄒᆞ야 물 ᄂᆡ뫼 ᄲᅧ 나ᄀᆡ리야 ᄎᆞ거든 국
말뫼 서홉 진ᄀᆞᆯ ᄂᆞ룩 ᄒᆞᆫ홉 섯거 날물 기업시 집ᄉᆞᆫ 너허 향복
리 봉ᄒᆞ야 두가 칠일 ᄆᆞᆫ의 ᄇᆡᆨ미 이곡 ᄇᆡᆨ세 ᄒᆞ야 ᄃᆞᆺ갓ᄃᆞ가
건져 낙ᄅᆡ 밥 ᄶᅥ 물 흰 ᄯᆞᆯ 엿되 만 골 나너로 그ᄅᆞᆺ셔 ᄎᆞ와 엉
ᄀᆞ온 거업손 ᄒᆞᆫ누 ᄯᆞᆯ ᄒᆞ고 술밋희 버므려 ᄇᆞᆼ이 최향의 녀허

든ᄃᆡ 이 봉ᄒᆞ야 ᄃᆞᆺ가 이 칠을 얼ᄒᆞᆫ 후 ᄀᆞᄅᆞ다 ᄆᆞᆺ쉬 ᄒᆞᆫ 향ᄒᆞ야
거ᄒᆞᆨ ᄒᆞ고 ᄲᅥᆸ데ᄒᆞᆫ 번 ᄂᆡ ᄡᅵ 일ᄇᆡ예 장ᄇᆞᆯ 어ᄃᆡ고 골절
이 녹ᄂᆞᆫ 듯ᄒᆞ야 사ᄅᆞᆷ이 상ᄒᆞᄂᆞ니 불을 졀쳑ᄒᆞ야 ᄂᆡ오라 이
술 법과 다ᄅᆞ니라 져울에 빗ᄂᆞᆫ 술이니라 하향쥭 졈ᄆᆡ
일두 ᄇᆡ즈라 ᄒᆞ면 본져 ᄇᆡᆨ미 어되ᄅᆞᆯ ᄇᆡᆨ세작ᄆᆞᆯᄒᆞ야 구우
ᄯᅥᆨ ᄒᆞᆯ ᄆᆞ시ᄭᅥ 거든 ᄎᆞ오ᄂᆞᆫ 누록 ᄀᆞᄅᆞ로 ᄒᆞᆫ 되ᄅᆞᆯ 고로 쳐 나화 죽
두시 향의 ᄂᆡ나거든 졍ᄆᆡ 일두 ᄇᆡᆨ세ᄒᆞ야 나게 ᄡᅥ 불 ᄭᅳᆯ혀 식빗
여 골으러 술 ᄆᆡᆺ치고 장 ᄃᆞᆯ거든 불을 병 반의 고ᄅᆞ고 ᄆᆞ시 ᄡᅳ
거든 그 병을 골나 여흐러 ᄡᅳ고로 누록 ᄒᆞᆫ 되ᄅᆞᆯ 섯거 너
히 ᄒᆞᆨ 엿ᄃᆞᆺ가 상칠일을 ᄒᆞᆨ 너허 보면 ᄆᆞ시거든 ᄒᆞᄂᆞ니 오쥭 날
물과 ᄅᆞᆯ 금ᄒᆞ여야 ᄆᆞ시면 취치 아니ᄒᆞᄂᆞ니라 졈쥬 졈ᄆᆡ

뫼ᄅᆞᆯ ᄇᆡᆨ세작ᄆᆞᆯᄒᆞ야 물 서되로 쥭 ᄡᅮ어 ᄆᆡ양 칠와 국ᄆᆞᆯ
ᄒᆞᆫ되 섯거 너허 ᄆᆞᆺ온 더운 ᄃᆡ 국 엇ᄃᆞᆺ가 이틀 만의 졈ᄆᆡ ᄇᆡᆨ세ᄒᆞ
야 ᄃᆞᆼ가 방재와 방ᄋᆞᆸ ᄶᅵ려 물 ᄒᆞᆯ 복즈 쳑혀 ᄆᆡᆼ이 ᄡᅥ 쳥와 그 ᄆᆡᆺ ᄎᆞᆷ고 그
二 ᄂᆞᆫ 칠ᄋᆡ 달ᄂᆡ 밥의 그ᄅᆞᆯ ᄉᆞᆺ거ᄂᆡ 최국 열의 ᄂᆞᆫ 춘려 주고 ᄎᆞᆷ고 춘
十 의 ᄂᆞᆫ ᄂᆡ ᄡᅥ 엽 저ᄋᆞᆫ 눈려 노핫ᄃᆞᆺ가 상칠일 ᄒᆞᆨ 쟌 ᄀᆞᆺᄡᅳᆫ ᄀᆞ 더
三 ᄡᅳ라 갑향쥭 졈ᄆᆡ ᄒᆞᆫ ᄆᆞᆯ ᄇᆡᆨ세작ᄆᆞᆯ ᄒᆞ야 ᄀᆞᆯ회 ᄂᆡ 물 서
되로 쥭 ᄡᅮ어 식거든 누록 ᄀᆞᄅᆞ로 ᄒᆞᆫ 되예 버ᄆᆞ려 ᄂᆡ고 그날 졈ᄆᆡ
ᄒᆞᆫ ᄆᆞᆯ ᄇᆡᆨ세ᄒᆞ야 방재와 나ᄆᆡ ᄡᅥ ᄆᆡᆺ 술 버ᄆᆞ려 쥭라 여ᄅᆞᆫ 이
라 조 더운 기의 버ᄆᆞ려 덩ᄀᆞᆯ려 ᄂᆡ ᄡᅥ ᄆᆞ시 술 ᄀᆞᆺ고 ᄒᆞ올ᄒᆞ여야 ᄆᆡᆨᄂᆞᆫ
니라 ᄇᆡᆨ수환ᄒᆞᆫ쥭 원ᄂᆞᆫ 월생 술 법의 누룩 ᄒᆞᆫ ᄆᆞᆯ
울 번 미ᄃᆞ리외 ᄒᆞ야 비우그 낙울 만치 ᄶᅵ고 졈ᄆᆡ 닷 되ᄅᆞᆯ ᄇᆡᆨ

쳬말ᄒᆞ여 놋두ᄯᅥᆫ너 ᄉᆞᆯ방하의ᄯᅥ ᄒᆞ며 ᄉᆞᆯ그로 ᄒᆞᆫ게 ᄂᆡ외
교합ᄒᆞ거든 나화 쥭 누룩 깃치 쥐여 송엽의 재와 일칠일을
의 되재와 이칠일 일의 거둥ᄒᆞ야 삼칠일의 아조 말뇌여 ᄀᆞ로 ᄆᆡᆫ다
가하 뵐흘 의져ᄭᅴ ᄒᆞᆫ말을 빅세ᄒᆞ야 ᄃᆞᆷ가 다가 ᄂᆡᆨ게 ᄡᅥ시 ᄌᆞᆯ 재혀
드리 ᄋᆞᆷ희 노고 냉수 두 동희 나 언져 온거 업시 져어 가며 쐬셔 그늑
록 작말ᄒᆞ야 두 되식 버혀 비즈려 ᄒᆞᆫ니 수란 일절 드리지 말고
잘 버무려 버혀 항 복리 굿게 싸 막야 ᄎᆞᆫ 더 두어 다가 삼칠일 후
드리ᄋᆞ거 누룩 ᄲᅵᆫ 들ᄲᅥ 술빗기 다 조란이 ᄋᆡ일 ᄒᆞᆫ라 이술일
명샹 현샹 된 ᄎᆞᆫ이라 니 현샹의 세 가지 웃듬 봉이라 ᄒᆞ니 술
ᄲᅡ시 니ᄇᆞᆸ의 맛 음은 ᄒᆞᆨ는 상키기 앗갑고 상ᄒᆞᆷ의게 국히 보약ᄒᆞ
야 빅ᄀᆞ 병을 물니치고 골수를 ᄯᅢ츠 제ᄒᆞ니 희약ᄒᆞᆫ 상ᄒᆞᆷ의
게 조흔니 리 ᄒᆞᆫ 상ᄒᆞᆷ의 엇지 못ᄒᆞᆯ 큰 약이라 일후의 일코ᄉᆞ

롤ᄒᆞᆯ거시라 ᄒᆞ니라 ᄒᆞ야시니 이ᄅᆞᆯ거는 ᄯᅧᆯ두 회라 상뎐의 조비ᄒᆞᆯ
ᄒᆞᆫ 방문이라 내오 ᄒᆞᆺ 되여 뎐ᄂᆞᆫ ᄒᆞ여 셰상 부정ᄒᆞᆫ 사ᄅᆞᆷ으로 ᄒᆞ여
곰비ᄒᆞ게 말나 경향옥뫼쥭 이월ᄎᆞ 셩의 빅미 ᄒᆞᆫ
ᄡᆞᆯ을 빅세 작말ᄒᆞ야 나화 쥭 누룩 ᄲᅵᆫ 드로 국고 공ᄒᆞᆫ 월ᄒᆞᆯ
냉ᄉᆞ 졋ᄯᅦ 두 말 빅세ᄒᆞ야 ᄂᆡ 제ᄯᅧ 물 두 ᄯᅡᆯ 냉수 복어 ᄯᅢ ᄒᆞ
ᄉᆞᆯ 빗굿시 노른ᄒᆞ게 ᄉᆞᆨ와 ᄀᆞ로 누룩 두 ᄡᆞᆯ을 바ᄇᆞᆸ의 섯거 ᄇᆞᆺ고
삼칠일 지나 삼월 술젼이나 되거든 빅미 ᄭᅮᆨ 말을 빅세 작ᄒᆞ고
ᄡᆞᆯ 두레 ᄡᅥ ᄀᆞᆫ 그릇 나게 ᄡᅥ 더운 김의 나화 쥭 누룩 두 ᄡᆞᆯ 작 ᄡᆞᆯ
ᄒᆞ야 흥 술 ᄒᆞᆫ 불 아희 치ᄂᆞᆫ을 반지 ᄒᆞᆫ ᄒᆞ고 나화 쥭 누룩 작말
ᄒᆞ거 술 그어 ᄒᆞᆫ 국 래 ᄡᅥ의 버모려 ᄆᆞ이 쳐 향의 ᄂᆡ ᄒᆞ며 송술을 적
지 노화 정여 노코 ᄃᆞᆫ 이 ᄡᅡ 빈ᄒᆞ야 이칠일이 지나면 송술의 불이 날
거시 나렷 ᄯᅢ 술을 여 이제 져 복어 가며 용술 물브 ᄡᅳᆯ ᄯᅢ 술을 걸

버여ᄂᆡ여그ᄅᆞ셔녹ᄊᆞᆯ안치ᄃᆞᆺ일ᄋᆞᆯ이지나셔ᄂᆞᆫ웃물ᄯᆞ로고녹ᄊᆞᆯᄀᆞᆺ쳐
쳐진거ᄉᆞᆯ박회판의박이당앙ᄒᆞ야잘ᄊᆞᆯ뇌야ᄌᆞ고ᄶᅥᆨ을ᄒᆞ니ᄂᆞᆼ
슉의ᄶᅥ버혀담아먹으라 용슈죽 졈ᄡᅵ닷ᄆᆞᆯ비ᄌᆞ라ᄒᆞ여졈ᄡᅵ닷
되ᄇᆡᆨ세작말ᄒᆞ야ᄀᆞᆯ힌물의ᄀᆞᆯ굿ᄒᆡ리ᄒᆞ야시거ᄃᆞᆫ달불ᄂᆞ리엽
시녹ᄋᆞᆯ죄ᄡᅵ쳐녹ᄀᆞ죽죄ᄀᆞᄅᆞᆯ닛거ᄂᆡ흰ᄃᆡ이ᄡᆞᆷᄒᆞ야쉬ᄂᆞᆯᄒᆞ리죽
어나거ᄃᆞᆫ셔ᄇᆡ닷ᄆᆞᆯᄇᆡᆨ세ᄒᆞ야ᄃᆞᆨ가방ᄌᆡ와나ᄀᆡᄡᅥ방ᄌᆡ와ᄀᆞ장ᄎᆞ
거ᄃᆞᆫ송슌을담고ᄇᆡ닷블시ᄀᆡᄡᅡᄒᆞᄅᆞᆫᄒᆞᆯᄆᆞᆯ이나ᄉᆞᆯᄆᆞ그ᄆᆞᆯ을ᄇᆞ려
고밥쉰물죽ᄲᅡᆼᄇᆞᆫ솟게시져슈ᄀᆞᆯ닛ᄒᆞᆯ그ᄂᆞᆯ의ᄃᆞᆯ네국ᄆᆞᆯᄃᆞ되
라ᄋᆞᆺᄇᆞᆫ거ᄅᆞᆫ물의ᄃᆞᄡᅩ바라ᄒᆞᆯ밥의고로닛거물녹ᄡᆞᆯ고바븨
야ᄒᆡᄉᆡ거죽의시거죽에ᄀᆞ셧시ᄂᆡ고송ᄎᆞᆫᄒᆞᆯ시로ᄯᅥᆨᄒᆞ게ᄂᆞᆺ듯
노ᄒᆞᆫ후슌 ─ 숄ᄇᆞᆫ거ᄉᆞᆯ우ᄒᆞᆯ더ᄇᆡ혀죽을시지ᄀᆞᆯ다ᄒᆞ이ᄡᆞᄆᆡ
야쉬노ᄒᆞᆫᄆᆞᆯ죽의죽ᄋᆞᆺ닷ᄉᆞᆫᄎᆞᆯ일지나거ᄃᆞᆫ우희것ᄀᆞᆺ고ᄇᆡᆨ

ᄇᆡᆨ쇼죽ᄀᆞᄅᆞᆯᄡᅳ게ᄒᆞ야ᄒᆞᆫᄆᆞᆯ의ᄌᆞ녹ᄌᆞ식ᄇᆞᆨ어ᄌᆞᆺ닷ᄀᆞ이치ᄇᆡ여
지나거ᄃᆞᆫ보ᄇᆡ번ᄇᆡᆸ고거ᄌᆞ녹ᄒᆞ야번ᄇᆡᆼ이ᄃᆞᆼᄋᆞᆸᄂᆞ니ᄇᆞᆨ더ᄒᆞ여ᄆᆡᆨ으리
노ᄒᆞᆯ물거ᄋᆞᆸ시그ᄅᆞ셔ᄃᆞᄋᆞᆸ시ᄒᆞ뒤청히ᄒᆞᄡᅳ면야ᄋᆞ리오라여도변치
아니ᄒᆞᄂᆞ니라슐이연ᄒᆞ여야ᄌᆞ고굵어야ᄌᆞ흔ᄂᆞ니라방문의ᄂᆞᆫ슐불
ᄒᆞᆫᄆᆞᆯ을ᄇᆡᄒᆞ리ᄒᆞ여셔ᄃᆞ녹ᄆᆞᆯ을ᄇᆡᄒᆡ죠고ᄃᆞᆺᄆᆞᆯ덜비ᄌᆞ라ᄒᆞᆫ
번ᄒᆡ아려ᄒᆞᆫᄂᆞ니라 쳔금쥬 ᄇᆡᆨ나ᄉᆞ거ᄇᆡᆸ질ᄋᆞᆯ을ᄆᆞᆫ히ᄇᆞᆺ져물
ᄆᆞᆫ히ᄇᆞ어진ᄭᅦᄃᆞᆯᄒᆡ체ᄒᆞ여바타졍ᄒᆡ미ᄒᆞᆫᄆᆞᆯ빅세ᄒᆞ야ᄃᆞᆯ흰물노
밥지ᄉᆞ고물을ᄆᆞᆯ방ᄌᆞᄀᆞᆯ나시거ᄃᆞᆫ진국ᄂᆡ죄ᄂᆡ혀셧거구지ᄇᆡᆼᄒᆞᆫ
야ᄃᆞᆺ다가이칠일이ᄇᆞᆫ의ᄂᆡ야ᄃᆞ리오거나건제ᄂᆡ거나야ᄒᆞᆺᄆᆞᆯᄒᆞ공
시의건ᄃᆞᆯ이취ᄒᆞᆯᄆᆞᆫ치ᄆᆡᆨ으ᄆᆡᆫᄇᆡᆼ이ᄃᆞᆯ나ᄀᆞ죽ᄆᆞᆯ비ᄌᆞᆫ거ᄉᆞᆯᄆᆡᆨ
우ᄆᆡᆫᄇᆡᆼ이쳔이ᄇᆞᆫ이ᄃᆞᆯᄉᆞ니ᄃᆞ셔ᄆᆞᆯ비ᄌᆞᆫ니ᄋᆞᆯᄆᆡᆨ으ᄆᆡᆫ이ᄀᆞᆯ신의ᄃᆞᆫ
ᄇᆡᆼ이ᄃᆞᆼᄋᆞᆸᄂᆞ니라 ᄎᆞᄀᆞᆯ죽 향ᄒᆞᆯᄡᆞᆯ흰ᄆᆞᆯᄭᆡ야ᄋᆞᆺ거ᄇᆞᆸᄒᆞᆯ

번져 삼시십근을 방항의 써히 놓은 훗 거ᄅᆞᆫ 동녹수 삼시십근의 ᄆᆞ표
리낙은 그릇세 담아 이십일만의 건져 달을자 그 물을 빅향의 너회 이술
ᄭᆞᆺ 남려 우 일만ᄌᆞ 면 빗치 번게어, 훗뇌ᄅᆞᆫ 그 물의 누룩 ᄃᆞ 회 생수 ᄒᆞᆫ
빗ᄃᆞ지 밥의 섯거 비져 낙거ᄅᆞᆫ 아젹 ᄯᅡ라 냉의 맛ᄀᆡ ᄆᆡᆨ으면 시ᄇᆞ를 ᄲᆞᆫ 외
온갖 병이 엇ᄂᆞ니고 빅발이 흰 ᄒᆞᆺ ᄒᆞ고 낫빗치 윤ᄒᆡᆨ ᄒᆞ고 이ᄅᆞᆫ 병
복ᄒᆞ면 늙는 줄을 모ᄅᆞ니 잇ᄀᆞᆯ ᄆᆡᆨ을 져ᄀᆞᆺ 거ᄂᆞᆫ 복셩화
외 앗새 고기 조리 ᄯᅩ 육 빈 ᄎᆞ 쳥어 조히 창포쥭을 우회 ᄃᆞᄅᆞᆫ
창포 블회ᄅᆞᆯ 킨ᄒᆞ야 죄 ᄊᆞᆺ셔 즛ᄶᅵ어 즙 니야 담 ᄯᆞᆯ만 ᄒᆞᆫ [illegible]
빅세ᄒᆞ야 낙게 ᄊᆞ 조ᄒᆞᆫ 죽 ᄯᆞᆯ 닷 되ᄅᆞᆯ 쌩포즙의 ᄃᆞᆺ거 빅향의 담
담이 봉ᄒᆞ야 ᄃᆞᆺ닷ᄭᅡ 삼칠일 후 녀야 옹ᄒᆞᆸ드ᄀᆡ 잔을 ᄒᆞ로 세
순식 ᄆᆡᆨ으라 강ᄒᆞᆫ이 화ᄒᆞ고 무병ᄒᆞᄂᆞ니라 우이조방은 창포블
회ᄅᆞᆯ 법게 졍졀이 ᄡᅡ ᄒᆞ라 뇌근을 벗회 마이 ᄯᆞᆯ 뇌야 깁ᄌᆞ쥐의 너

-51-

허 청쥭 ᄒᆞᆫ ᄯᆞᆯ의 담가 빅 이ᄅᆞᆯ 만의 보면 ᄒᆞ라 ᄆᆡᆺ거ᄂᆞᆫ 됫ᄃᆞᆯ기 쌩
ᄯᆞᆯ ᄒᆞᆫ ᄯᆞᆯ 낙게 ᄊᆞ 너회 담아 어 봉ᄒᆞ야 ᄃᆞᆺ닷ᄭᅡ 여칠일이의 녀야
ᄆᆡᆨ으면 빅병이 다 여븐ᄂᆞ니라 우이조방 창포블회ᄅᆞᆯ ᄒᆞᆫᄭᅢ
ᄒᆞ라 ᄒᆞᆫ ᄯᆞᆯ만 깁ᄌᆞ쥐의 너회 청쥭 닷 ᄯᆞᆯ의 담가 빅향의 너회 봉ᄒᆞ야
二 ᄎᆞᆨᄌᆞᆼ은 칠일이오 ᄎᆞᆫᄒᆞᆫ은 이, 칠일이 ᄃᆡ되거ᄂᆞᆫ ᄒᆞ로 세 순식 ᄂᆡ옵
十 잔을 ᄃᆞᆺᄒᆞᆫ 째ᄆᆡ여 ᄆᆡᆨ으면 늙지 아니ᄒᆞ고 강건ᄒᆞ야 정신이 조흐니
六 라 이 술 세 멉을 다 ᄆᆡᆨ으면 산골의 ᄎᆞᆫ셜ᄀᆡᆨ을 동재ᄒᆞ고 영위ᄅᆞᆯ
효제ᄒᆞᄂᆞ니 잇ᄀᆞᆯ을 회포 ᄆᆡᆨ으면 골수의 박힌 병이 다 효고 신ᄒᆡ
이 윤탁ᄒᆞ고 길ᄒᆞᆫ이 번나ᄂᆞᆺ고 힘뵈 ᄂᆞᆯ듯ᄒᆞ고 빅발이 환ᄒᆞᆫ 흑ᄒᆞᆯ
고 낙치 복ᄎᆞᆯᄒᆞ고 잇ᄂᆞᆫ 방안이 광쳥ᄒᆞᆺ고 져므ᄉᆞ 병ᄒᆞ고 늙
ᄃᆞᆯ ᄆᆡᆨ으면 신쳔을 ᄲᆞᆫᄂᆞ니라 이ᄅᆞᆷᄉᆞ병쥭 빅ᄆᆡ ᄒᆞᆫ
ᄯᆞᆯ 빅세작 ᄯᆞᆯᄒᆞ야 블ᄭᅴ 병을 ᄉᆞᆫ쥭 ᄡᅮᆨ어 그 창ᄒᆞ거든 쥭 ᄯᆞᆯ

-52-

진ᄡᆞᆯ 각 ᄒᆞᆫ 되와 죠ᄒᆞᆫ 쉬ᄀᆞᆷ ᄒᆞᆫ 되로 섯거 죽의 ᄂᆡᄒᆡ ᄊᆞᆯ 이야 ᄉᆞ다가
이 ᄃᆞᆫ 날 막 괴거든 뎌ᄉᆡ ᄒᆞᆫ 되로 ᄲᅮᆯ 흘 병 복 어 죽 ᄡᅵ어 시거든 뎔
슐의 섯거 ᄡᅡ 나ᄀᆞ리 거든 ᄡᅳ라 ᄃᆞ만 ... 게 더 물 거서 나 큰 그ᄅᆞᆺ ᄉᆡ 비 ᄒᆞᄂᆞ라
쉬기 ᄂᆞᆫ 법 닉은 쉬기ᄂᆞᆫ ᄒᆞᆫ 되 ... 빗기 ᄃᆞᆺ ᄒᆞ ᄋᆞᆸ 을 ᄲᅮᆯ ᄒᆞᆫ 사
ᄇᆞᆯ의 다ᄆᆞ가 ᄲᅡ이 ᄇᆞᆺ거든 ᄲᆞᆯ을 건져 노코 그 ᄲᅮᆯ을 고ᄋᆞᆺ 지게 슐
ᄒᆡ 그 ᄊᆞᆯ 우ᄒᆡ 허 복 우ᄒᆡ 그 ᄊᆞᆯ이 어여 니거든 그 ᄲᅮᆯ로 ᄉᆞ로 ᄃᆞᆷ가 ᄯᅮᆨ
엇다가 닉일 ᄡᅮᆨ려 ᄒᆞ면 오ᄂᆞᆯ 그 ᄊᆞᆯ ᄲᅡ이 ᄉᆞᆯ ᄒᆡ 시거든 누룩 흘 ᄌᆞᆺ
ᄆᆞᆫ 섯거 두엇다가 ᄡᅳ면 죠ᄒᆞᄂᆞ라 누룩하죽 우 일 방 빅 ᄭᆡ 뫼로 ᄌᆞᆯ
빅세 작 ᄡᆞᆯ ᄒᆞ야 ᄲᅮᆯ ᄡᆞᆯ 쳐 뫼ᄯᅢ 복어 ᄲᅡ이 닉게 죽 ᄡᅮᆨ어 서 ᄂᆞᆯ ᄒᆞ게 시거 진
ᄆᆞᆯ 닷 홉 국ᄡᆞᆯ 칠 홉 섯거 불 한 불 ᄢᅳᆯ ᄒᆞᆫ 더 ᄃᆞ면 쳥 ᄒᆞᄂᆞᆫ ᄲᅮᆯ
곳치 ᄃᆞ다가 ᄡᅡᆨ ᄡᅳ거든 져ᄀᆡ어 ᄒᆞᆫ ᄡᆞᆯ을 빅세 ᄒᆞ야 ᄒᆞᄅᆞ 밤 재여 ᄆᆞ이
닉게 ᄒᆡ 초거든 슐 ᄆᆞᆺ 희며 오ᄅᆡ 너뫼 상 ... ᄒᆞ면 ᄌᆞ연 ᄃᆞᆯ ᄂᆞ니

七十二

(매) 시면 고ᄃᆞ라 향 거ᄅᆞᆯ 빗 ᄎᆡ며 시거ᄃᆞᆫ 흘 오라 두룩 병 ᄎᆡ어
ᄒᆞᄂᆞ니라 닉은 ᄒᆞ욱 하 틍 ᄒᆞ거든 져ᄀᆡ어 ᄒᆞᆫ 홉이나 죽을 ᄲᅮᆯ 그스
러이 ᄡᅮ어 사 ᄂᆞ물이 ᄎᆡ와 누룩 ᄒᆞᆫ ᄌᆞᆷ ᄆᆞᆫ 섯거 가온 뎌ᄅᆞᆯ 해 체고
부어 슈이 ᄆᆞᆫ 두엇다가 ᄃᆞ 뫼 왼 ᄃᆞ 죠흐니라 황강죽 빅미죽
뫼 빅세 작 ᄡᆞᆯ ᄒᆞ야 믈 ᄒᆞᆫ ᄲᆞᆯ의 죽 ᄡᅮᆨ어 국ᄡᆞᆯ ᄒᆞᆫ 되 너희 ᄒᆞ오
닐곱 괴ᄲᅥ든 빅미 ᄒᆞᆯ ᄡᆞᆯ 빅세 ᄒᆞ야 닉게 ᄡᅥ 더 ᄭᅢ 나야 ᄲᅥ던 믈을
되 ᄆᆞᆫ ᄉᆡᆨ려 슐 ᄆᆞᆺ과 섯거 너희 칠 ᄒᆞᆯ 일 홉 ᄡᅳ면 ᄆᆞ싀 죠ᄒᆞᄂᆞ라 ᄡᅥᆫ 게
ᄒᆞ 쉬 보 ᄇᆞᆸ 신 믈 두 뫼나 ᄒᆞᆫ 대 비 ᄒᆞᄂᆞ라 ᄉᆞ시죽 빅미 ᄂᆞᆯ 국 빅
세 작 ᄡᆞᆯ ᄒᆞ야 ᄲᅮᆯ ᄡᆡ 병을 ᄌᆞᆯ 죽 ᄒᆞ야 국ᄡᆞᆯ 진ᄡᆞᆯ 각 ᄒᆞᆫ 되ᄅᆞᆯ
ᄎᆡ 불 한 불 ᄢᅳᆯ ᄒᆞᆫ 더 두엇다가 괴거든 빅미 서 ᄡᆞᆯ 빅세 ᄒᆞ야
닉게 ᄡᅵ ᄒᆞ 슉 아 옴 ᄇᆞᆸ 병의 어ᄃᆞ ... 더 ᄒᆞ여 다가 ᄲᅮᆯ이 ᄇᆞᆸ의 빈 지거든 ᄂᆡ
ᄅᆞᆺ 그ᄅᆞᆺ 세 난 화 너 놀 ᄒᆞᆫ ᄌᆡ 져와 ᄆᆞᆺ 슐의 고로 ᄒᆡ며 코 국ᄡᆞᆯ로

곰삭혀 여러 다가 닉거든 그리오면 빗치 슈ᄒᆡ아 닝슈 ᄀᆞᆺ고 맛시 ᄆᆡ여
조ᄒᆞ니라 물 세병은 열주 복 근니라 ᄊᆞᆯ 담아나뎌 ᄇᆡ여나 조ᄒᆞ은
ᄊᆞᆯ노 ᄒᆞᄂᆞ니라 쇼쥭 ᄆᆞᆫᄃᆞᄂᆞᆫ법 빅미 ᄒᆞᆫ졈이 가지 ᄊᆞᆯ 곱작 ᄇᆞᆯ
ᄒᆞ야 물 쉬 ᄇᆞᆯ노 장ᄒᆞᆫ 쥭 ᄊᆞᆨ어 ᄭᅴ 근ᄒᆞ거든 죠ᄒᆞᆫ 누룩 ᄀᆞ로 ᄒᆞᆫ ᄃᆡ 여 ᄀᆞᆺ 세 버으
려너고이 든 날 젹미 ᄒᆞᆫ ᄊᆞᆯ 빅세쳐 와ᄆᆞᆺ 버ᄒᆞ은 ᄭᅦ의 그 ᄆᆞᆺ 희ᄒᆞᆫ 거
어러ᄒᆞ다가 보 누룩이 ᄉᆞᆯ ᄒᆞ고 으면 스무 ᄯᆡ 야나 ᄂᆞ니라 동파쥬 졍미 ᄒᆞᆫ
ᄲᆞᆯ 빅세ᄒᆞ야 담으고 쇠ᄆᆡ 누룩 ᄀᆞ로 쇠되 ᄀᆞ로 물 세식 거 ᄯᅢ 다의 가나기 다ᄂᆞᆫ
ᄊᆞᆯ을 닉게 ᄡᅥ 누룩 다ᄆᆞᆫ 더 물 거르려 군 물 ᄲᆞᆯ고 길ᄯᅢ 즈의ᄅᆞᆫ 벋리온
고밥을 쳔의 누룩 물의 버므려 너허 다가 싱ᄋᆞᆯ ᄒᆞᆫ 후 쓰라
쳥ᄒᆡ ᄒᆞᆫ ᄲᆞᆯ을 옥ᄀᆞᆺ치 ᄊᆞᆯ희 빅세ᄒᆞ야 담가 날ᄉᆞᆫ 물 ᄆᆞᆫ의 물 세빅 리화 ᄒᆞᆯ
ᄲᆞᆯ ᄆᆞᆫ 되야 노코 ᄊᆞᆯ을 닉게 ᄡᅥ 쥭 ᄲᆞᆯ 옹곱을 그 물과 밥의 셧거 너
희다가 싱ᄋᆞᆯ ᄒᆞᆫ 후 가야 ᄡᅳ거든 ᄇᆡᆨ으면 향거로ᄇᆞ고 쳥닐ᄒᆞ야 ᄆᆞ

八十二

시죠ᄒᆞᄂᆞ니라 송엽쥭 솔방울 ᄒᆞᆫ ᄲᆞᆯ을 물 세 종희ᄯᅢ 달
혀 쥭 종희 되거든 거젹ᄒᆞ야 물 ᄆᆞᆫ 쥭의 붓고 빅미 닷 되를 누게 쥭ᄀᆡ
ᄊᆞᆨ어 누룩 주 되 섯거 그 쥭의 너허 두엇다가 닉거든 ᄇᆡᆨ으라 ᄒᆞᆼ쥭 변의 ᄃᆡ욕
효ᄒᆞ니 쳔ᄉᆡᆨ을 어ᄆᆞᆺ시 ᄒᆞ고 별노 맛 노니라 송엽쥭 송엽 ᄂᆞᆨ 섭
근을 그늘 제 ᄊᆞᆯ ᄒᆞ라 물 ᄇᆡᆨ 쳔의 달혀 물이 너 ᄲᆞᆯ 아홉 되 되거든
ᄊᆞᆯ 닷 ᄲᆞᆯ을 지ᄯᅢ ᄡᅥ 네 ᄉᆞ 술 빗ᄀᆞ즈ᄒᆞᆫ 더 솔닙 달힌 물 ᄒᆞᆫ 밥의
고로게 로ᄒᆞ고 ᄊᆞᆯ ᄉᆡ 기도ᄒᆞ야 다 돈 날 ᄀᆞ 되 ᄲᆞᆯ고 비 졋다가 칠일이
ᄆᆞᆫ의 닉거든 취도록 ᄇᆡᆨ으라 열두 가지 풍증과 거려 드니다 ᄆᆞᆺᄒᆞᄂᆞᆫ
증을 이 술 ᄇᆡᆨ으면 죠ᄒᆞᄂᆞ니라 쇼츈쥬 ᄂᆞᆺ 죠기 ᄊᆡ 희 되로 ᄌᆞᆨ은
복가 ᄊᆞᆯ 쇄 성 ᄭᅳᆯ 쥭 쥭 쇄의 너희 쳥쥭 쉬 ᄲᆞᆯ 내ᄒᆞᆫ 향ᄒᆞ야 담가 두엇다가
상 이 ᄆᆞᆫ의 건젼 너고 작ᄀᆞ ᄇᆡᆨ으면 가ᄉᆞᆷ의 그리 ᄉᆡ 인경운 이식 쥐ᄒᆞᆫ
고 보장을 붑히ᄀᆞ ᄒᆞ여 졍을 누리치 ᄯᅵ ᄒᆞ여 ᄒᆞᆫ 거 ᄉᆞᆯ 보ᄒᆞ며 술 되고
건장ᄒᆞ며 신지와 쳬지를 조화제 ᄒᆞ고 담증이 업ᄂᆞ니라

옹알미쥭 옹알미ᄀᆞ른물오울ᄒᆞ쳐ᄒᆞᆯ래미ᄒᆞᆫ히버셔ᄂᆞᄒᆞᆫ뎐
ᄒᆞ야ᄉᆞ셰번드의ᄀᆞᆯ게ᄊᆞ흐ᄒᆞ라ᄃᆞᆨᄉᆞᆯ비ᄌᆞ려ᄒᆞ면옹알미ᄯᅢ사ᄒᆞᆫ것
ᄃᆞᆨ근울ᄌᆞᄋᆡ퇴의ᄂᆡ되국ᄶᅵᆺ히ᄂᆡ코빅ᄭᅴᄃᆞᆺᄡᆞᆯ울빅셰작ᄡᆞᆯᄒᆞ
야ᄯᅢ방운쥭빗ᄃᆞᆺ물ᄡᆞᆯ혀쎠의고부으며국ᄡᆞᆯᄃᆞᆺ되예노치가
버무려ᄂᆡ되ᄃᆞᆺ가ᄂᆞᆨ거든공시ᄂᆡ의대여ᄂᆡ오면뇽증과블인증과ᄎᆞᆨ최
복학증과반신블슈증을다ᄂᆞᆫ칠골셥군아나ᄯᅢ을공로와병쟉최
젼란샹ᄒᆞᆷ이이ᄉᆞᆯ을ᄃᆡᆼ복을ᄒᆞ나나ᄒᆞᆫ로샹빅을샹ᄒᆞ고아
ᄌᆞ로ᄂᆞᆯ흔식낳으니라 ᄒᆞᆫ혼쥭 빅ᄭᅴᄶᅵᆺ되빅셰작ᄡᆞᆯᄒᆞᄒᆞ야
물로ᄲᅥᆼ을ᄊᆞᆯ혀ᄎᆞ거든국ᄡᆞᆯᄒᆞᆯ되셔시ᄒᆞᆫ되ᄂᆡ흐비쵼샹이ᄒᆞᆯ
ᄡᆞ의젹ᄭᅴᄂᆡ되빅셰ᄒᆞ야ᄂᆞᆨ게ᄲᅧᄉᆞᆯᄶᅵᆺᄎᆞᆯ쳐ᄯᅢ바ᄐᆞᄂᆡᄒᆞᆫ샹이ᄒᆞᆯ
ᄒᆞᆨ쓰면ᄒᆡᆼ거나고빈ᄒᆞ니ᄀᆞ리우연경긔의나ᄂᆞ니ᄃᆞᄂᆡᄒᆞᆷ의그
쟝죠ᄒᆞᆯᄂᆞ라 구거쥭 구거ᄎᆞ엿믈ᄀᆞᆯ샹으로죠ᄒᆞᆫᄉᆞᆯ발

ᄎᆞ뫼예구거ᄌᆞᆺ뫼로쥭ᄒᆞ야지아니ᄒᆡ다ᄋᆞᆫ가ᄉᆞ다가치골이ᄒᆞᆯᄡᆞ의거ᄂᆞᆫ치
병너고ᄂᆡ으면광군울보ᄒᆞ고인ᄇᆞ군병이업ᄂᆞ니라 복노쥭
빅ᄭᅴ일ᄃᆞ로빅셰ᄒᆞ야ᄲᆞᆨ르게ᄯᅥ고ᄊᆞᆯ힌물국녕을울혀
부어그야식거든국ᄡᆞᆯ진ᄡᆞᆯ각ᄒᆞᆫ뫼ᄒᆞᆼ슈ᄆᆡ로엿다가쳔반ᄇᆞᆸ의
골ᄂᆞ다가국ᄡᆞᆯ진ᄡᆞᆯᄒᆞᆯ가치골섯거ᄒᆞᆼ군ᄀ쥭의ᄂᆡ치엿다가ᄂᆞᆨ여ᄇᆞᆸ
ᄆᆞᆺ치쓰거든쓰라 ᄡᆞᆫ년ᄒᆡᆼ 빅ᄭᅴ일로쥭빅쇄작ᄡᆞᆯᄒᆞ야블쇄

二十九

사발의쥭ᄊᆞᆯᄀᆡ여ᄎᆞ거든ᄂᆞᄀᆞᆯᄌᆞ뫼섯거ᄂᆡᄒᆞᆫ칠ᄂᆡ이ᄡᆞ의빅미그ᄡᆞᆯ빅
쇄ᄒᆞ야ᄒᆞᆫ로방ᄃᆞ가ᄃᆞ가ᄂᆞᆨ게ᄯᅢ탕ᄉᆞᄒᆡ엿사ᄡᆞᆯ우골ᄂᆞ호ᄃᆞ든ᄆᆞᆺ빅
ᄉᆞ고의섯니ᄒᆞ엿다가칠골인ᄒᆞ복ᄒᆞ야무ᄒᆞ히고다ᄒᆞ고ᄃᆞ리와쓰라
ᄒᆞ산초쥭 빅ᄭᅴ쥭뫼로빅쇄작ᄒᆞ야풀흔물이곱시거
반울ᄲᅳᆯ히고그물의쥭ᄊᆞᆯ궃장ᄒᆞᆫ긔야쳠와셥ᄂᆞᄀᆞᆯ쥭ᄌᆞ뫼ᄒᆞᆫ여거
ᄂᆡ여ᄀᆞᆺ다가샹여ᄒᆞ복ᄒᆞ연다샥고ᄂᆞᄀᆞᆯ쥭즈의ᄡᆞᆫ나엇ᄂᆞᄂᆡ쵀예비ᄒᆞᆫ
젹ᄭᅴ일ᄒᆞ쥭빅쇄ᄒᆞ야ᄃᆞᆨ사ᄃᆞ가ᄂᆞᆨ게밥ᄭᅥᄡᆞ이쳐와ᄉᆞᆯᄶᅵᆺ흰ᄇᆡᄭᅮ

려ᄒᆞ엿다가 니레ᄒᆞ 보면 ᄆᆞᆰ아ᄒᆞ고 빗치 프ᄅᆞ고 ᄆᆞ시 맛갑고 담ᄒᆞ야 초
쥭로셔 조에 ᄒᆞᆼ념ᄒᆞᆼ니라 각각 슈를 브러 ᄒᆞ되 지 말고 고ᄒᆞᆫ 슐식 브어
여너흐라 ᄒᆞᆫ 연쥭 쓰ᄂᆞᆫ 쳑ᄒᆞ면 ᄆᆞᆯ이 쏠회 죽ᄂᆞᆫ 슈를 ᄒᆞ여 죠곰 너어
ᄒᆞ려 쓸ᄒᆞᆯ 회쳐 ᄂᆞᆫ 불노 브ᄉᆡ라 ᄒᆞᆫ당 젹셔 ᄂᆞ히지 말나 집셩향
ᄇᆡᆨᄭᆡ 일쥭 ᄇᆡᆨ 쎄작ᄒᆞ야 ᄂᆞ게 ᄭᆡ여 당슈 쎄병을 ᄀᆞᆯ나 ᄎᆞ거ᄃᆞᆫ 국말
쥭회 가ᄋᆞᆺ 진ᄯᆞᆯ 오ᄒᆞᆷ 섯거 버혀 ᄎᆞᆫ쥭의 ᄂᆞᆫ 오ᄒᆡ 하ᄂᆞᆫ 상ᄒᆡ를 ᄭᆞᆨ의
ᄇᆡᆨᄭᆡ ᄯᅥ사 ᄒᆞᆫ 말 ᄇᆡᆨ 쎄 ᄒᆞ야 ᄂᆞ 게ᄭᆡ여 ᄎᆞ거ᄃᆞᆫ 슐의 섯거 너허 칠
이를 ᄒᆞ 쓰화 쳥쥭 쎄병 탁쥭 ᄒᆞᆯ 종 희나려 탁쥭 ᄲᆞᆫ 나 화쥭
ᄭᆞᆺᄒᆞ니라 구려 즈쥭 ᄎᆞᆯ 평월 ᄲᆞᆼ쳔 ᄉᆡᆼ 연 이즁에 주거 즈ᄇᆞᆨ
희ᄅᆞᆯ 키야 세쳘ᄒᆞ야 ᄒᆞᆯ 회ᄅᆞᆯ 웅쳔ᄒᆞ엿다가 이월을 상 ᄆᆞᆺ ᄒᆞ야와
쳥쥭ᄒᆞᆯ ᄯᆞᆯ의 당 ᄡᆞᆺ다가 칠월 ᄯᅮᆫ 되거든 거젹ᄒᆞ고 새벽 만 ᄂᆡᆨ고 식
ᄒᆞ ᄂᆞᆫ 맥지 말ᄉᆞ 할 ᄒᆞᆯ월을 상 ᄒᆞᆫ 이를의 주거 즌님ᄒᆞᆫ 자 ᄲᆞᆯ ᄒᆞᆫ

-59-

애 ᄒᆞᆫ 회ᄅᆞᆯ 웅쳔ᄒᆞ엿다가 오월을 상ᄒᆞᆫ 이ᄅᆞᆯ의 쳥쥬 ᄒᆞᆫ ᄇᆡᆨ일의 ᄃᆡ
가라 ᄡᆞ 칠월 일 되거든 ᄇᆡᆨ 웅화 쥭 칠월 ᄒᆞᆯ의 ᄡᆞ 츄 ᄒᆞᆫ ᄡᆞ ᄒᆞᆫ 회를
웅쳔ᄒᆞ야 할 월 ᄉᆡᆼ을 ᄒᆞᆯ의 쳥쥭 ᄒᆞᆫ ᄡᆞᆯ의 당 ᄡᆞ다가 칠
ᄒᆞᆨ ᄇᆡᆨ 웅화 이 슐을 ᄇᆡᆨ 웅쳔 블노 블 수ᄒᆞ야 그이 ᄒᆞᆫ 약 비니 ᄂᆞᆼ
三 북ᄒᆞᆯ 살ᄒᆞᆼ이 상 ᄇᆡᆨ 여 세롤 사외 안섞 이십 ᄂᆞᆨ 칠ᄎᆞ 년 ᄀᆞᆺ더라
十 동심월 ᄉᆡᆼ회일의 얼봉을 세쳘ᄒᆞ야 ᄒᆞᆯ 회ᄅᆞᆯ 국엿다가
웃법ᄀᆞᆺ치 ᄂᆞᆨ 웅쳔 셜 ᄎᆞᆯ을 반 ᄂᆡᆨ어 고 ᄆᆞᆼ이 가ᄲᆡ 얇ᄀᆞ 거ᄂᆞᆫ 이
셩ᄒᆞ고 ᄇᆡᆨ 얼지 ᄇᆡᆨ일이 ᄇᆞᆫ 용 ᄋᆞᆯᄒᆡ 듕ᄂᆡᄒᆞ고 ᄇᆡᆨ발이 환
ᄒᆞᆨᄒᆞ고 ᄂᆞᆨ치 부쳥ᄒᆞ야 가히 지상쳔이 되ᄂᆞ니 이 방문은
지봉 ᄂᆞᆨ쳘의 이슈ᄢᆡ니 조판셔 니슈광이여 졍승 니셩구니
ᄲᆞᆫ구의 부졀젼이니라 방문 쥭 우일방 ᄇᆡᆨᄭᆡ 외가 ᄋᆞᆺ ᄇᆡᆨ 쎄작
ᄲᆞᆯᄒᆞ야 ᄆᆞᆰ게 쥭 ᄡᆞᆨ어 쳥와 섭 ᄂᆞ ᄀᆞᆺ 외사 옷 ᄡᆞ거ᄃᆞᆫ 엿다가 ᄂᆡᆨ

-60-

거ᄅᆞᆫ 빅기 ᄒᆞᆫ 말 빅셰ᄒᆞ야 ᄂᆞᆯ 쎰혀 ᄂᆞᆯ을 ᄂᆞ게 ᄡᅥ 쑬 현 불
ᄒᆞᆫ ᄲᆞᆯ 굴나 ᄇᆞᆺ거든 ᄡᅡ이 쳐와 술 ᄭᅵᆺ걸 나진 국[ᄲᆞᆯ] ᄒᆞᆸ 섯거 버오ᄅᆡ
알ᄲᆞᆯ로 엽혀 잘 닉여 쳐 곤ᄒᆞ거든 ᄀᆞᄅᆞ되 쓰러 덧ᄒᆞᆫ 다히 술을 이면
닉ᄂᆞ니 ᄲᅡ셔 조로 고로 ᄒᆞ라 오ᄆᆡ조쥬 오ᄆᆡᄌᆞᆺ 닷 되 ᄀᆞᄅᆞᆯ 작ᄌᆞᆫ이
복가 조흔 술을 ᄲᆞᆯ 국죄여 다ᄉᆞ아 ᄒᆞᆫ 홉 밤 재와 건져 북더 고 ᄲᅥᆨ ᄂᆞ
니 당 복ᄒᆞᆫ 혈 장속 ᄒᆞ 노ᄒᆞ라 셕 술 저버이 ᄒᆞᆫ ᄲᆞᆯ 빅셰ᄒᆞ
야 아홉의 다히 가 ᄲᅡᆨ 븟거든 식ᄒᆞ의 건져 실ᄂᆡ 다ᄒᆞ고 블 ᄡᅡ지 ᄆᆞᆯ아
ᄒᆞ거든 블 다ᄉᆞᆺ 식거로ᄅᆞᆯ ᄲᅡ이 ᄉᆞᆯ혀 시ᄅᆞᆯ 그로ᄉᆞᆺ 오ᄒᆡ 노코 주ᄡᅡᆫ
재ᄀᆞ울 ᄲᅡᆯ을 져오ᄲᅥ 블을 언져 시로 ᄭᅵᆺ 회 블 ᄒᆞ고 시ᄅᆞ에 블
ᄒᆞ고 항의 너희 방아리 목의 ᄃᆞᆫᄃᆞᆫ이 엽혀 다ᄒᆞ 이 ᄃᆞᆫ ᄂᆞᆯ 쉰 ᄂᆞᆫ나
거든 시ᄅᆞ의 도로 밧쳐 ᄂᆞᆯ 거ᄡᅵ지거든 닉게 ᄡᅥ 노코 그 ᄂᆞᆯ을 ᄂᆞᆯ

一十三

ᄉᆞ숨 ᄲᆞᆯ 허 쳔 밥 ᄒᆞ고 ᄡᆞᆯ는 ᄂᆞᆯ ᄒᆞ고 소ᄅᆞᆫ의 ᄎᆞᆯ 더허 ᄌᆞᆺ 다ᄂᆞᆫ
이ᄃᆞᆫ ᄂᆞᆯ 국 ᄲᆞᆯ 칠 홉을 골ᄂᆞ 짓거 항의 너허 상쳠ᄒᆞᆯ
ᄒᆞ막으려 밧복셔거든 ᄒᆞᆫ 며ᄂᆞᆯ ᄒᆞᆯ 주오 갓 고구기로 ᄡᅥ 쓰
고ᄭᆞ라운 술 ᄯᆞ 거ᄅᆞᆫ 우 ᄧᅳᆫ 갓과 조의란 ᄀᆞᄅᆞᆯ외 ᄡᅳ라
쇼쇼국쥬 두 ᄲᆞᆯ ᄒᆞ셰 ᄯᅥᆫ 빅기 ᄃᆞᆺ 되 희게 ᄡᅳᆯ혀 쟉
ᄲᆞᆯ ᄒᆞ여 블여 ᄌᆞᆸ 되에 리여 식 거ᄅᆞᆫ 국 ᄲᆞᆯ 칠 홉 너희 상오
일ᄅᆞ의 닉거든 쥭 ᄲᅵ 국 ᄲᆞᆯ 빅셰ᄒᆞ여 ᄃᆞᆼ 술 ᄡᅦ섭 ᄂᆞ록 국
되 탕속 식여 다히 가ᄌᆞ고 오ᄆᆡ 쳐 밥 되 ᄂᆞᆯ ᄲᅡᆨ치 ᄂᆞᆯ 쌰ᄒᆞ리 고노
국 되 ᄀᆞ거로고 탕속 되ᄀᆞ리로 국 ᄲᆞᆯ 닷 되 ᄭᅵᆺ 복ᄃᆡ 채 되 ᄉᆞ
러로 ᄒᆞ 노ᄒᆞ라 ᄭᅵᆺ 가지 ᄲᅧᆯ ᄒᆞᆯ ᄲᅡᆫ ᄒᆞ면 되ᄂᆞ니라

○ 오항져음 ● 邑 金 此 匡 [illegible]

달떠 [illegible] 나서
청다의 빛 갖오라
기련마 봉은 상서을 맛치고
펴복마 용은 국도을 정ᄒ도다
劍음 珮
경신은 떠나고
갑 [illegible] 침노ᄒ도다
옥에 흐르 [illegible] 취한
너울이 본지 와 ᄒ는 [illegible]

偶 마이 [illegible]
디ᄂ로 범화 [illegible] 보리라
치화는 소멸ᄒ고 복녹이 일ᄂ고 [illegible]
벼슬 위 잇서 [illegible] 로다
○ ○ ● ○ ○
[illegible] 는 막히고
[illegible] 인 운 [illegible] 로도다
[illegible] 비 [illegible] 구 [illegible]
어 [illegible] 치 의 [illegible]

[illegible] 頭 [illegible] 雨 松 插 籬 [illegible]
[illegible] 春 風 [illegible] 冠 [illegible]
西 山 臨 [illegible] 衣 霞 [illegible]
[illegible] 紅 塵
右五柳軒詩

참고 문헌

改訂 釀造學, 野白喜久雄, 小崎道雄, 好井久雄, 小泉武夫, 講談社サイエソティフィク, 1993

꽃으로 빚는 가향주 101가지, 박록담, 박승현, 권옥자, 곽성근, 최대식, 박기훈, 최원준, 심유미, 김동식, 김영주, 김희전, 한상숙, 코리아쇼케이스, 2009

다시 보고 배우는 산가요록, 한복려, 궁중음식연구원, 2011

다시 보고 배우는 음식디미방, 한복려, 한복선, 한복진 편, 궁중음식연구원, 2010

마침내 밝혀진 일흔일곱 가지의 한국 술과 그 담그는 비밀, 정양완, 뿌리 깊은 나무, 1977

부인필지, 이효지, 한복려, 정길자, 조신호, 정낙원, 김현숙, 최영진, 김은미, 원선임, 차경희 편, (주)교문사, 2010

식품학, 조신호, 조경련, 강면수, 송미란, 주난영, (주)교문사, 2002

우리 누룩의 정통성과 우수성, 유대식, 유현영, 도서출판 월드사이언스, 2011

우리 음식으로 만드는 보약 한첩, 정혜윤, 도서출판나녹, 2015

우리술 보물창고, 김용택, 김재호, 여수환, 이대형, 임재웅, 정석태, 조호철, 최지호, 최한석, 황현주, 농업기술실용화재단, 2011

유물로 본 도량형의 역사, 이인제, 도서출판 혜안, 2001

음식디미방과 주방문의 어휘연구, 이선영, 어문학 제 84호 pp 123~150, 2004

일본의 술, 사카구치 진이치로, 역자 정유경, 송완범, 인문사, 2011

임원십육지, 이효지, 조신호, 정낙원, 차경희 편, (주)교문사, 2007

재미있는 식품 미생물학, 강옥주, 김영목, 김정목, 조좌형, 수학사, 2011

젖산균의 과학, 김현욱, 서울대학교출판문화원, 2009

주방문 정일당잡지 주해, 백두현, 글누림, 2013

天下均平 도량형, 단국대학교 석주선기념박물관, 단국대학교 출판부, 2011

풀어쓴 고문헌 전통주 제조법, 국립농업과학원 농식품자원부, 정영춘, 최지호, 여수환, 정석태, 박지혜, 김소라, 백성열, 한귀정, 원명하, 조영목, (주)칼라미, 2011

한국 전통주 교과서, 류인수, (주)교문사, 2014

한국의 도량형, 국립민속 박물관, 국립민속박물관, 1997

한국의 전통주 주방문 1권 ~ 5권, 박록담, 바룸, 2015